国外高校土木工程专业图解教材系列

测　　量

原著第三版

（适合土木工程专业本科、高职学生使用）

[日]粟津清藏　主编
包国胜　茶畑洋介　平田健一　小松博英　合著
刘灵芝　译

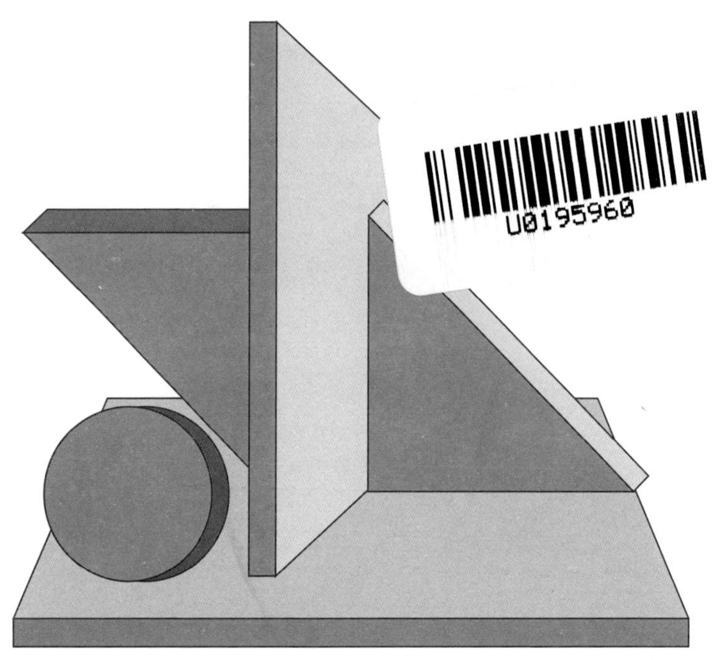

中国建筑工业出版社

前言

测量（survey）是确定地表面上诸点位置关系的一种技术，测量法中规定：“测量是指土地的测量，包括地图的调整以及测量用照片的拍摄。”

测量是土木工程中的规划、调查、施工等所有工种都必需的专业，在工程的复杂化、现代化、地球环境被重视的今天，其重要性变得越来越大。

此次的修订第三版中，在上述必要性的基础上，为了使初步学习测量的读者能够更自然地进入这门学科，在“第 1 章 测量的历史”、“第 2 章 测量的基础”的编辑中插入了图片和身边案例。“第 3 章 平面测量”和“第 4 章 高程测量”，在增加基础说明的同时，对现代化的仪器种类进行了说明。“第 5 章 地形测量、摄影测量”总结概述了地形测量与摄影测量的内容。“第 6 章 线路测量”增加了道路、铁路、运河等交通线路以及给水排水管路等细长型构筑物的测量。“第 7 章 测量技术的应用”介绍了 GPS 测量的原理、特征，遥感测量等最新测量技术。特别是遥感测量，近年来被广泛用于环境调查以及区域规划立项时需要的土地利用状况图。遥感测量与地球数据、社会数据叠加后，可以在短时间内制作更高精度的信息，并加以广泛灵活运用。

因为篇幅的关系，本书作为专业书籍尚有不足之处，《图解测量》是为了能够让读者对测量产生兴趣，所以对入门部分进行着重说明。如果读者能够以本书中的知识为起点，向更高水平的专业书籍迈进，我们将感到非常荣幸。

最后，在本书的修订过程中，得到了“欧姆社”出版部及相关人士的大力支持，在此谨致以感谢。

著者

2010 年 5 月

目　录

第1章　测量的历史

第2章　测量的基础

第3章 平面测量

第4章 高程测量

第 7 章 测量技术的应用

第1章
测量的历史

手拿地图的野中兼山铜像（高知县本山町·归全山公园）

野中兼山（1615-1663）作为土佐藩家老在长达33年的时间里进行了大规模的新田开发事业，是土佐藩基础的奠基人，也是非常杰出的土木工程技术者。

兼山一族失势之后的悲剧，在《婉的故事》（大原富枝著）中有所描写。

1 测量

这个很大（重）！

越宽阔收成就越多！

VS.

度·量·衡

人类在集体生活中，在与其他集体交往时，首先产生物物交换。

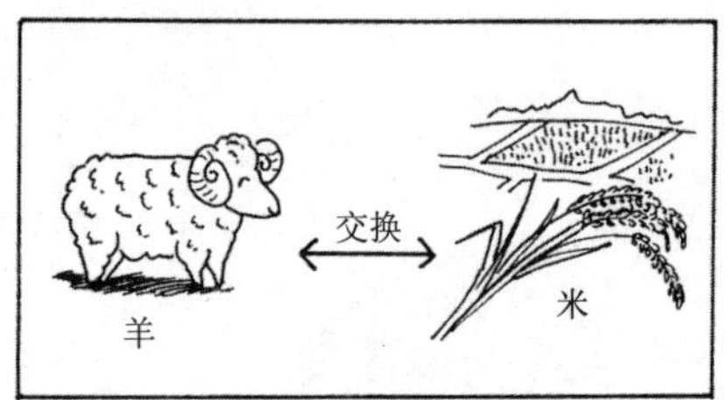

此时最需要的就是集体间统一的单位，这就是**度·量·衡**。

早期的游牧（狩猎）民族重视重量，而农耕民族则重视**长度**。

测量的起源没有精确的定论，相传是在 B.C.（公元前）3000 年左右，因为古代埃及尼罗河水的泛滥使得农耕地的界线需要界定而形成的。

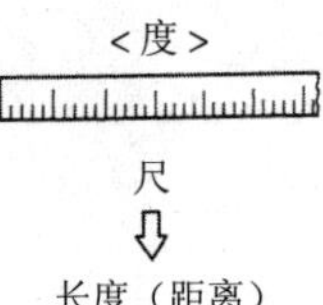

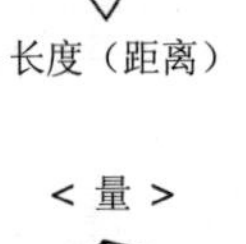

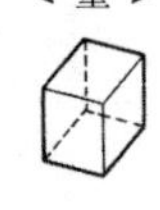

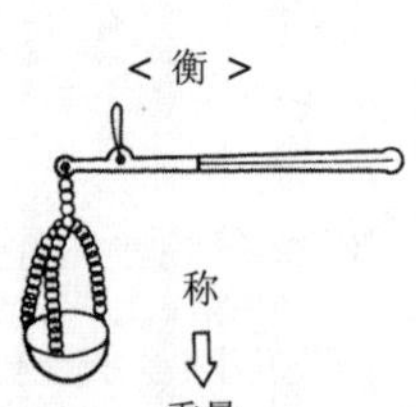

尼罗河（古埃及）的雨季涨水
泛滥（6~9 月）

↓

洪水消退，带来丰沛的土壤（10 月至来年 2 月）

↓

每年，必须重新度量土地

↓

因此，测量技术发展起来

人类创造了万物的尺度

测量是指度与量，最被重视的是长度（尺度），以下讲述尺度的变迁。

关于长度单位的变迁 1

（1）古代单位的选取方法

有史以来，万物的长度就与人体有着密切的关系。世界上所有的民族都是如此，人类能想到的合理的表现，自然而然用人类的肉体来表达。

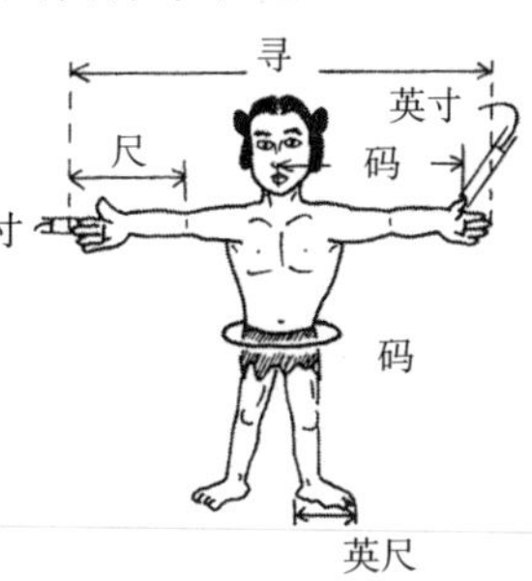

① 日本

· 寻：一个成人两臂张开的长度（约 160 ～ 180cm）

· 尺：从中指到肘的距离（约 30.3cm）

· 寸：从食指到中指的距离（1/10 尺 =3.03cm）

② 英国

· 码
- ①“棒”、“竿”的意义
- ② 某国王的鼻头到拇指的长度
- ③ 盎格鲁－撒克逊族人的腰围

（1 码 ≈ 90.9cm）

“伸指知寸，
伸手知尺，
伸肘知寻”

· 英尺：脚的大小

（1 英尺 ≈ 30.48cm）

· 英寸：大拇指的宽度，或者是 3 粒大麦的长度

（1 英寸 =1/12 英尺 =2.54cm）

> **Coffee Breake　单位属于统治者**
>
> 可以说单位是由当时的统治者的意愿决定的。比如在法国有传说长度是由“国王的脚”作为基准的。

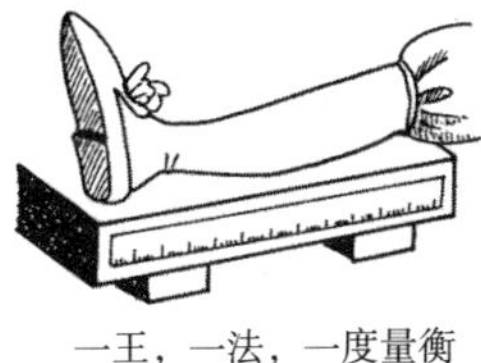

一王，一法，一度量衡

用单位称霸世界

关于长度单位的变迁 2

（1）米的诞生

如前页所述，用人体的一部分表现的长度单位各国不尽相同。随着各国交流的频繁化，越来越需要世界范围内统一的长度单位。

伊丽莎白女王（英国）、路易十四世（法国）等，当时的统治者们也曾想统一世界的单位，但是都没有实现。

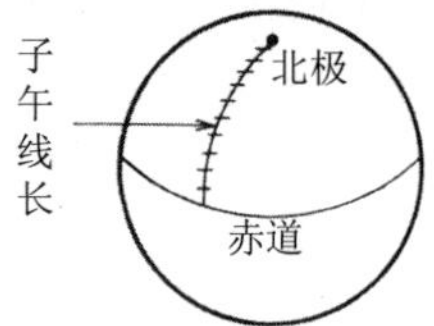

1 米（m）=
赤道到极的子午线长的
1/1000

18 世纪 90 年代的法国革命，开始了世界上所有国家都能使用的相同的“长度单位”的貌似离谱的大工程，这就是世界通用单位**“米”的计量制度的制定**。这个制度的制定最重要的是“长度单位以什么为基准”，为此，从谁都能够接受的、在人类的测量中最大且“不变”的物体（地球）中导出“米”的概念。

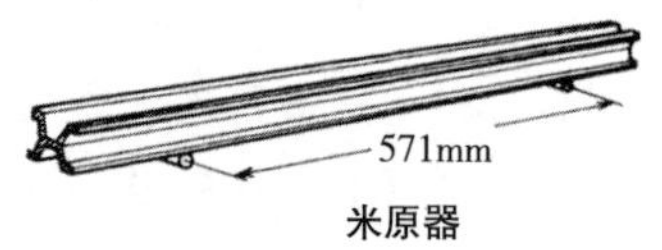

米原器

这样制定的“米”的单位,通过“米原器”开始在世界上普及（1886 ~ 1957 年）。

（2）绝对不变的物体（光的波长）

到 20 世纪，有人严格地指出：“地球的形状是随着时间变化的，地球的大小也不是绝对不变的，有不确定性的存在。”人类开始关注没有形和质量的光，把光作为永久且绝对不变的物体。

比地球更永久不变的物体→以“原子光谱的波长”为基准

→现在的**“新米制单位”的诞生**

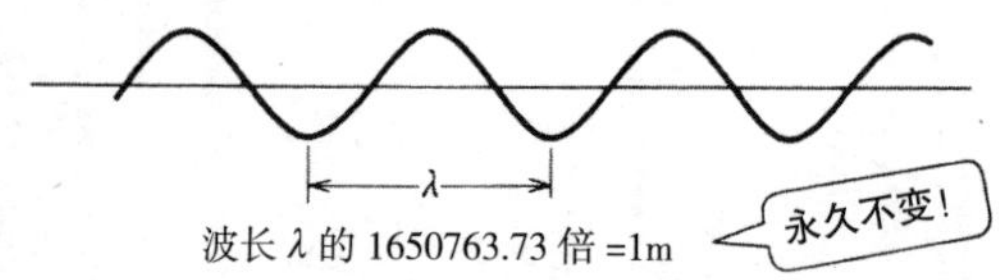

波长 λ 的 1650763.73 倍 =1m

测量是测量物体的长度

关于长度单位的变迁 3

(1) 测量就是量长度

在古代，测量的“量”是“升”的意思，也被称为体积。

测量→量“升（体积）→面积→长度”。通过测量 x，y，z 的长度，可以求出面积 A 以及体积 V。

长度 x，y，z 的测定→面积 $A=x\cdot y$

→体积（土方量）$V=A\cdot z=(x\cdot y)\cdot z$

(2) 现代测量的流程

简单地说，采用测量仪器测定**“长度（距离）”**，求出面积等。

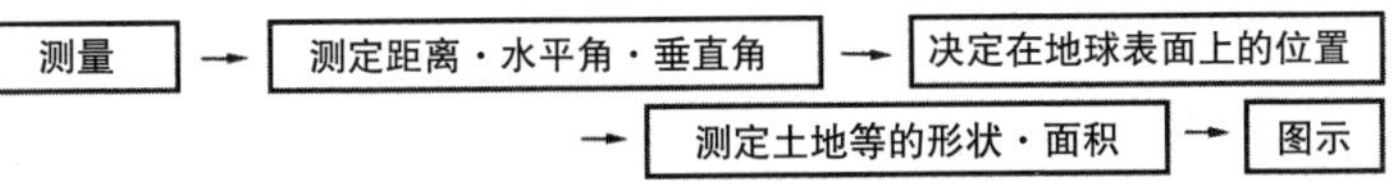

(3) 各地点相互位置的确定方法　根据长度与角度确定位置

地球表面上，不只有如地面一般的平面的物体，还包括空中等空间的（立体的）的范围。

① **平面**（同一水平面）

O 点：测点（作为基准的点）

ON 线：测线（通过 O 点的作为基准的线）

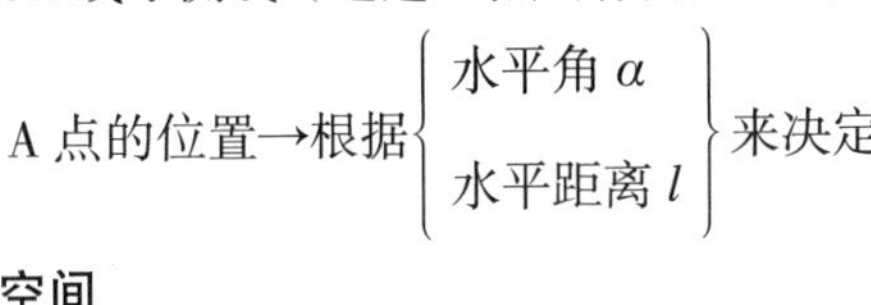

② **空间**

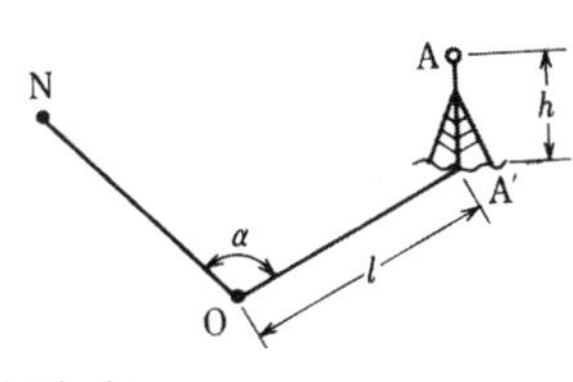

A 点的位置→根据 {水平角 α，水平距离 l，A 点的高度 h} 的测定来决定

测量工作分为规划→测定→总结结果三大阶段。具体来说，就是水平角 α・水平距离 l・高度 h 的**测量三要素**的数据获取的过程。

测量作业
- 外业……野外实施的实际测量作业
- 内业……对外业的结果进行整理、计算和图面绘制

2

测量历史悠久

这土地是谁的?

测量的概念是从农耕文明开始，因农耕地的界限需要确定而发展起来的。

比如在古代埃及，尼罗河的定期泛滥使得每年必须重新度量土地，因此，测量技术就发展了起来，公元前 2600 年左右建造的金字塔，可以想象当时的测量技术已经发达到相当的水平。

从日本的历史来看，公元 5 世纪左右建造的巨大的前方后圆墓就显示出了非常杰出的土木技术，这说明当时就有距离、角度等测量技术的存在。

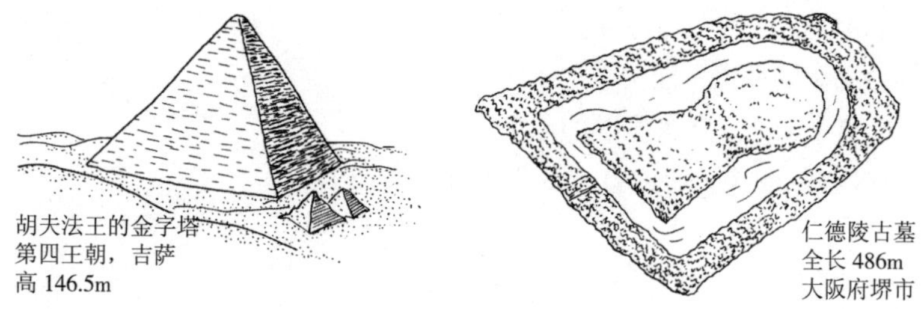

胡夫法王的金字塔
第四王朝，吉萨
高 146.5m

仁德陵古墓
全长 486m
大阪府堺市

Coffee Breake

有种说法是:从事金字塔建造的不是“奴隶”而是“农闲期（3 ~ 5 月）的农民”，是一种农民的失业对策。

现代的土木工程是微观的世界

与濑户大桥齐名的作为昭和两大工程的世界最长的海底隧道青函隧道（海底 23.3km，全长 53.85km）就应用了三角测量和水准测量。海底部隧道内的贯通地点的误差是 644mm，水平误差是 146mm，精度相当高。

太阁果然厉害

丰臣秀吉“从猴子变成关白太政大臣”奇迹般的晋升转机，里面包含着其优秀的土木才能。留名历史的战国武将大多数都是优秀的土木技术者。其中，丰臣秀吉显示了极为优秀的才能并取得了天下。天下统一之后实施的“太阁检地”（1582 ~ 1598 年）就是为了整顿应仁之乱（1467 年）之后的度量衡的不统一状态和土地台帐而进行的全国规模的土地测量，并制作了日本全国绘图。

通过对田地的调查、测定，检地 {（1）得出耕地与收获量；（2）决定租税与劳役}

太阁检地的状况图

用长方形算出面积的方法为基本。遇到梯形时，将杆子立在“a”的外侧，“b”的内侧，换算成长方形后再测定。

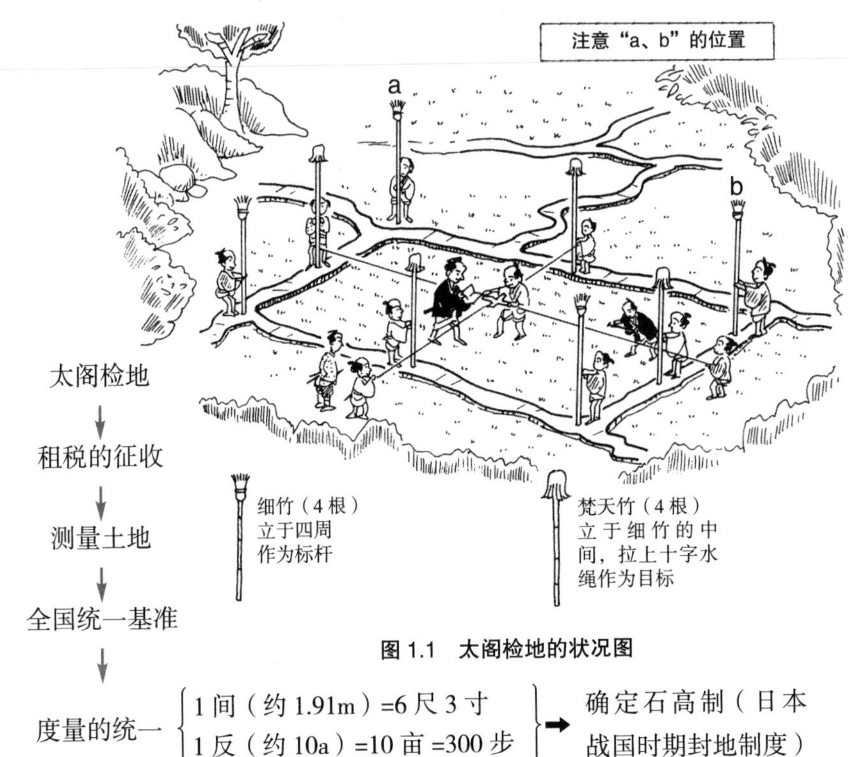

图 1.1　太阁检地的状况图

度量的统一 {1 间（约 1.91m）=6 尺 3 寸；1 反（约 10a）=10 亩 =300 步} ➡ 确定石高制（日本战国时期封地制度）

测量日本的男儿，50岁的挑战

作为测量地球的第一步，伊能忠敬首先测量了日本，是一位热爱地球的人物。不得不感慨他将自己的一生全部献给了自己的梦想。

忠敬的两种人生

①富商伊能家族当家的人生（至50岁）

②测量日本的男儿的人生（50岁之后）

测量日本的男儿，伊能忠敬（1745–1818）

↓

令人惊叹，50岁后的挑战

↓

用了15年的时间走遍日本的男儿

↓

北到虾夷地（北海道），南到萨摩・屋久岛（鹿儿岛）

↓

34900km（相当于地球一周）……超过4000万步

↓

首次以自己的脚步为测量工具，正确绘制日本列岛地图

↓

8张大型、214张中型的令人惊叹的日本地图的绘制

↓

比例尺 S=1/38000“大日本沿海与地全图”（伊能图）

↓

首次正确展现了日本列岛的真面目

伊能图是近代化的日本地图，其精度得到了很高的国际评价。

忍者般的地图绘制

地图绘制需要的忠敬测量方法

（1）距离的测定（步测）：一步的步幅作为长度单位，可以连续测量。

采用一步 ≈ 69cm 进行测量

距离 = 步幅 × 步数

（2）海岸线等弯曲部分的测量：使用半圆方位盘、梵天杆进行测量。

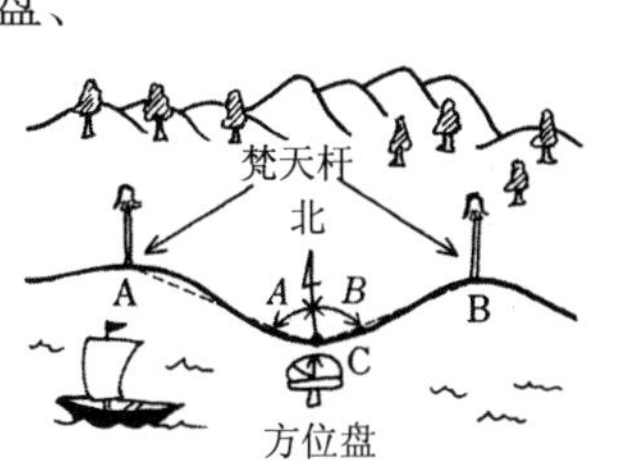

· 在转角 C 放置方位盘。

· 在两侧立上梵天杆。

· 以北为轴测量 $\angle A$，$\angle B$。

$$\angle C = \angle A + \angle B$$

（3）根据坡道的长度算出底边的长度。

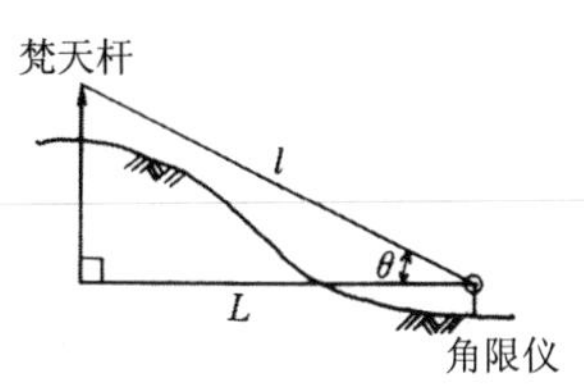

· 坡道的长度 l

· 利用角限仪测量角度 θ

· 算出底边长 L

$$L=l \cdot \cos\theta$$

（参照三角函数（p.10））

正确的地图需要的距离，就是底边 L 的长度。

忠敬使用的测量器具

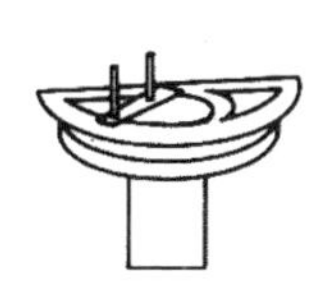

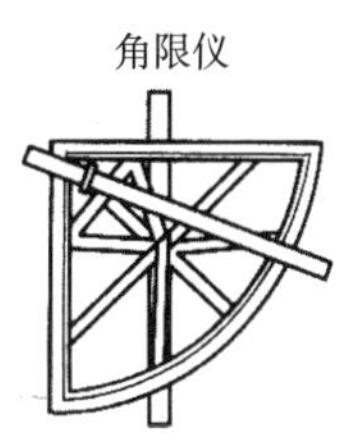

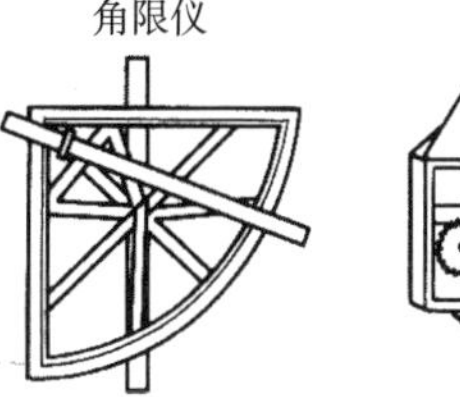

图 1.2　忠敬使用的测量器材

Coffee Breake 忠敬是忍者?

伊能忠敬采用的量程车是忍者经常使用的，也是幕府专用的测量方法，因此有传说伊能是幕府的密探（忍者）。

量程车无法测量颠簸地段，传说忠敬主要采用了步测和锁链。

3

仅用三角尺表示角度

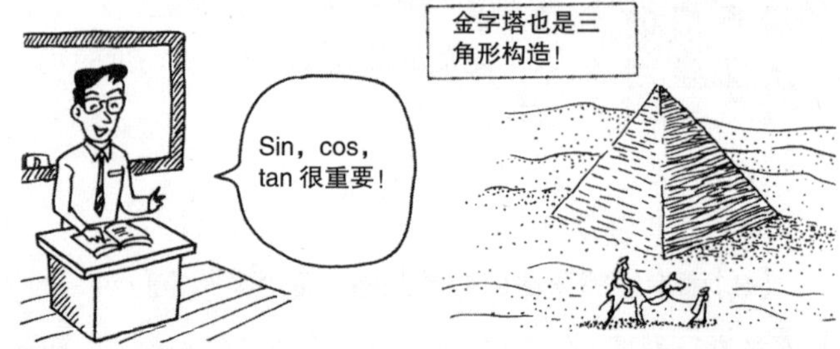

角度用三角比表示

自古以来，三角比（三角函数）为解决测量中的各种问题做出了很大贡献。

如右图所示，底边 52cm，高 30cm 时其角度 θ 约为 30° ，这就是 tan（正切）。这样即使不用分度器只用长度也可以表示坡度（角度）。也就是说，直角三角形中只要确定底边和高度，其角度也就确定了。这种用直角三角形的两边比来表示角度的形式称为三角函数。

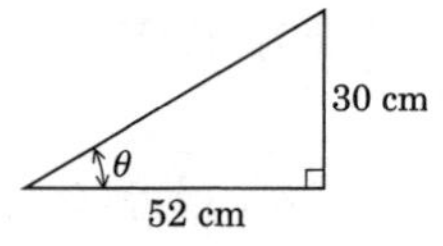

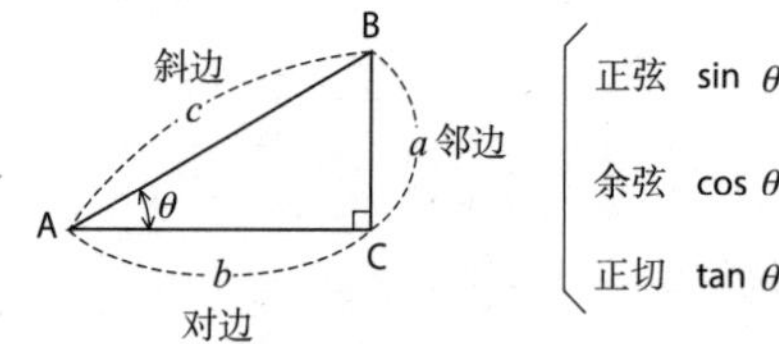

正弦 sin $\theta=\frac{a}{c}\ \frac{邻边}{斜边}$ Sin →

余弦 cos $\theta=\frac{b}{c}\ \frac{对边}{斜边}$ Cos →

正切 tan $\theta=\frac{a}{b}\ \frac{邻边}{斜边}$ tan →

〔**例 1.1**〕如下图，求树的高度。

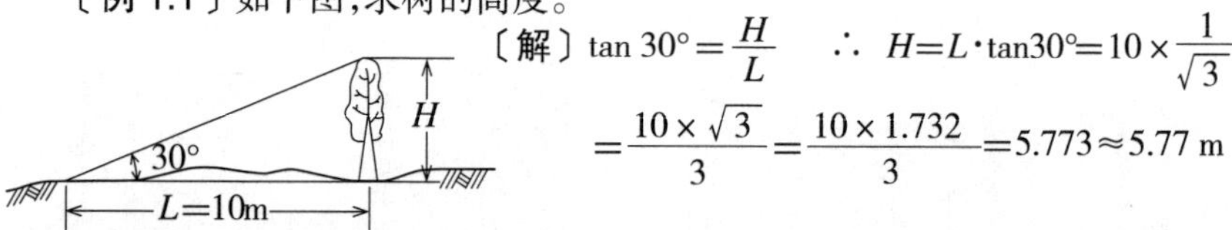

〔**解**〕$\tan 30°=\frac{H}{L}$　$\therefore\ H=L\cdot\tan30°=10\times\frac{1}{\sqrt{3}}$

$$=\frac{10\times\sqrt{3}}{3}=\frac{10\times1.732}{3}=5.773\approx5.77\ \text{m}$$

Coffee Breake

θ=45° 时

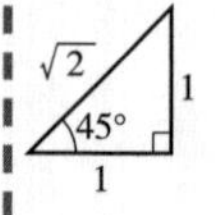

等腰直角三角形

$\sin 45°=\cos 45°=\frac{1}{\sqrt{2}}$

$\tan 45°=\frac{1}{1}=1$

θ=30° 时

$\sin 30°=\frac{1}{2}$

$\cos 30°=\frac{\sqrt{3}}{2}$

$\tan 30°=\frac{1}{\sqrt{3}}$

θ=60° 时

$\sin 60°=\frac{\sqrt{3}}{2}$

$\cos 60°=\frac{1}{2}$

$\tan 60°=\frac{\sqrt{3}}{1}$

θ=30° 、60° 时→边比 =1 ：2 ：$\sqrt{3}$，最长斜边为 2，最短是……？

勾股定理　自古以来，关于直角三角形三边关系的勾股定理作为重要定理被广泛应用。

$$a^2+b^2=c^2$$

$$\therefore\quad c=\sqrt{a^2+b^2}$$

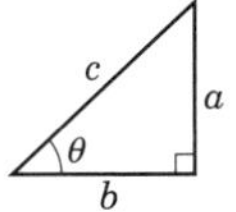

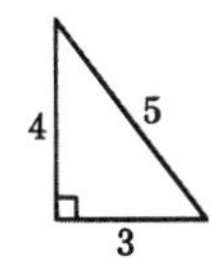

只要知道两边的长度就可以算出第三边边长。三边比为 3 ： 4 ： 5 的三角形就是直角三角形很早就被广泛应用。

〔**例 1.2**〕请只用一把卷尺在棒球场上划出直角的两条边。

〔**解**〕一人在本垒摁住 0m 和 12m，另外两人在一垒和三垒摁住 3m 和 8m。

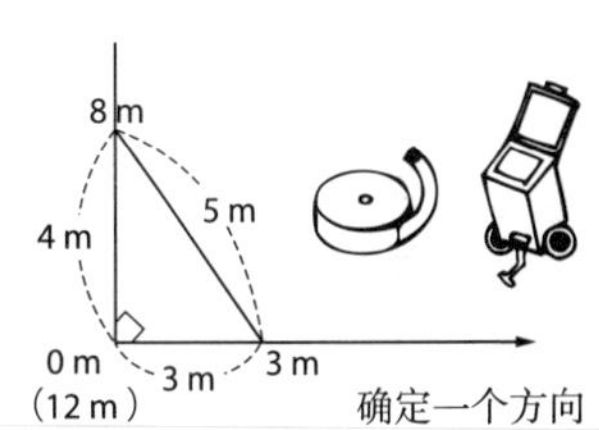

确定一个方向

〔**例 1.3**〕已知直角∠ ADC 的一边 DC=16m，直角∠ ACB 的 B 点到减掉 AD 的交点 BD=12m，求河两岸 AD 的距离。

〔**解**〕直角三角形→勾股定理的应用！

在△ ABC 中　$\overline{AB}^2=\overline{AC}^2+\overline{BC}^2$　（1.1）

此图中

$$\left.\begin{array}{l}\overline{AB}=x+\overline{BD}\\ \text{在△ ACD 中}\\ \overline{AC}^2=x^2+\overline{CD}^2\\ \text{在△ BCD 中}\\ \overline{BC}^2=\overline{BD}^2+\overline{CD}^2\end{array}\right\}\quad(1.2)$$

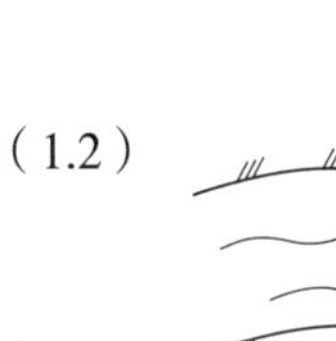

将式 1.2 代入式 1.1

$$(x+\overline{BD})^2=(x^2+\overline{CD}^2)+(\overline{BD}^2+\overline{CD}^2)$$

$$x^2+2x\cdot\overline{BD}+\overline{BD}^2=x^2+\overline{CD}^2+\overline{BD}^2+\overline{CD}^2$$

$$2x\cdot\overline{BD}=2\overline{CD}^2$$

$$\therefore\quad x=\frac{\overline{CD}^2}{\overline{BD}}=\frac{16^2}{12}\approx 21.33\text{ m}$$

4

地球真的是圆的吗

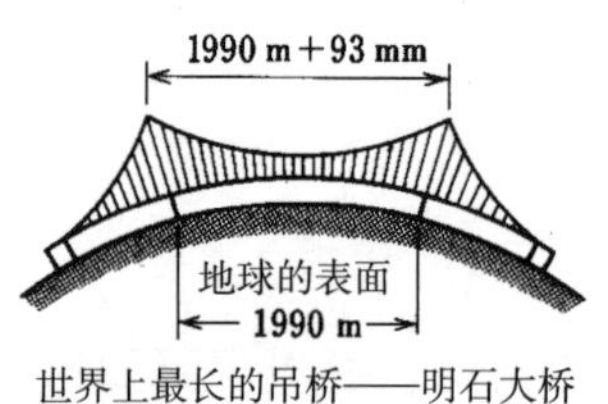

世界上最长的吊桥——明石大桥

顶部与底部的差 =93mm

地球是圆的！

回顾地球观的变迁 现在，用“地球”两字表示的人类生活的地球是球形的，作为太阳系的行星围绕太阳公转。但是，知道这些之前有一段很长的历史。

古代的地球观（公元前 18 世纪左右）

在古巴比伦和古希腊，认为圆盘般的大地被海包围，天空像一个倒扣的碗，这是人类的直观表达。

亚里士多德的想法（公元前 4 世纪左右）

从海面上的船消失在地平线上得出“地球是圆的”的想法。

哥伦布时代

当时人们认为海是平的，海的边缘是瀑布。但是，1492 年哥伦布的大航海以及 1522 年的麦哲伦的环球航行证明了“地球是圆的”。

第一个做的人太伟大了

牛顿的地球椭球体说

牛顿认为由于地球绕轴自转产生离心力，因而不可能是正球体，而是一个**旋转椭球体**。这就是现代的地球形状。

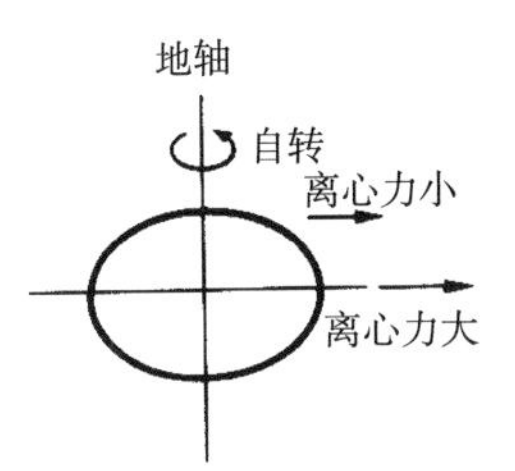

各国各自测量了旋转椭球体的大小，有几种不同数据。现在日本采用的是世界各国都采用的 GRS80 椭球体，于 2002 年取代了贝塞尔椭球体。

名称	椭球体名	赤道（长）半径 a（km）	极（短）半径 b（km）	扁平率 $(a-b)/a$
日本测地系	贝塞尔椭球体	6377.397	636.079	1/299.15
日本测地系 2000（世界测地系）	GRS80 椭球体	6378.137	6356.752	1/298.26

地球是正球体吗？→严谨地说，地球是南北偏平的旋转椭球体。

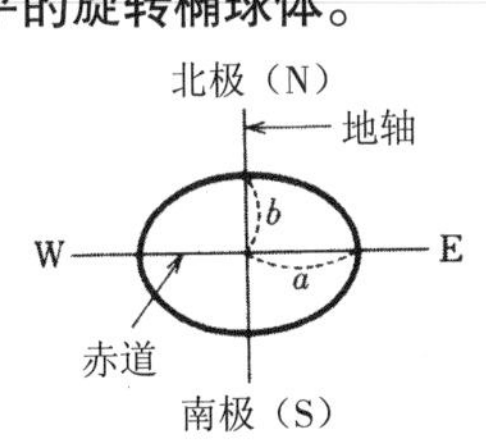

$a-b \approx 21$km 与地球的直径相比微不足道

↓

作为半径 r =6370km 的球来测量

（大地测量，测地测量）

实际的地球表面形状非常复杂，设想地球表面是被平均海水面包裹的连续的封闭曲面，这个设想的平均海水面称为“大地水准面”

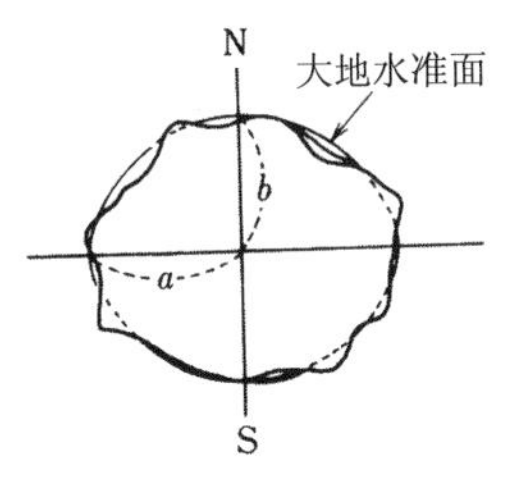

在小范围测量时将地球视为平面

↓

平面测量（半径约在 10km 以内）

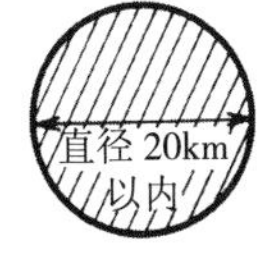

地球的大小是？

人类最早的地球测量

公元前3世纪左右，古埃及人埃拉托色尼进行了人类最早的地球测量。这是从他发现在日照最长的夏至正午，阳光能够射到井底，太阳光可以垂直照射到地球表面开始的。

夏至正午的测量→在A点，太阳光与地表面垂直（阳光能够射到井底）→在B点测量太阳的顶点角 θ（测量垂直棒的影子的长度）→ θ 与AB间的中心角 θ 相同。

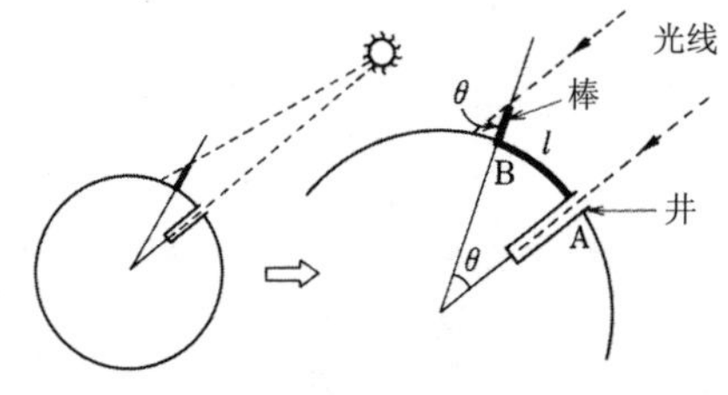

A：埃及南部的阿斯旺
B：埃及北部的亚历山大港

图 1.3

测到 $\theta=7.2°\quad=360°\quad/50$

360：地球的圆周 $=\theta$: l

$$l=\frac{\text{地球的圆周}}{360°}\times\theta=\frac{\text{地球的圆周}}{360°}\times\frac{360°}{50} \qquad (1.3)$$

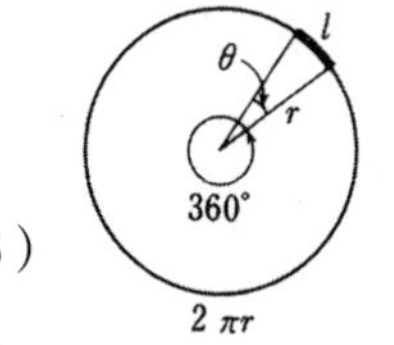

也就是说，AB间的距离就是地球圆周的1/50，用骆驼测量了AB间的距离 l=900km。

代入式1.3，地球的圆周 $2\pi r=50l=50\times900$km=45000km，**地球的半径** r=45000km/2π=7162km。

作为地球测量的基本想法，这种想法一直延续到现在。采用现代的测量仪器得出地球的半径约为6370km，可见古代测量的精度令人敬佩。

第一个测量地球的日本人

第一个测量地球的日本人是伊能忠敬。

在织田信长的安土桃山时代，从西方传来“地球是圆的”一说。但是，直到江户时代也还没有日本人知道“地球的大小”。

怀着“想知道地球的大小”的巨大梦想测量日本的男儿

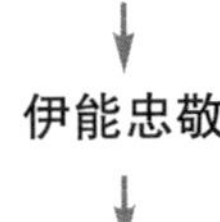

伊能忠敬

↓

忠敬最大的兴趣是如何计算地球的大小

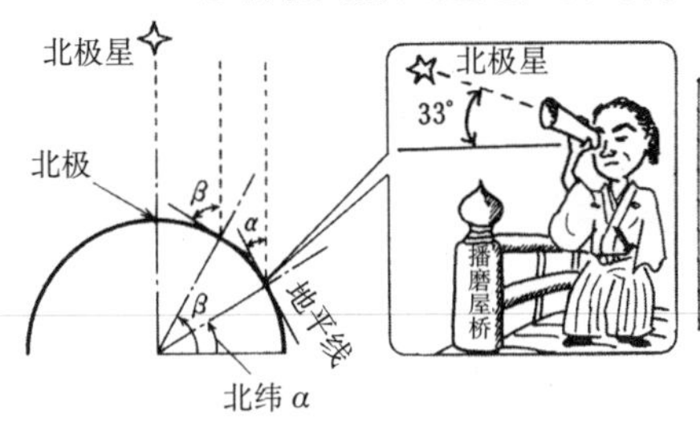

不管在哪里，看到北极星的方向是不变的。所以，用望远镜看北极星时的角度与该地点的纬度相同

图 1.4　北纬 α=33° 的地方

为了算出**地球的大小**，忠敬白天测量，晚上观测北极星。

忠敬想到的纬度 1° 的距离以及对地球大小的推算

从别海到南方的江户在同一纬度上拉一直线。

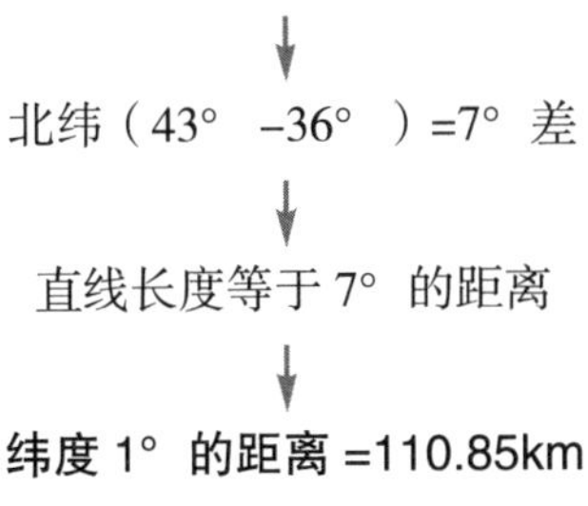

↓

北纬（43°　–36°　）=7° 差

↓

直线长度等于 7° 的距离

↓

纬度 1° 的距离 =110.85km

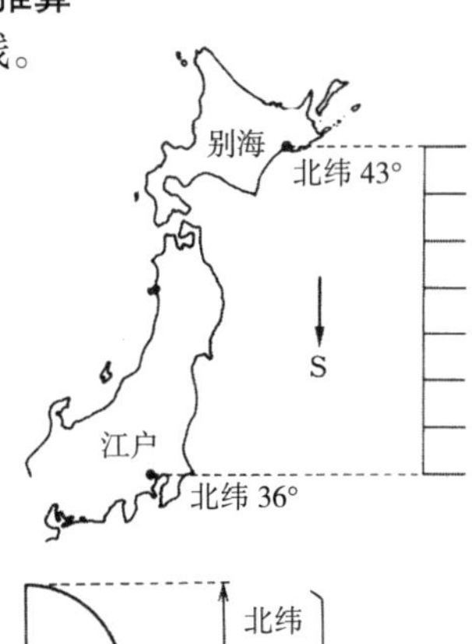

纬度 1° 的距离 ×360= 地球的圆周

地球的大小 =39906km ≈ 40000km

（与当时西方的水平不下上下）

第 1 章小结

回顾测量的历史，可以说是土地使用需要测量技术，而测量技术也使土地使用成为可能。作为土木工程中现代文明基础技术的测量的社会价值，不管是现在还是将来都极为重大。

【在测量技术发展史中最为重要的内容】

（1）三角测量的实施

斯纳留斯（Snellius，荷兰人）于 1617 年首次进行了三角测量。

之前以导线测量为主，三角测量的确立奠定了现代测量的基础，开拓了测量的新领域。

（2）误差论（最小二乘法）的发表

高斯（Gauss，德国人）于 1795 年发表。

最小二乘法的应用奠定了测量技术的基础，理论上处理了测量误差，特别是对三角测量的精密化起了很大的作用。

（3）近代光学仪器的发展推动测量仪器的精巧化

测量学体系更加明确化。

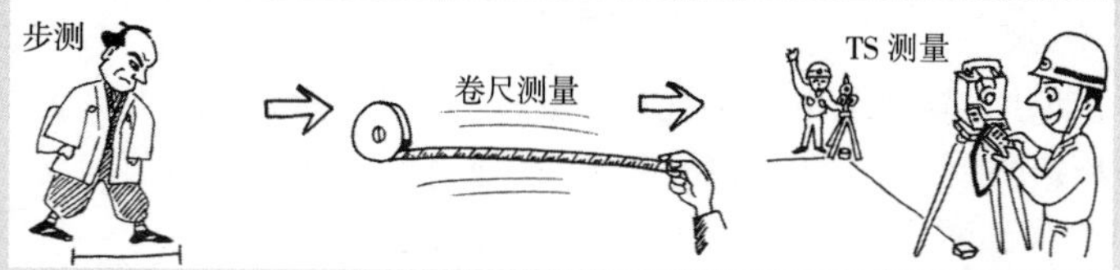

（4）航空摄影测量的发展

第一次世界大战之后（1914 年 ~ ）发展显著，今后电子技术还会有飞跃式的发展。

铁道建设技术是日本测量的最前沿，随着电子技术的发展，相信将会更上一层楼。

第 2 章

测量的基础

“给大地母亲的，
来自高知的信息”

【地球 33 号】

地球 33 号标示塔
这个塔标示着地球 33 号
也就是东经 133 度 33 分
33 秒北纬 33 度 33 分 33
秒的位置。（实际的地点
是在离塔向北 30m 的河
流中）
1962 年 5 月 15 日建设
高知

地球 33 号标示塔（高知县弥生町）

2-1 地球上的位置

1

土佐的高知不是只有“龙马”

地球上位置的表示方法

如“4 地球的状貌（P.13）”中所述，实际的地球是一个赤道方向偏长的旋转椭球体。地球上位置的表示方法分为两种。

地上点的位置的表示方法
- 将地球考虑成球体时 →（1）球面坐标系
- 将地球考虑成平面时 →（2）平面直角坐标系（测地坐标法）

球面坐标系位置表示法（全球的大范围）

- N（North）：北
- S（South）：南
- E（East）：东
- W（West）：西

图 2.1

纬　度：以赤道为基准（图 2.2）。

- 上→至北纬 90°
- 下→至南纬 90°

经　度：将格林尼治天文台（英国）设为 0° 经线并以其为基准（图 2.3）。

格林尼治天文台
- 纬度：北纬 $\rho'=51°28'38''$
- 经度：$\lambda=0$

- 东→至东经 180°
- 西→至西经 180°

高知市
- 纬度：北纬 $\rho=33°33'33''$
- 经度：东经 $\lambda=133°33'33''$

赤　道：与地轴的中心成直角相交的平面和地表面的交线

子午线：与地轴面的交线

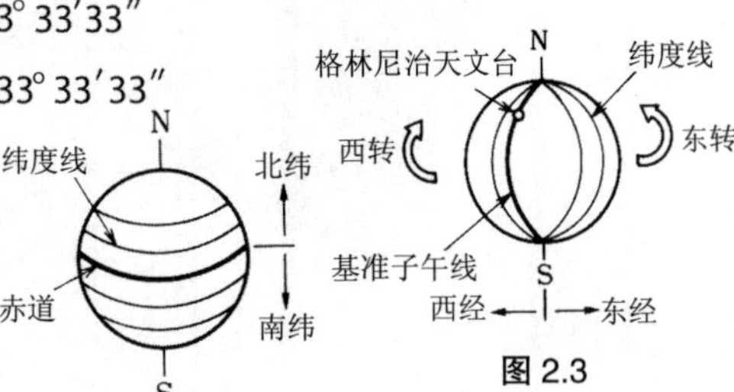

图 2.2

图 2.3

平面直角坐标系位置表示法（较小的区域范围）

如图 2.4 所示，将日本全国分隔成 19 个区域，各区域原点的平面直角坐标系的坐标值表示其在地球上的位置。

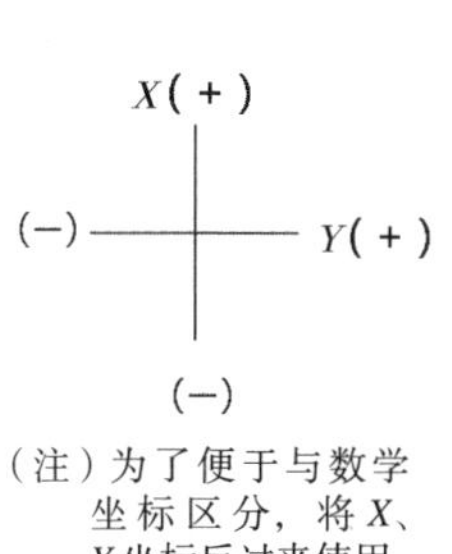

（注）为了便于与数学坐标区分，将 X、Y 坐标反过来使用。

《日本经纬度原点》
东京都港区麻布台 2-18-1

东经：$\lambda = 139°44'28.8759''$
北纬：$\rho = 35°39'29.1572''$

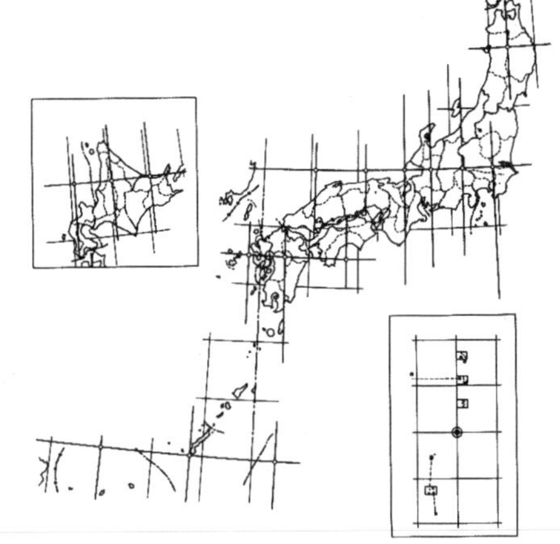

图 2.4　日本平面直角坐标系

高知的骄傲“地球 33 号”

在土佐高知的骄傲中，比明治维新的英雄“坂本龙马”还要有价值的是“地球 33 号”。

[地球 33 号]

东经 133°　33′　33″ ｝集合了 12 个“3”
北纬 33°　33′　33″ ｝的地点

度、分、秒有 12 个相同数字的地点

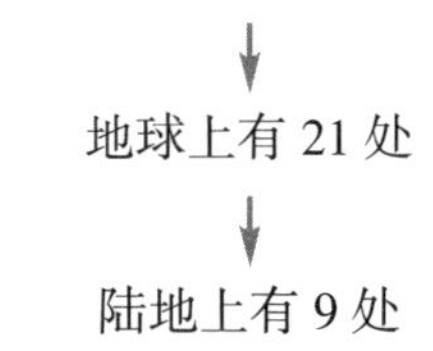

↓

地球上有 21 处

↓

陆地上有 9 处
多半位于沙漠或草原

高知市南金田：江口川北岸

图 2.5

像“地球 33 号”这样在闹市区的少而少之。

日本测地系中的地球 33 号是在纪念碑（**图 2.5**）后面的“江口川的中央”，随着椭球体的变更，现在的“日本测地系 2000”的地球 33 号的正确位置已向东南移动了 450m。

2

正人君子很无趣

误差的种类

在使用仪器进行测量时，必定会产生“误差”。“怎样将可允许范围内的（容许误差）减少到最小”是一个永恒的话题。

按原因分类

①仪器误差：由使用的仪器造成的。

②自然误差：由温度、湿度等气象变化造成的。

③个人误差：由测定者造成。

④过失误差：因测定者不注意、不按操作规程办事等造成的（一般不认为是误差）。

按性质分类

①定误差（定差，累积误差）：同一测定条件下产生的一定的误差（具有规律性），可以消除或补正的误差。

②偶然误差（偶差，无法消除的误差）：同一测定条件下测定也无法消除的偶然发生的误差。它使得测定值产生偏差。

一个测定值产生的偶然误差=$\pm x$〔mm〕

n 个测定值的偶然误差=$\pm x\sqrt{n}$〔mm〕

（与测定次数 n 的平方根成比例）

〔**例 2.1**〕请求出使用 30m 卷尺测量 270m 的两点距离时的偶然误差。使用的卷尺的偶然误差为 2.0mm。

〔**解**〕偶然误差 $=\pm x\sqrt{n}=\pm 2.0\sqrt{\dfrac{270}{30}}=\pm 6.0\text{mm}$

误差的处理方法

只有偶然误差时的最精确值的求法

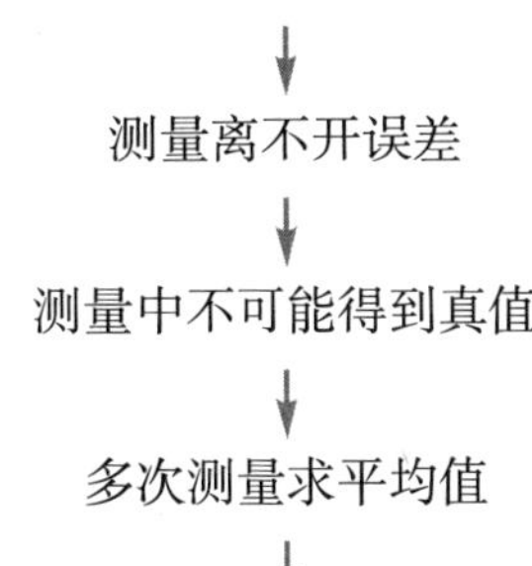

（1）测定条件（使用器材、测量方法等）相同时

采用算数平均值（不需要很高精度时）。

〔**例 2.2**〕请求出在同一条件下测定了 5 次的两点间的最精确值。

5 次的测定值：80.52m，80.49m，80.51m，80.50m，80.48m

〔**解**〕 $$M_0=\frac{80.52+80.49+80.51+80.50+80.48}{5}=80.50\,\text{m}$$

（2）测定条件不同时

采用加权平均值。

比如使用布卷尺和钢卷尺等不同的器材以及熟练的测定操作者与不熟练者等测定条件不同时，必须考虑表示测定值信用度的权值（轻重率）。

最终值 $$M_0=\frac{p_1l_1+p_2l_2+\cdots+p_nl_n}{p_1+p_2+\cdots+p_n}=\frac{\sum p_nl_n}{\sum p_n}$$

式中，p_1，p_2，⋯，p_n: 权值　l_1，l_2，⋯，l_n: 测定值　S: 总和

〔**例 2.3**〕请求出 3 人测定了数闪的 2 间的最精确值

A：200.25m（2 次），B：200.12m（4 次），C：200.15（3 次）

〔**解**〕**权值与测定次数成正比。**

$$M_0=\frac{p_1l_1+p_2l_2+p_3l_3}{p_1+p_2+p_3}=\frac{2\times200.25+4\times200.12+3\times200.15}{2+4+3}\approx200.16\,\text{m}$$

关于精度，请参照 p.52。

3

谁是世界第一飞人

距离有很多种

〔**例 2.4**〕相同记录的选手跑相同的距离，但是总是一胜一负，这是为什么？

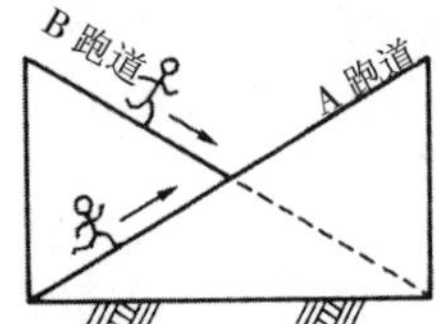

〔**解**〕A 跑道是上坡，B 跑道是下坡，虽然距离相同，但条件不同。

也就是说，这种距离是有坡度的。

如上所述，一说距离，想到的就是水平距离，其实距离有很多种类。

距离的定义

距离是指两点间的直线长度。

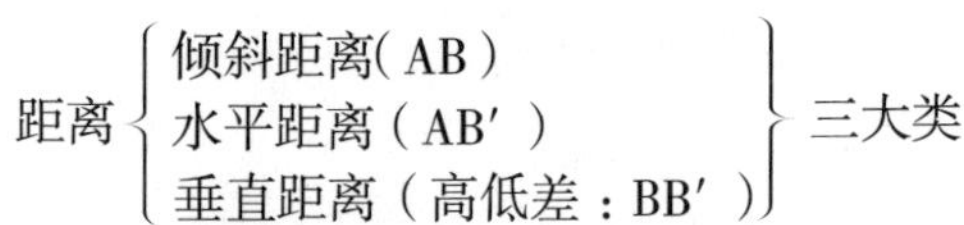

距离 { 倾斜距离（AB）、水平距离（AB′）、垂直距离（高低差：BB′）} 三大类

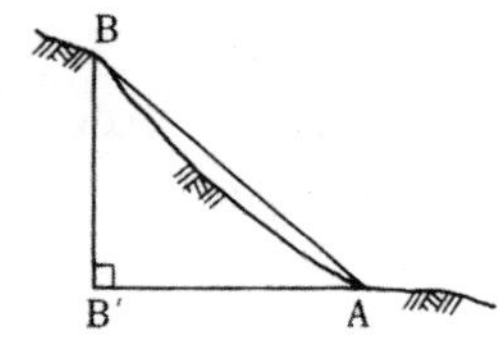

在测量中，**2 点间的距离→水平距离**

距离测量 { 使用器材的方法：卷尺、标杆等；使用仪器的方法：光波测距仪等 }

距离的定义

根据不同的精度要求选择不用的器材。

① 纤维制卷尺：玻璃纤维和聚氯乙烯制作而成的卷尺，常用于不需要高精度的量距（图 2.6）。

长处：携带方便，使用简单。

短处：无法进行伸缩的补正，不适于精密测量。

② 卷尺：也称为钢制卷尺，常用于高精度的量距（图 2.7）。

长处：测定时如进行温度补正，可得到较高的精度。

短处：· 因温度变化而产生的伸缩比较大。

· 容易生锈，容易折断。

· 不注意使用容易伤手。

③ 因瓦基线尺：也称为铁镍合金基线尺，在进行精密量距时使用（三角测量中的基线测定等）(图 2.8)。

长处：因温度变化以及张力而产生的伸缩很小。

短处：缺少弹性，容易折断。

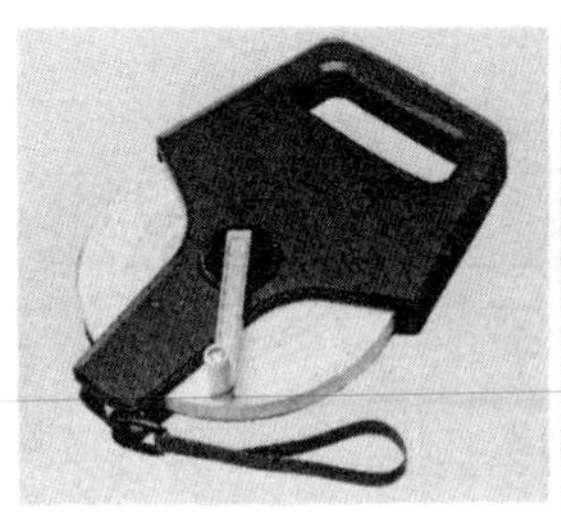

图 2.6

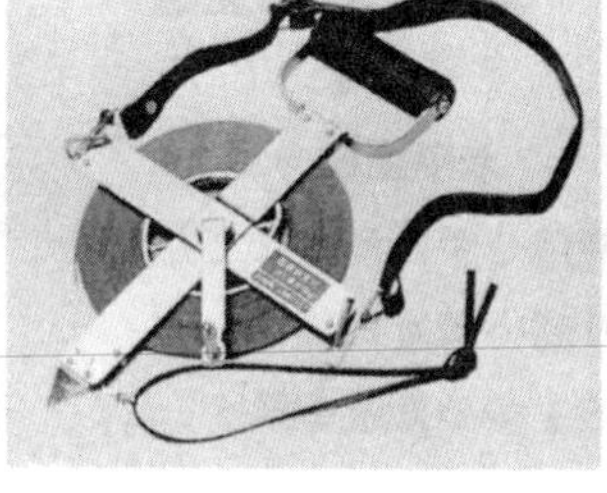

图 2.7

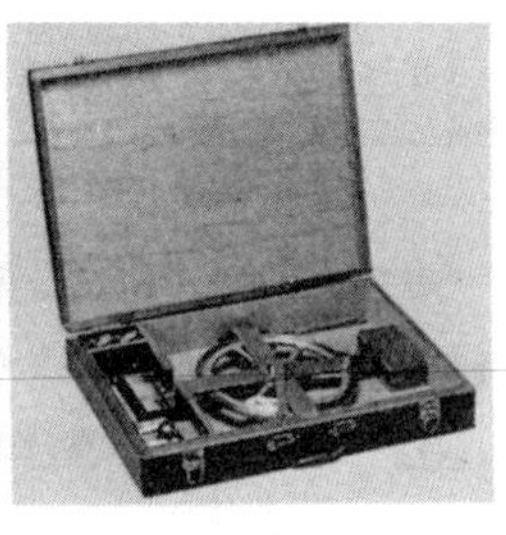

图 2.8

④ 其他

· 标杆：主要在测点以及表示方向时使用。每隔 20cm 红白涂色。(图 2.9)

· 垂球：细绳下端挂一倒圆锥形的金属锤，检验物体是否垂直（图 2.10）。

· 测钎：用于标定测点位置（图 2.11）。

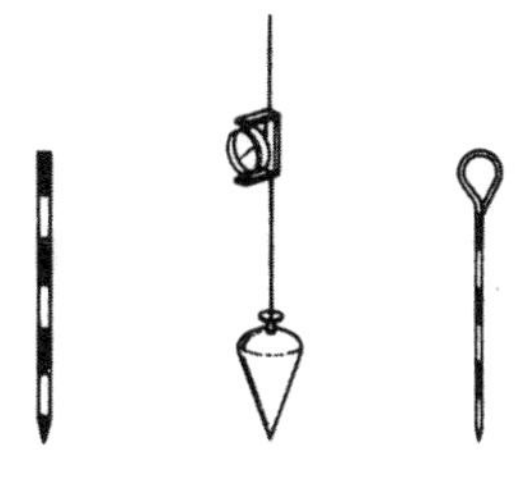

图 2.9　图 2.10　图 2.11

4

步幅测量距离

步测法

测量的距离

↓

水平距离的测定

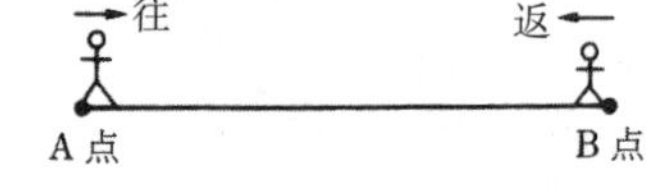

步测法是不使用器材，用步幅来测定距离的方法，精度不高。

① 测定自然行走时的步幅

1 步 =0.70m

② 记录测点 A 到测点 B 的步数……64 步

③ 记录测点 B 到测点 A 的步数……65 步

④ 平均步数 =（64 步 + 65 步）/2=64.5 步

⑤ 计算步测出的 AB 间的距离 =64.5 步 ×0.70m/ 步

=45.15m

⑥用卷尺测定 AB 间的距离，并与步测距离相比较。

步测熟练后，其精确度会有所提高。

在没有卷尺的江户时代末期，伊能忠敬就是在步测的基础上制作了非常精确的日本地图（伊能图）。

忠敬的步幅≈ 69cm

卷尺测量

直接距离测量是指使用卷尺以及标杆等工具进行的量距，包括步测、测线的延长。

比 1 测长短时

1 测长：卷尺的测量长度（30m 卷尺、50m 卷尺、100m 卷尺等）

使用卷尺可以进行简单的测定，出现凹凸地面时应注意将卷尺对应最高处水平拉直后测定。

最少需要 3 人

· 记录：记录测量结果的人

· 前手：持卷尺前端的人

· 后手：持卷尺后端的人

后手　　　　　　　　前手

起点	终点	测定长
0.00m	45.83m →	45.83m
0.10m	45.97m →	45.87m
0.20m	46.05m →	45.85m

（注）为了减少误差，把卷尺的起点（后手）移出零点。

测定长 = 终点 − 起点

平均值（最精确值）= 测定长 = $\frac{45.83+45.87+45.85}{3}$ = 45.85m

比 1 测长长时

在测线上设置中间点（1，2，…）（参照 p.27“目测定线”），进行往 L_1，返 L_2 的测定，计算平均值得到测定长 L。

AB 间的距离 $=l_1+l_2+l_3$

$$L=\frac{L_1+L_2}{2}$$

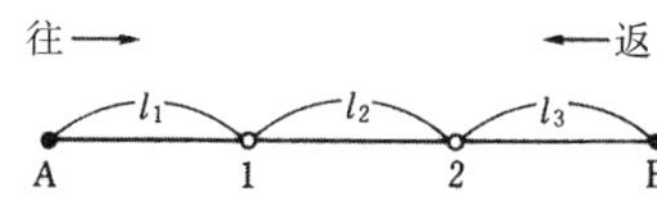

5

根据水平距离求面积

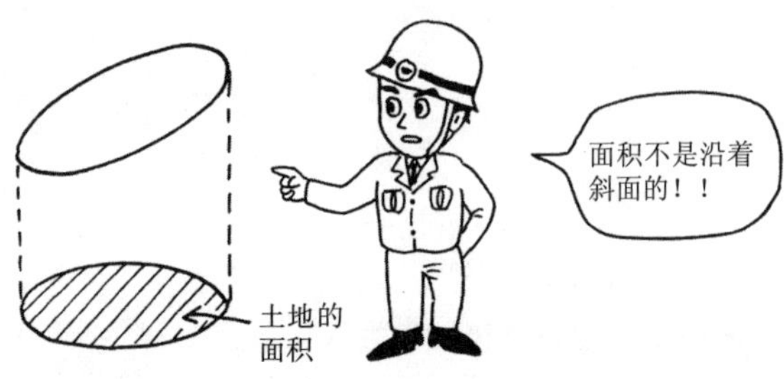

倾斜地面的量距　地图全部是平面图。所以，面积必须从水平距离中求出。

距离→水平距离

使用卷尺的阶段式测定方法

分为降测（图 2.12）和升测（图 2.13）两种。

AB 间的水平距离 $L=l_1+l_2+l_3$

一般情况下，降测比升测精度高。

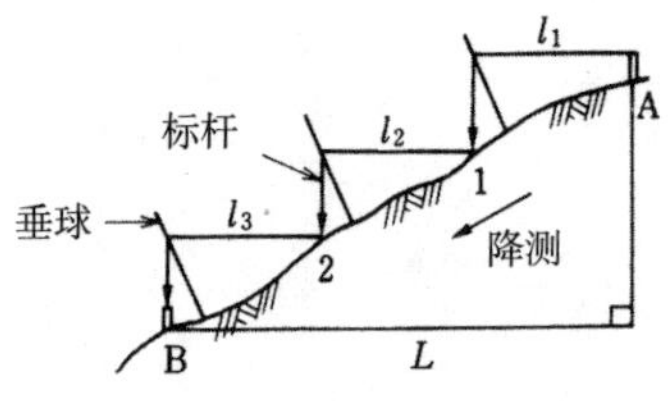

图 2.12　降测

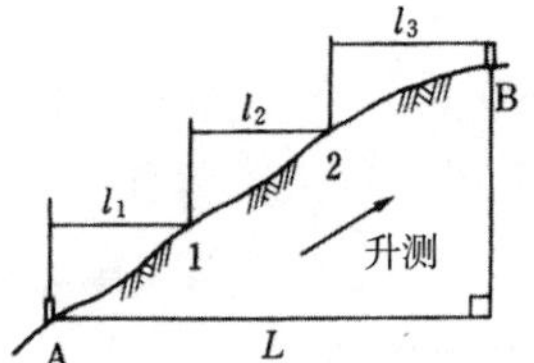

图 2.13　升测

根据换算求出距离

图 2.14 所示为其倾斜度基本不变时采用的方法。

间接量距：测定倾斜距离，通过换算得出水平距离。还包括光波测距仪（p.28）。

倾斜距离 l，倾斜角度 α 的测定：

$\cos\alpha=\dfrac{L}{l}$所以，水平距离 $\boldsymbol{L=l\cdot\cos\alpha}$

图 2.14

〔例 2.5〕如图 2.14，倾斜距离 l=100.00m，倾斜角度 α=30°，求其水平距离。

〔解〕 $L=l\cdot\cos\alpha=100.00\times\cos30°=100.00\times0.8660=86.60$m

目测定线

A 点　　　　B 点

确立中间点

使用器具：标杆 3 根，卷尺 1 个，需要人数：3 ~ 4 人

测量长度比 1 测长（卷尺长度）还要长时：

① 在测点 A，B 上分别垂直设置标杆。

② 在测点 A，B 的视线上初步设置 O 点标杆。

③ 测点 A 上的人尽量瞄准 B 点标杆的下端，指挥 O 点手动调整标杆，使测点 A，B，O 在同一视线上。

④ 用卷尺测定 AO，OB 的距离。

⑤ AB 间的距离 = $\overline{AO}+\overline{OB}$

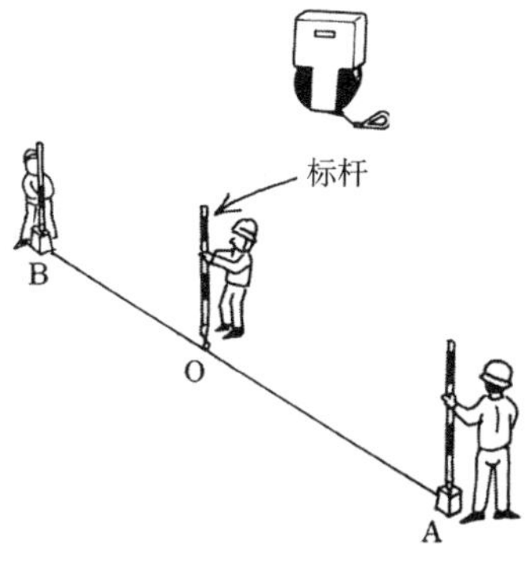

图 2.15

延长测线

在测线的延长线上设置新的测点。

① 保证视线通畅，在测点 A，B 上设置标杆。

② 在测点 A，B 的视线上的 S 点上设置标杆。

③ 据视线对 S 点进行微调。微调时尽量以标杆的下部为准。

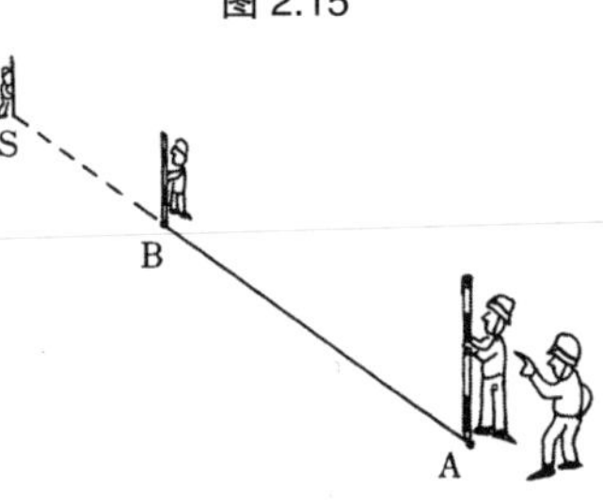

图 2.16

6

不用卷尺的测量

光波测距仪的距离测定

电磁波测距仪
- 光波测距仪：利用光波测定距离的仪器
- 电波测距仪：利用电波测定距离的仪器

光波测距仪

调制光波使其往返，根据波数和相位差求出距离的仪器。不仅能够测量距离，还能测量水平角度、垂直角度的测距仪称为全站仪。图2.17是智能化高性能全站仪。

图 2.17 光波测距仪（主体）

图 2.18 棱镜与反射片（附体）

〔例 2.6〕如图 2.19 所示，往返波数 n=30，1 波长 λ=10m，入反射波的相位差 d=λ/4。

此时，AB 间的距离 L 为：

$$\text{往返 } 2L = n\lambda + d = n\lambda + \frac{\lambda}{4}$$
$$= 30\times10\text{m} + \frac{10}{4}$$
$$= 302.5\text{m}$$

一个人也 OK

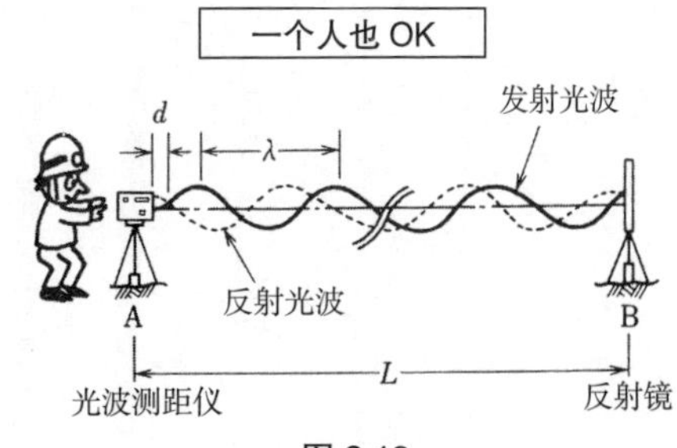

图 2.19

$$\therefore L=\frac{302.5}{2}=151.25\text{m}$$

$$一般式\ L=\frac{1}{2}(n\cdot\lambda+d) \tag{2.1}$$

光波测距仪的距离测定值改正

光
- 真空中……速度一定
- 大气中……速度变慢
- （温度、气压、湿度等引起的折射）

↓

需要气象改正

气象改正

① 气温 1° 的变化
② 气压 3mmHg 的变化
$\rightarrow \frac{1}{100万}=\frac{1}{10^6}$ 的距离变化

③ 湿度 1mmHg 的变化$\rightarrow \frac{0.05}{100万}$ →通常省略

对测定距离的影响力度的顺序①温度→②气压→③湿度（省略）

使用光波测距仪正确测量两点间的距离

真实距离 = 测定距离＋气象改正＋器械常数＋棱镜常数

气象改正：与测定距离成正比　　器械常数＋棱镜常数：与测定距离无关

仪器常数，棱镜常数……测距仪，棱镜固有的误差

因此与测定长度无关。

Coffee Breake

按照电波管理法规定，使用电波测距仪需要执照者 2 名。使用光波测距仪不需要执照，只要事先将棱镜设置完毕，一个人都能测定。

光波测距仪不仅有单体测量的类型，还有可以和电子经纬仪（p.37 **图 2.25**）结合使用的类型。现在在测量中使用最多的是如**图 2.17** 所示的可以同时测量角度和距离的全站仪（参照 p.48）。

7 把灰尘全部扫尽

误差的种类与改正

仪器误差

测定器具（卷尺等）自身产生的尺长误差。

尺常数 Δl= 正确长度 – 使用卷尺长度

表示 1 测长的伸缩程度。

【卷尺的伸缩及改正关系】

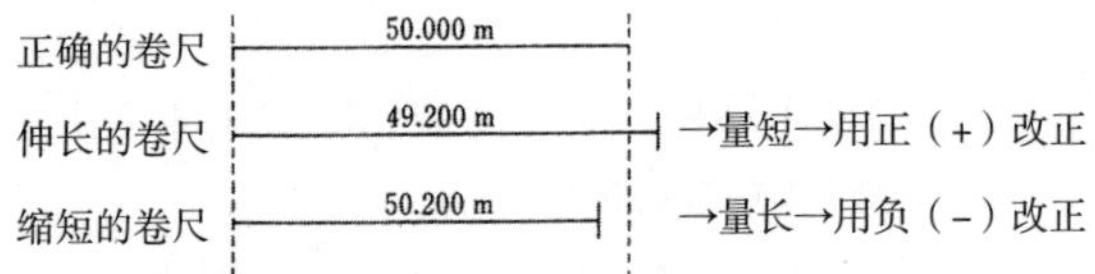

伸长（+）→（+）改正
缩短（–）→（–）改正
} 与伸长、缩短的符号相同！

尺常数改正量 $C_l=\pm\frac{\Delta l}{l}L$　　$\frac{\Delta l}{l}$：相当于 1m 的改正量

l：卷尺的长度　　L：测定长

〔**例 2.7**〕请求出使用比标准长度短 5cm 的 50m 卷尺测量的 2km 的标准长度。

（想法）标准长度 = 正确长度 L_0

使用卷尺是缩短的（—）→改正（—）

因此，尺常数为：

50m–5cm → $L_0=L-C_l$

随时注意单位的统一！（此题统一用 m）

〔**解**〕$L_0=L-\frac{\Delta l}{l}L=2000\,\text{m}-\frac{0.05\,\text{m}}{50\,\text{m}}\times2000\,\text{m}=1998.000\,\text{m}$

自然误差

由温度、湿度等气象变化所产生的误差。

温度改正量 $C_t=\alpha(t-t_0)L$

α：线膨胀系数 t：测定时的温度 t_0：标准温度（15° ）

温度越高越拉长！

（注）因为 α 为正数，所以 C_t 和（$t-t_0$）的符号相同！

$(t-t_0) > 0 \rightarrow (+)$

$(t-t_0) < 0 \rightarrow (-)$

〔例 2.8〕请求出用钢卷尺测量的 200m 的温度改正后的正确距离。其中，钢卷尺的线膨胀系数为 +0.000012/℃，测定时温度为 10℃，标准温度为 15℃

〔解〕温度改正量 $C_t=\alpha(t-t_0)L=0.000012\times(10-15)\times200=-0.012\text{m}$

$\therefore$ 正确距离 $L_0=L+C_t=200-0.012=199.988\text{m}$

往→
后手（I 君） 前手（J 君）
←返
前手（J 君） 后手（J 君）

个人误差

由测定者的个人误差造成的误差。

可采用往返测量，交换前、后手可以减少这种误差。

错误（过失）

因测定者不注意、不按规范操作等造成的误差。

应十分注意操作并通过多次测量努力消除，一般不认为是误差。

〔例 2.9〕使用尺常数为 50m–5mm（15℃）的钢卷尺，测得距离 L=150.00m，请根据尺常数改正量 C_l，温度改正量 C_t，求出正确距离 L_0。其中，测定时温度为 20℃，线膨胀系数 α=+0.000012/℃。

〔解〕使用卷尺是伸长的（+）→改正（+）

尺常数改正量 $C_l=\dfrac{\Delta l}{l}L=\dfrac{0.005}{50}\times150.000=0.015\,\text{m}$

温度改正量 $C_t=\alpha(t-t_0)L=0.000012\times(20-15)\times150.000=0.009\text{m}$

$\therefore$ 正确距离 $L_0=L+C_l+C_t=150.000+0.015+0.009=150.024\text{m}$

8

仅用卷尺绘制平面图

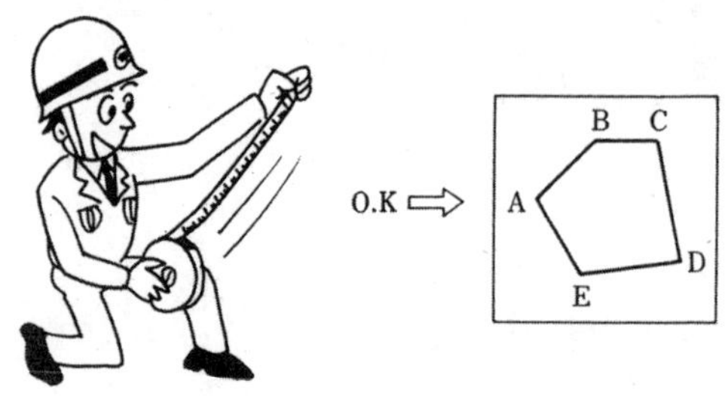

根据连接法制作轮廓图

精密的平面图制作一般由导线测量（pp.74 ~ 65）以及平板仪测量（pp.80 ~ 87）进行。本节介绍仅用卷尺绘制平面图。

试着制作最基本、最简单的三角形。

外业测量 在野帐上绘制轮廓草图并记录测定值。

① 分别沿着测线 AB，BC 拉上卷尺。

② 在测线 AB 的延长线和测线 BC 上找到适当长度 5.00m 处，测量 bc 为 6.40m。→外侧的连接线

③ 保持测线 BC 上的卷尺不动，沿着测线 CA 拉上卷尺。

④ 在测线 BC，CA 上找到适当的长度 7.00m 处，测量 ca 为 9.65m。→内侧的连接线

⑤ 对测点 A 进行同样的测定。

⑥ 测定各测线长 l_1，l_2，l_3。

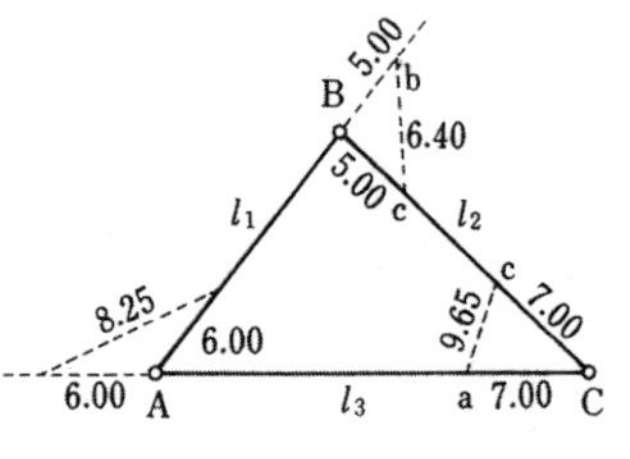

图 2.20

内业处理

① 在图面上确定 A 点以及测线 AB 的方向。

② 按照比例和测线长 l_1 在测线 AB 上确定 B 点。

③ 使用圆规确定测线 BC 的方向，并按照比例和测线长 l_2 确定 C 点。

④ 使用同样的方法确定测线 CA 和 A 点。

（点检）测线的最终点是否与始发点 A 一致。

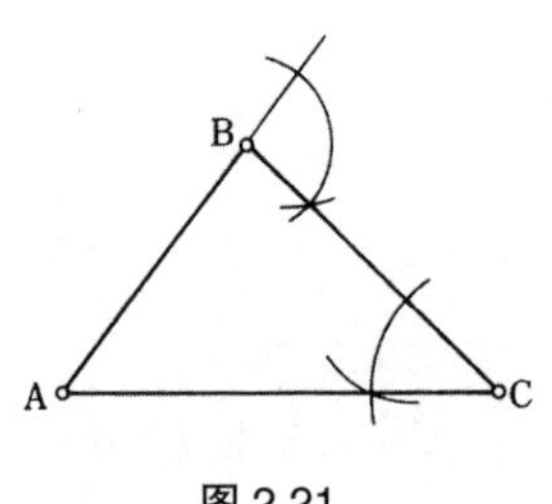

图 2.21

根据支距测量制作碎部测量图

支距测量是一种只用卷尺确定建筑物位置的碎部测量方法。

■ **直角支距**→确定建筑物角 a 的位置

① 将卷尺一的零点对准 A 点，并沿测线 AC 拉上卷尺一。

② 将卷尺二的零点对准 a 点，沿着拉在测线 AC 上的卷尺一移动卷尺二，找到最短距离 aa′，并测定 Aa′，在图中求出 a 点。

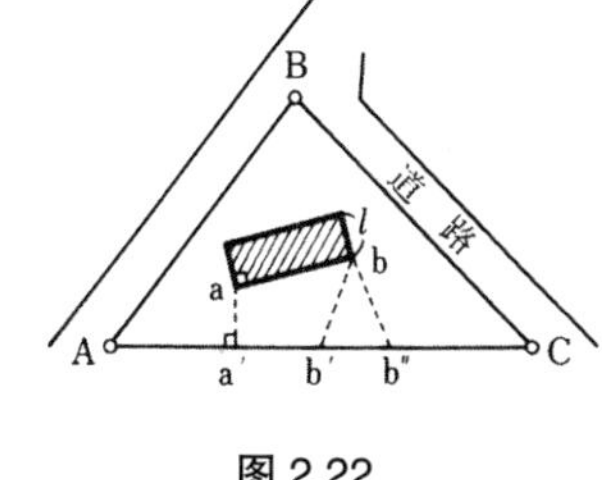

图 2.22

■ **三角（倾斜）支距**→确定建筑物角 b 的位置

① 与直角支距一样，沿测线 AC 拉上卷尺一。

② 将卷尺二的零点对准 b 点，在测线 AC 上找到适当长度 b′，并测定 Ab′，bb′。

③ 使用同样的方法测定 Ab″，bb″。

④ 在内业处理中，使用圆规在图纸上确定交点 b。

建筑物一般都是直角，所以确定 a 点、b 点之后，只要测量其进深 l，就可以制作建筑平面图了。

（注）与导线测量和平板仪测量相比，仅用卷尺的测量，其精度会低很多，但可以简单地绘制平面图。

Coffee Breake　专业用语的说明

测点：进行距离、角度等测量时的基准点

测线：测点与测点的连线

野帐：现场测量时记录结果的外业记录本

外业：在野外实施的测量作业

内业：根据外业结果进行图面绘制

轮廓测量：连接各测点得到轮廓的测量方法

碎部测量：为了在图面上表示必要的建筑地物进行的

9

倾斜度是纵横比

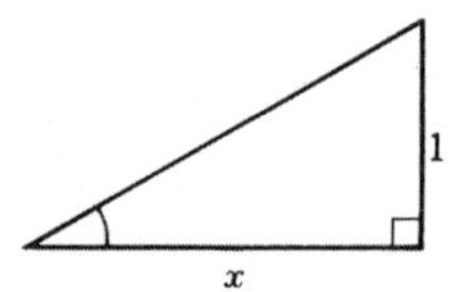

角度的单位 在日常生活中需要频繁地使用角度，所以在公元前 2000 年就有了角度的概念。在日本的古坟中期（公元 5 世纪左右）开始使用三角形的底边和高度求角度。

角的测定方法 {（1）角度制……度 [°] 单位
（2）弧度制……弧度 [rad] 单位

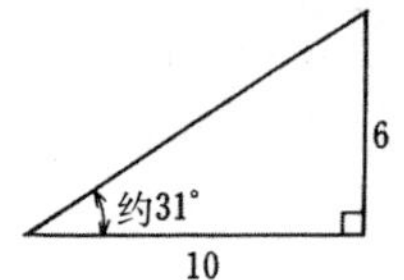

角度制

1 度（1° ）= 直角的$\frac{1}{90}$　　1 分（1′ ）= $\frac{1^\circ}{60}$　　1 秒（1″ ）= $\frac{1'}{60}$

如用 46° 15′ 18″ 表示角度，1 个直角 = 90° ，4 个直角 =360°

弧度制

中心角 $\theta = \frac{\text{弧长 } l}{\text{半径 } r}$　　（2.2）

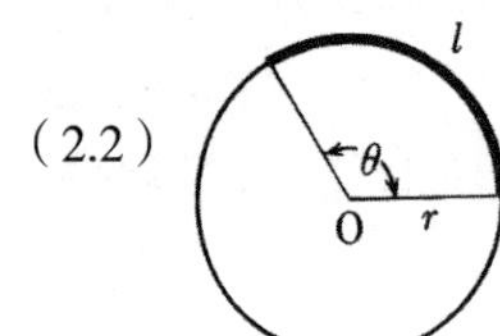

$l=r$ 时，称为 1 弧度 [rad]。

角度制与弧度制的关系

圆周 $=2\pi r$，其比例关系为

$$\frac{1\text{ 弧度}}{360^\circ} = \frac{r}{2\pi r}$$

$$1\text{ 弧度} = \frac{r}{2\pi r} \times 360^\circ = \frac{360^\circ}{2\pi} = \frac{180^\circ}{\pi} \quad (2.3)$$

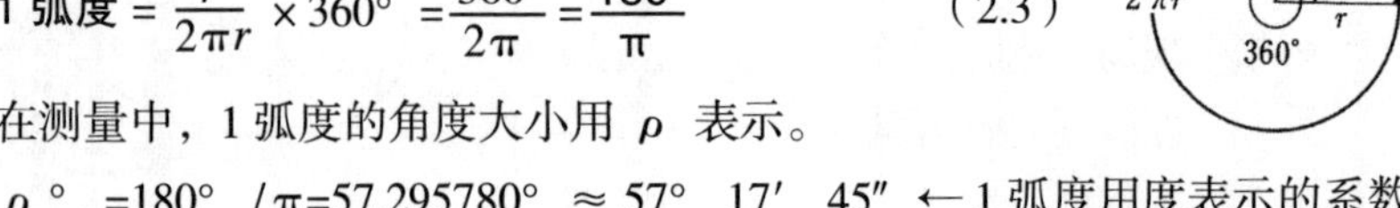

在测量中，1 弧度的角度大小用 ρ 表示。

$\rho^\circ = 180^\circ / \pi = 57.295780^\circ \approx 57^\circ\ 17'\ 45''$ ←1 弧度用度表示的系数

$\rho' = (180 \times 60)' / \pi \approx 3438'$ ←1 弧度用分表示的系数

$\rho'' = (180 \times 60 \times 60)'' / \pi \approx 206265''$ ←1 弧度用秒表示的系数

角度的换算

从角度制到弧度制的换算（度→弧度）

根据式 2.3 得到 1 弧度 =180°　/π，1°　=π/180 弧度

$$\alpha^\circ = \alpha \times \frac{\pi}{180} \text{弧度} \tag{2.4}$$

从“°　”到“rad”的换算，只要乘上 $\frac{\pi}{180}$!

〔例 2.10〕请将 α =46°　15′　18″　换算成弧度制表示。

〔解〕首先，统一换算成“°”。

$\alpha = 46^\circ\ 15'\ 18'' = 46.2550^\circ$

$\therefore 46.2550^\circ = 46.2550 \times \frac{\pi}{180} \approx 0.8073$ 弧度

从弧度制到角度制的换算（弧度→度）

$$1\text{弧度} = \frac{180^\circ}{\pi} \longrightarrow \theta\,〔\text{rad}〕 = \theta \times \frac{180^\circ}{\pi} \tag{2.5}$$

从“rad”到“°　”的换算，只要成 $\frac{180^\circ}{\pi}$ ！

〔例 2.11〕请将 θ=0.8073 换算成角度制表示。

〔解〕$0.8073\text{弧度} = \frac{\pi}{180} \approx 46.2549^\circ \approx 46^\circ\ 15'\ 18''$

角度的取法

测量和数学的象限的取法刚好相反。

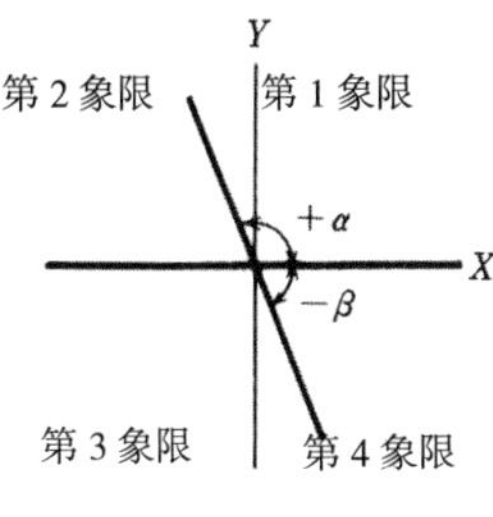

逆时针→正
顺时针→负
以正的 X 轴为基准
〈数学领域〉

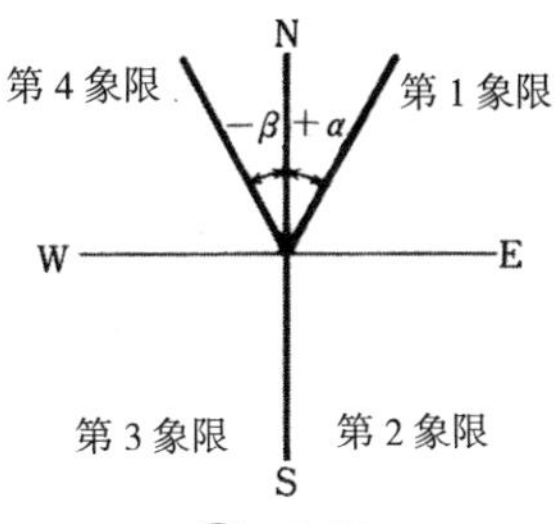

顺时针→正
逆时针→负
以南北线（N-S 线）为基准
〈测量领域〉

10

熟练技能方能百战百胜

角度的种类 在测量中，包括**水平角和竖直角**。

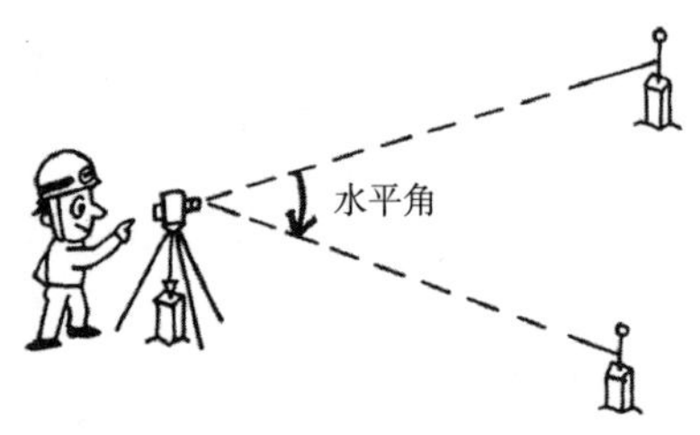

图 2.23 水平角

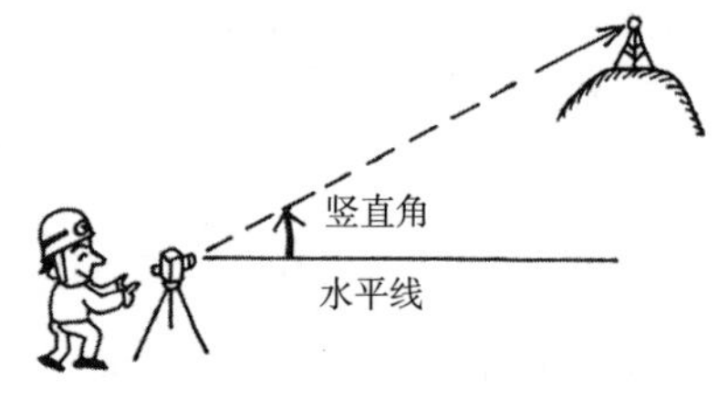

图 2.24 竖直角（倾斜角）

测角仪器 电子经纬仪是测量角度的最常见的仪器。只要安置仪器，照准目标，液晶显示屏就会显示水平角、竖直角，可以进行迅速、简单的观测。

电子经纬仪
- 上部结构（用于测角）
  - 上盘（望远镜等）
  - 下盘（水平刻度盘）
- 下部结构（用于仪器整平）
  - 使用调准螺旋整平仪器

* 下盘以垂直轴为中心旋转：复轴型经纬仪

下盘的垂直轴固定：单轴型经纬仪

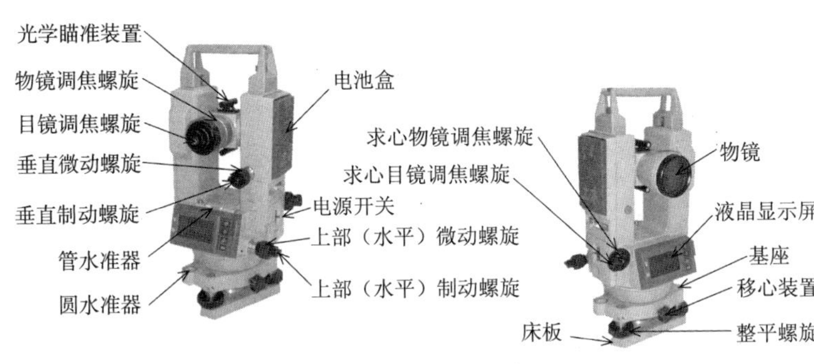

图 2.25　单轴电子经纬仪

角度的读取

· 竖直角 V（Vertical angle）

· 水平角 H（Horizontal angle）

电子经纬仪可以进行水平角的顺时针、逆时针测定的选择设定，而且可以无视仪器的旋转方向，根据设定方向进行水平角的测定。一般采用顺时针测定。

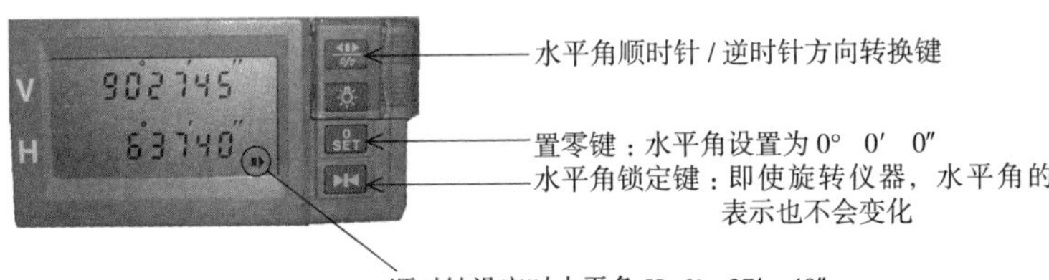

图 2.26　液晶显示屏

电子经纬仪的安装

“安置”和“照准”是测角的基础，**尽量做到又快又准**。

三脚架的设置（图 2.27）

① 可能水平设置。

② 保证垂球在距测点中心 1cm 以内。

电子经纬仪的安装（图 2.28）

视线高度稍低于望远镜。

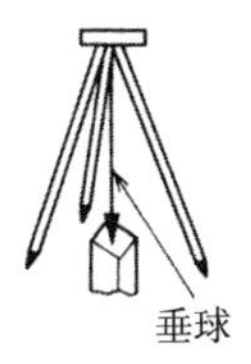

图 2.27　三脚架的设置

图 2.28　电子经纬仪的安装

整平

正确水平地安置水准仪→使水准气泡居中

【长水准器有 2 个时】

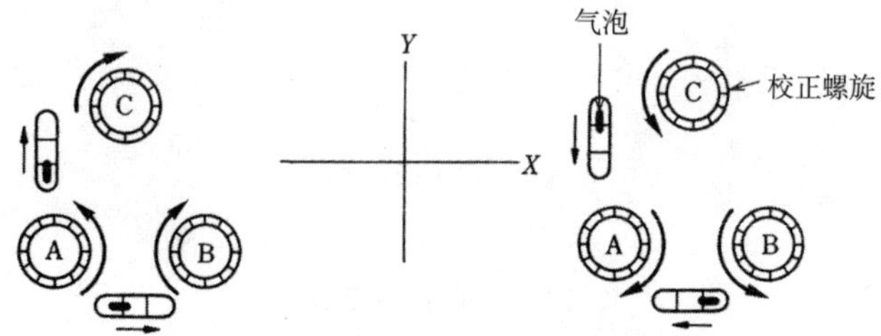

图 2.29 长水准器有 2 个时的校正方法

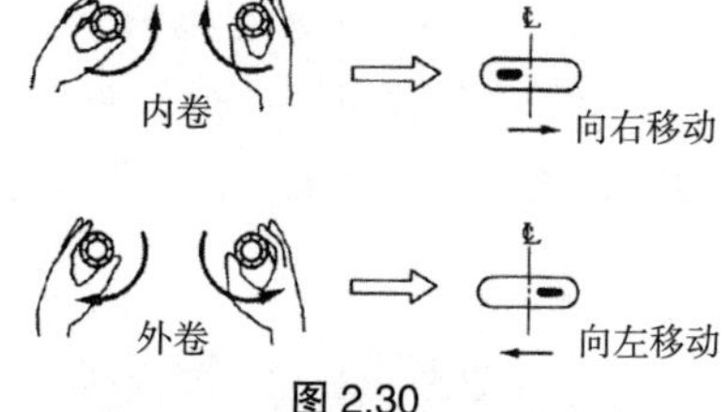

图 2.30

左手拇指法则→水泡根据**左手拇指**的动作方向移动

① 转动校正螺旋 A、B，通过“内卷”或“外卷”使气泡居中（X 方向的整平）。

② 只用左手转动校正螺旋 C，使直角方向的气泡居中（Y 方向的整平）。

对中

将电子经纬仪的竖轴与测点桩中心对齐。

↓

使用移心装置以及支撑杆将对中望远镜的“◎”移入中心。

同时满足整平和对中。

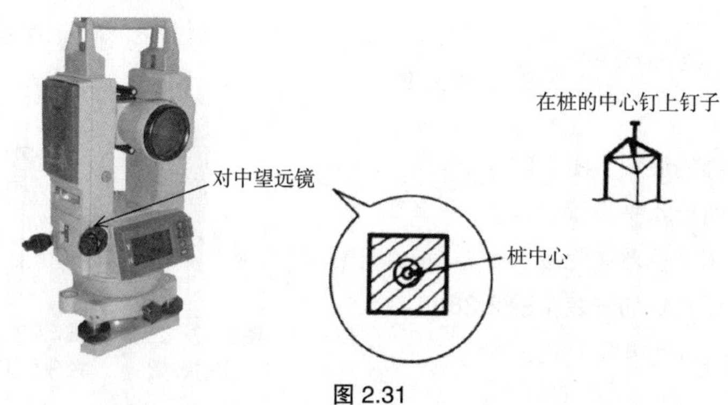

图 2.31

瞄 准　瞄准是指目标物与目镜十字丝中央交点一致。

① 目镜的调整：调整十字丝清晰度。

② 镜外瞄准：将目标放入物镜视野内。

③ 物镜的调整：调整目标清晰度。

④ 镜内瞄准：旋转校正螺旋使目标物与目镜十字丝中央交点重合。

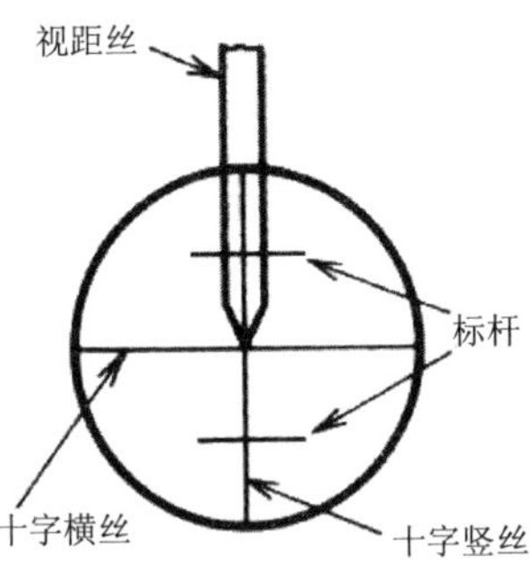

图 2.32　十字丝

测角时的上部运动，下部运动

① **上部运动**→水平读数（H 读数）**变化**（图 2.33（a））

② **下部运动**→水平读数（H 读数）**不变化**（图 2.33（b））

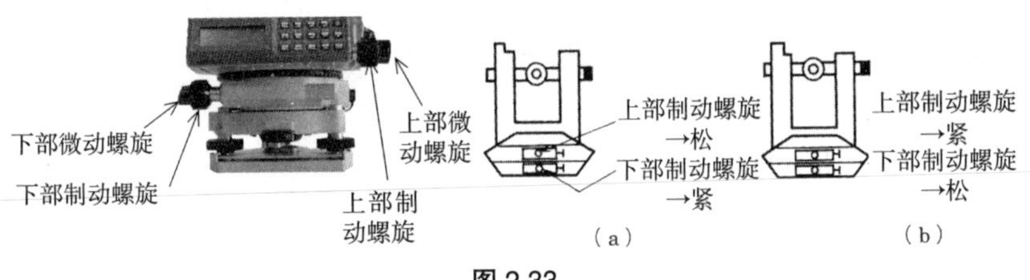

图 2.33

各制动螺旋旋紧时，微动螺旋无法使用。没有下部螺旋的单轴电子经纬仪，可以采用上部运动以及角度锁定功能，做与下部运动相同的运动。

11

根据水平角读取方向

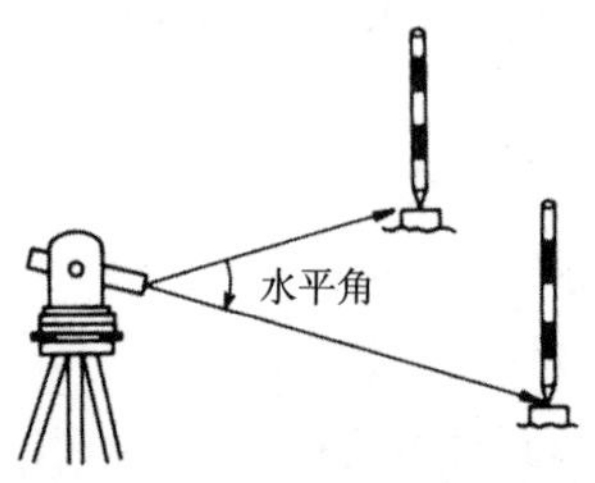

角度决定方向

水平角的测定 {（1）测回法（交角法）（2）复测法（反复法）（3）方向观测法

一般采用方向观测法进行观测。为了消除仪器误差，不管采用哪一种观测方法都至少需要一个测回观测。测回观测是指观测水准仪的正位（盘左）与反位（盘右），并通过垂直螺旋的位置判断水准仪状态。

一（二）来回：正反 1（2）回测定角度。

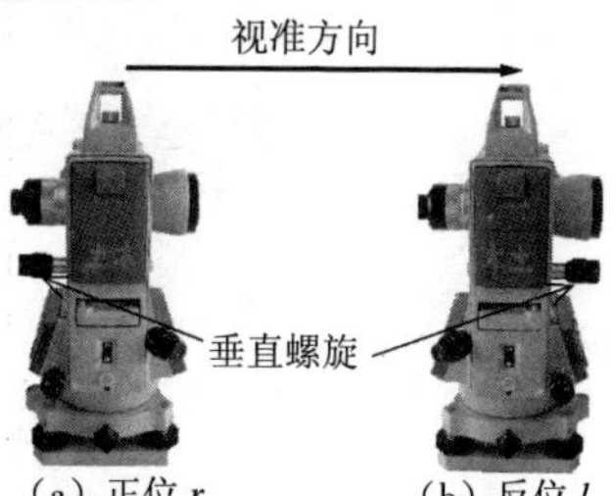

图 2.34　望远镜的正反

测回法

【操作顺序（图 2.35（a））】

① 在 O 点安置电子经纬仪。

② 将 H 读数调至 0° 附近，视准测点 1。

③ 松动制动螺旋，顺时针旋转角度 H，视准点 2 读取数据。

（注）顺时针时，水平角 H 增大。

【操作顺序（图 2.35（b））】

① 倒转望远镜，视准测点 2。

② 根据上部运动，测定角度 H 读取数据。

（注）逆时针时，水平角 H 减小。

测定角 {正位 r →终值－初值；反位 l →初值－终值}

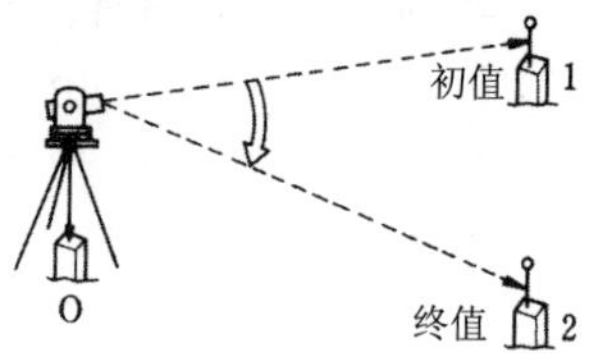

（a）正位的测定

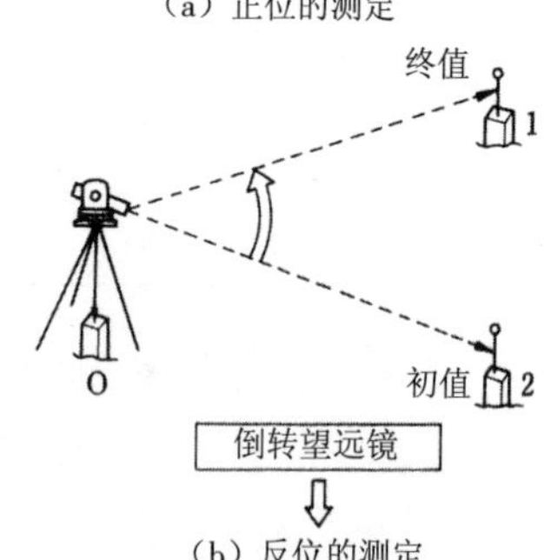

（b）反位的测定

图 2.35

测回法的野帐示例（一测回）　　表 2.1

测点	望远镜	目标	观测角	测定角	平均角度	备注
O	正 r	1	0° 02′ 00″			O 1 2
		2	33° 35′ 31″	33° 33′ 31″	33° 33′ 33″	
	反 l	2	213° 36′ 00″	33° 33′ 35″		
		1	180° 02′ 25″			

平均角度 =（正方位测定角 + 反方位测定角）/ 2

复测法　对测量对象进行多次重复观测，一般用于工程测量。

【操作顺序（图 2.36）】

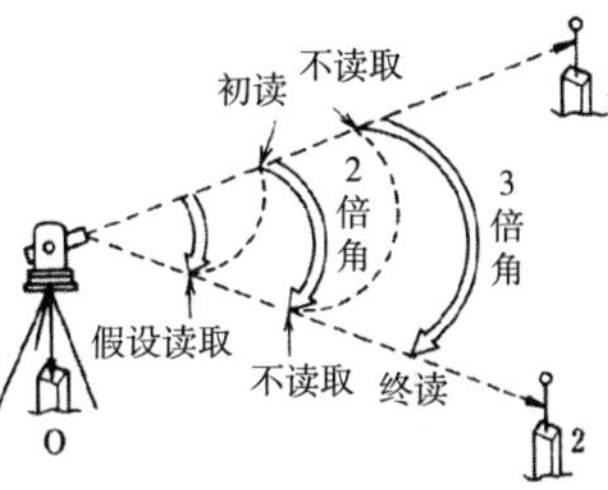

图 2.36　正方位的 3 倍角测定

① 在 O 点安置电子经纬仪，视准测点 1（将 H 读数调至 0° 附近）。

② 据上部运动视准测点 2，在备注栏记录第一回观测值（假设读数）。

③ 根据下部运动，视准测点 1（水平读数不变）。

④ 根据上部运动，视准测点 2（读数会有变化，但角度不用读取）。

⑤ 实行操作③。

⑥ 实行操作④，并读取终读的观测角数据。

⑦ 倒转望远镜，进行反方位的 3 倍角测定。

复测法的野帐示例（3 倍角的观测）　　表 2.2

测点	望远镜	视准点	角度倍数	观测角	角度	平均角度	备注
O	正 r	1	3	0° 03′ 00″			假设终读 O 61° 1 2
		2		183° 33′ 30″	183° 30′ 30″	61° 10′ 15″	
	反 l	2	3	3° 33′ 00″	① 183° 31′ 00″		
		1		180° 02′ 00″			

正方位：*n* 倍角的测定角 =（*n* 倍角的终值—初值）/*n*

反方位：*n* 倍角的测定角 =（*n* 倍角的初值—终值）/*n*

（注）反方位 *l* 的计算：（初读 – 终读）为负数时，说明其读数已超过 360°，需要加上 360° 调正。

① =3° 33′ 00″ –180° 02′ 00″ +360° =183° 31′ 00″

方向观测法 在测回法的基础上，从基准线出发观测多个角度的方法。要求测定精度高。

$$\left.\begin{cases}\text{正位 } r\cdots\cdots 1\rightarrow 2\rightarrow 3\rightarrow 4\\ \text{反位 } l\cdots\cdots 4\rightarrow 3\rightarrow 2\rightarrow 1\end{cases}\right\}\text{一测回的观测}$$

【操作顺序（一测回测定）】

（正位（盘左）测定）

① 将初值调至 0° 附近，根据下部运动视准测点 1。

② 根据上部运动顺时针转动角度，视准测点 2，读取水平角度（∠ 102）。

③ 继续上部视准测点 3，读取水平角度（∠ 103）。

④ 同样步骤，读取水平角度（∠ 104）。

（反位（盘右）测定）

⑤ 倒转望远镜，首先根据上部运动视准最终测点 4，读取初值数据。

⑥ 采用同样的正方位测定步骤，按逆时针方向顺次测定。

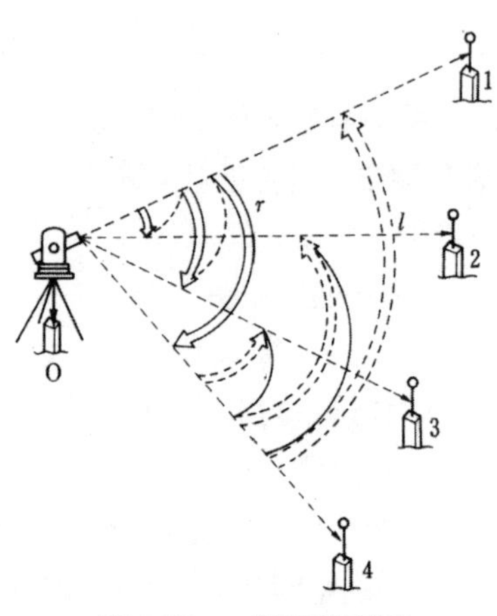

图 2.37 一测回的观测

方向观测法的观测精度的判定 → 倍角差，观测差

倍角（$r+l$）：同一视准点的一测回的正方位角度与反方位角度的**秒数的和**
较差（$r-l$）：同一视准点的一测回的正方位角度与反方位角度的**秒数的差**

（注）分不同时，请将其统一后再计算。

倍角差：倍角的最大与最小的差
观测差：较差的最大与最小的差

基准点测量的容许倍角差、观测差 **表 2.3**

	3 级	4 级
测回数	2	2
倍角差	30″	60″
观测差	20″	40″

方向观测法的野帐示例（二测回）　　表 2.4

测点	读数	望远镜	视准点	观测角	结果	倍角 $r+l$	较差 $r-l$	倍角差	观测差
O	0°	r	1	0°03′30″	0°00′00″				
			2	62°20′40″	62°17′10″	□40″	−20″	□10″	10″
			3	125°09′50″	125°06′20″	○25	15	○10	20
			4	210°14′45″	210°11′15″	④△80	⑤−50	⑨△50	⑩30
		l	4	30°15′25″	①210°12′05″				
			3	305°09′25″	125°06′05				
			2	242°20′50″	62°17′30″				
			1	180°03′20″	0°00′00″				
	90°	l	1	270°05′30″	0°00′00″				
			2	332°23′10″	62°17′40″	□50″	⑥−30″		
			3	35°11′50″	②125°06′20″	○35	⑦−5		
			4	120°16′55″	③210°11′25″	△30	⑧−20		
		r	4	300°17°55″	210°11′05″				
			3	215°13′05	125°06′15				
			2	152°24′00″	62°17′10″				
			1	90°06′50″	0°00′00″				

（终值 – 初值），（初值 – 终值）为负数时→加 360°

①（30°　15′　25″　–180°　03′　20″　）+360°　=210°　12′　05″

②、③同样计算

④、⑤："分"不同时，请将其统一 $\left\{\begin{array}{l} r \text{ 的视准点 } 4 \rightarrow 210° \ 11′ \ 15″ \\ l \text{ 的视准点 } 4 \rightarrow 210° \ 11′ \ 65″ \end{array}\right\}$

倍角 $r+l$=15″　+65″　=80″

较差 $r-l$=15″　–65″　=–50″

⑥、⑦、⑧：注意（$r-l$）！→⑥ =$r-l$=10″　–40″　=–30″　etc

根据前页的**表 2.3**，按照 3 级基准点测量规定，视准点 4 需要重测（⑨、⑩）。

12

根据垂直角读取高度

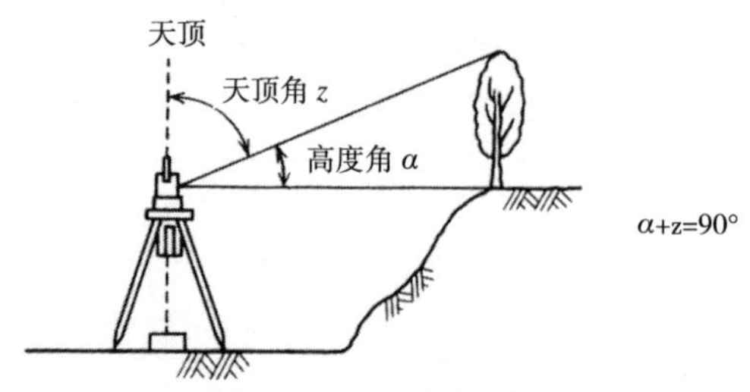

$\alpha+z=90°$

光波测距仪测定距离

电子经纬仪（包括光波测距仪）能够测量同精度水平角和垂直角，因此可以根据斜距和垂直角算出水平距离和高差，所以有必要熟练掌握垂直角观测。

〔**例 2.12**〕分别在 A 点和 B 点进行了垂直角的测定，结果如下。请求出 AB 间的高差 H 及水平距离 L。

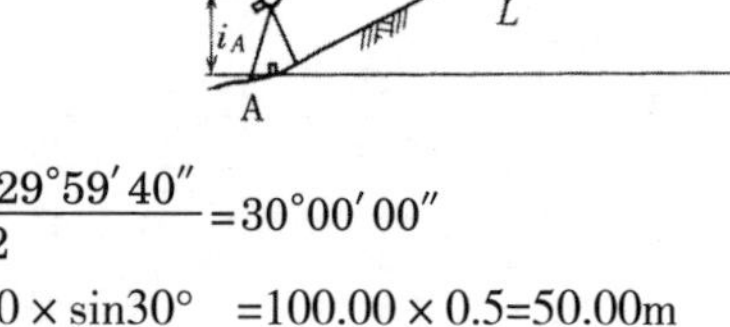

A 点的高度角 $\alpha_A=30°\ 00'\ 20''$（仰角）

B 点的高度角 $\alpha_B=-29°\ 59'\ 40''$（俯角）

AB 间的斜距 $D=100.00\text{m}$

A 点的仪器高 $i_A=1.10\text{m}$

B 点的仪器高 $i_B=1.20\text{m}$

〔**解**〕高度角 $\alpha=\dfrac{\alpha_A+\alpha_B}{2}=\dfrac{30°0'20''+29°59'40''}{2}=30°00'00''$

$\sin\alpha=\dfrac{h}{D}\ \therefore\quad h=D\cdot\sin\alpha=100.00\times\sin30°\ =100.00\times0.5=50.00\text{m}$

高差 $H=i_A+h-i_B=1.10+50.00-1.20=49.90\text{m}$

此外

水平距离 $L=D\cdot\cos\alpha=100.00\times\cos30°\ =100.00\times\dfrac{\sqrt{3}}{2}\approx 86.60\text{m}$

垂直角
- 天顶角 z……与铅垂线的夹角
- 高度角 α……与水平线的夹角
  - 仰角（+）
  - 俯角（−）

$$\left.\begin{aligned}&\text{天顶角 } z=\frac{1}{2}(r-l+360°)\\&\text{高度角 } \alpha=90°-z\end{aligned}\right\}(2.6)$$

天顶
天顶角 z
高度角（仰角：+α）
水平线
高度角（俯角：−α）

垂直角的野帐示例　　　　**表 2.5**

测点	望远镜	视准点	观测角	高度常数 k	天顶角 z	高度角 α
O	r	1	45°15′20″		$z=\frac{1}{2}(r-l+360°)$ $=45°15'10''$	$\alpha=90°-z$ $=44°44'50''$ （仰角）
	l	1	314°45′00″			
	$r+l$		360°00′20″	20″		
	$r-l$		−269°29′40″			
O	r	2	100°05′30″		$z=\frac{1}{2}(r-l+360°)$ $=100°05'40''$	$\alpha=90°-z$ $=-10°05'40''$ （俯角）
	l	2	259°54′10″			
	$r+l$		359°59′40″	−20″		
	$r-l$		−159°48′40″			

高度常数 k：垂直角测定中，理论上望远镜的正位（盘左）和反位（盘右）的测定值的和应该是 360°，由于仪器本身存在的误差而出现的一个定值被称为高度常数 k，与垂直角的大小无关。

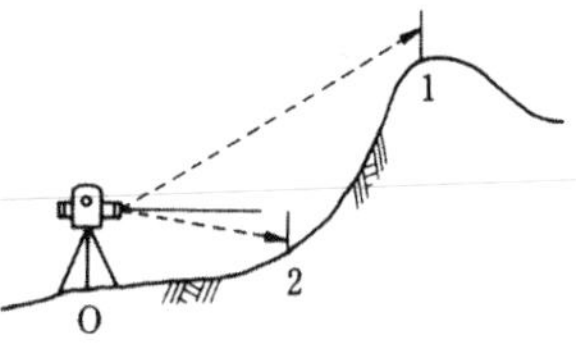

高度常数 $k=(r+l)-360°$　　（2.7）

r：望远镜正位的垂直角　l：望远镜反位的垂直角

高度常数的较差：2 个方向以上的垂直角测定时，高度常数的最大值与最小值的差。

判断垂直角测定的精度

表 2.5 的 k 的较差 =20″ －（−20″）=40″

根据**表 2.6**，在 4 级容许范围内，但如果对应 3 级，就需要重测。

垂直角测定的容许高度常数 k　　**表 2.6**

	3 级 基准点	4 级 基准点
测回数	1	1
k 的较差	30″	60″

13 与误差和睦相处

误差的种类和消除方法

即便使用电子经纬仪测角也会产生误差。以下是误差的种类和消除方法。

电子经纬仪的仪器误差

仪器固有的一定误差（定误差）

V：垂直轴　L: 水准管轴

H: 水平轴　C: 视准轴

① 垂直轴倾斜误差……没有达到 L ⊥ V 时产生的误差
② 水平轴倾斜误差……没有达到 H ⊥ V 时产生的误差　} 三轴误差
③ 视准轴误差……没有达到 C ⊥ H 时产生的误差

④ 偏心误差……水平度盘中心与垂直轴不重合时产生的误差。

⑤ 外心偏差……视准轴与垂直轴不重合时产生的误差。

⑥ 刻度误差……刻度不均匀产生的误差。

仪器误差消除方法　　**表 2.7**

	仪器误差	误差的消除方法
①	垂直轴倾斜误差	正反观测无法消除误差，需要检查、调整
②	水平轴倾斜误差	一测回，正位、反位观测取平均值
③	视准轴误差	一测回，正位、反位观测取平均值
④	偏心误差	一测回，正位、反位观测取平均值
⑤	外心偏差	一测回，正位、反位观测取平均值
⑥	刻度误差	使用全盘刻度进行测定

（注）除了垂直轴倾斜误差和刻度误差，其他的仪器误差都可以用正反位（盘左、盘右）的测定方法消除。

电子经纬仪的观测误差

不定误差：无法完全消除。

观测时注意尽可能减少观测误差最重要。

①地基不均下沉引起的误差……三脚架的倾斜引起的误差。

②读数误差……读取数据时产生的误差。

③对中误差……垂球与测点不重合时产生的误差（图 2.38）。

④照准误差……视准线与目标不重合时产生的误差（图 2.39）。

⑤外界条件引起的误差……大气折光、温度变化、风等引起的误差。

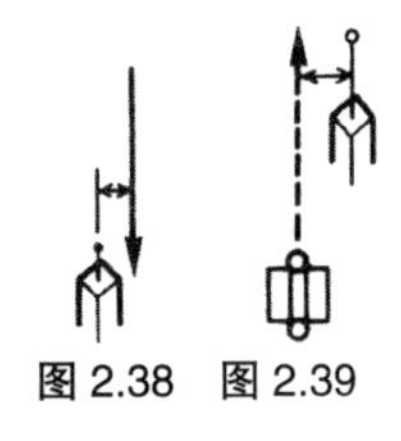

图 2.38　图 2.39

容许测角误差

三角形的内角测定

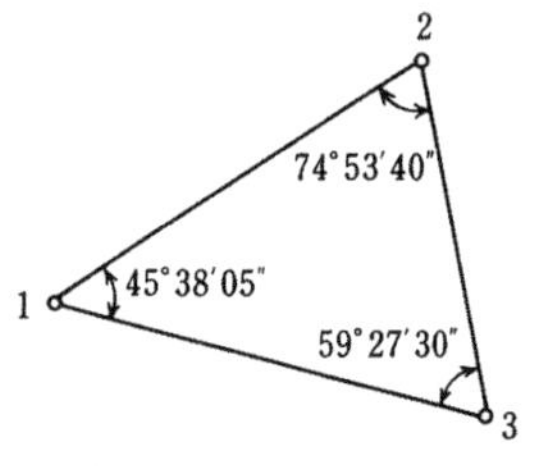

利用测回法的正位内角测定　表 2.8

测点	视准点	观测角	测定角	备注
1	2	0°45′00″		
	3	46°23′05″	45°38′05″	
2	3	0°10′40″		
	1	75°04′20″	74°53′40″	
3	1	0°07′40″		
	2	59°35′10″	59°27′30″	

表 2.8 的测角误差

测角误差 = 测定内角和—理论角度

$$=(45°\ 38'\ 05'' +74°\ 53'\ 40'' +59°\ 27'\ 30'')-180°$$

$$=179°\ 59'\ 15'' -180° =-45''$$

在 4 级基准点测量容许范围内，但如果对应 3 级，就需要重测（表 2.9）。

3 级基准点测量时

测角误差 $=20''\sqrt{n}=20''\sqrt{3}$

$=20''\times 1.732=34.64''\approx 35''$

4 级基准点测量时

测角误差 $=50''\sqrt{\mathrm{n}}=50''\sqrt{3}\approx 87''$

容许测角误差　表 2.9

	3 级基准点	4 级基准点
容许误差	$20°\sqrt{n}$	$50°\sqrt{n}$
三角形	35″	87″

n：测角数

14

距离和角度全包给我

测距与测角功能

全站仪（TS）是集合了电子经纬仪和光波测距仪的功能，能够在同一视准轴同时观测水平角、垂直角、斜距的仪器。数据存储卡以及电子野帐代替野帐进行观测数据的记录和处理，可以通过电脑输出数据。还可以根据内置程序在现场进行各种计算，在建筑工地使用广泛。

测角：经纬仪	测角、测距：全站仪
测距：光波测距仪	

测距方式

棱镜测距模式

测距时使用反射棱镜，可以观测数千米的距离。

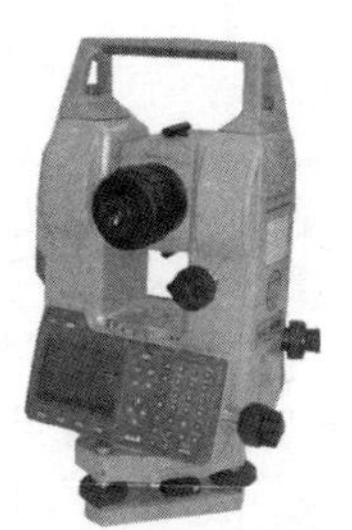

全站仪

免棱镜测距模式

观测距离在 200m 以内，不使用反射棱镜的测距方式。观测精度与使用反射棱镜时相同，常用于斜坡、住宅内部等测量困难的场所。

图 2.41　免棱镜测距模式

储存卡

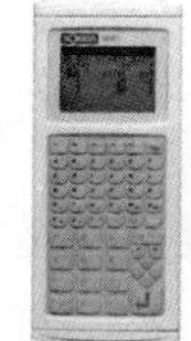

电子野帐

图 2.40

TS 测量 根据内置程序，TS 可以进行以下计算。

水平距离、高差的计算

根据 TS 的距离测量所得的斜距 S、垂直角 θ，算出水平距离 H 以及高差 V。

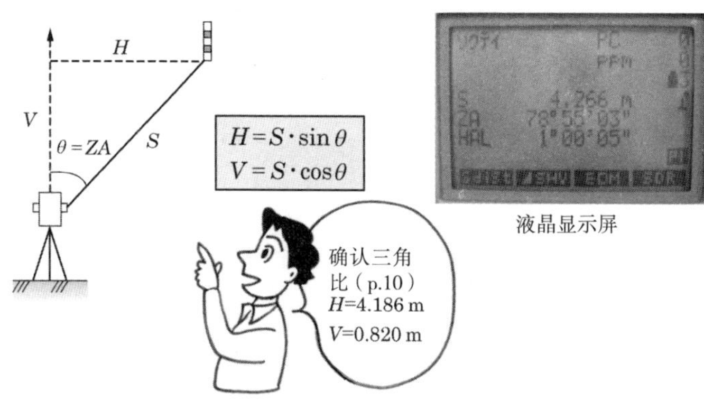

图 2.42

坐标反算（放桩、测设计算）

将测点（P）、后视点（A）、桩点（B）的坐标值输入 TS 后，PA、PB 测线的方向角 α 以及水平距离 H 将被自动算出。可以根据液晶显示屏显示的从 PA 测线到桩点的水平角 β_B，以及测点到桩点的水平距离 H_B，轻松放桩定位。

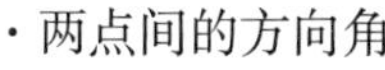

· 两点间的方向角

$$\alpha_A=\tan^{-1}\left|\frac{Y_A-Y_P}{X_A-X_P}\right| \qquad (2.8)$$

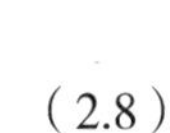

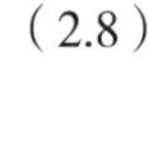

$$\alpha_B=\tan^{-1}\left|\frac{Y_B-Y_P}{X_B-X_P}\right| \qquad (2.9)$$

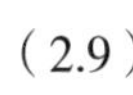

· 水平角 β_B

$$\beta_B=\alpha_B-\alpha_A \qquad (2.10)$$

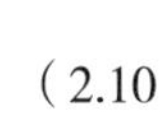

· 水平距离 H_B

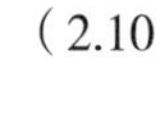

$$H_B=\sqrt{(X_B-X_P)^2+(Y_B-Y_P)^2} \qquad (2.11)$$

图 2.43　坐标反算

【坐标反算的计算例（五角形的测设）】

如表 2.10 所示，根据五角形的顶点坐标，计算出从作为基准的 PA 测线到各桩点的水平角 β，以及测点到各桩点的水平距离 H。

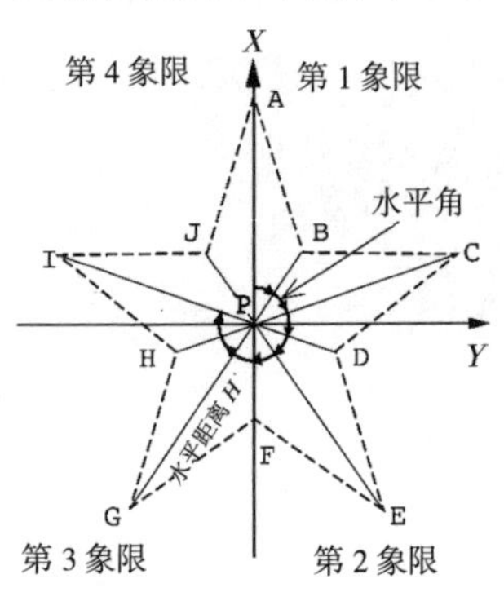

① $\alpha_A = \tan^{-1}\left|\dfrac{0.000-0.000}{44.541-0.000}\right| = 0°0'0''$

② $\alpha_D = 180° - \tan^{-1}\left|\dfrac{16.180-0.000}{-5.257-0.000}\right| = 107°59'58''$

③ $\alpha_G = \tan^{-1}\left|\dfrac{-26.180-0.000}{-36.304-0.000}\right| + 180 = 215°59'59''$

④ $\alpha_I = 360° - \tan^{-1}\left|\dfrac{-42.361-0.000}{13.764-0.000}\right| = 288°0'0''$

⑤ $H = \sqrt{(44.541-0.000)^2\ (0.000-0.000)^2} = 44.541\,\mathrm{m}$

左边反算计算书 **表 2.10**

仪器点名	X	Y	模式	视准点名	X	Y	距离 H	方向角 α	水平角 β
P	0.000	0.000		A	44.541	0.000	⑤ 44.541	① 0° 00′ 00″	0° 00′ 00″
			放射	B	13.764	10.000	17.013	35° 59′ 59″	35° 59′ 59″
			放射	C	13.764	42.361	44.541	72° 00′ 00″	72° 00′ 00″
			放射	D	−5.257	16.180	17.013	② 107° 59′ 58″	107° 59′ 58″
			放射	E	−36.034	26.180	44.540	144° 00′ 01″	144° 00′ 01″
			放射	F	−17.013	0.000	17.013	180° 00′ 00″	180° 00′ 00″
			放射	G	−36.034	−26.180	44.540	③ 215° 59′ 59″	215° 59′ 59″
			放射	H	−5.257	−16.180	17.013	250° 00′ 02″	252° 00′ 02″
			放射	I	13.764	−42.361	44.541	④ 288° 00′ 00″	288° 00′ 00″
			放射	J	13.764	−10.000	17.013	324° 00′ 01″	324° 00′ 01″

将测设的点连起来就成五角形了！

［单位：m］

对边测量 能够表示两测点间的斜距、水平距离和高差。

悬高测量 能够求出无法直接设置反射棱镜的铁塔及桥的高度。

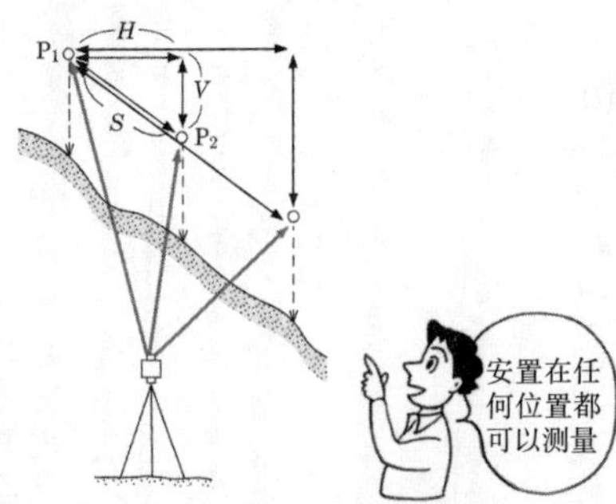

图 2.44 对边测量

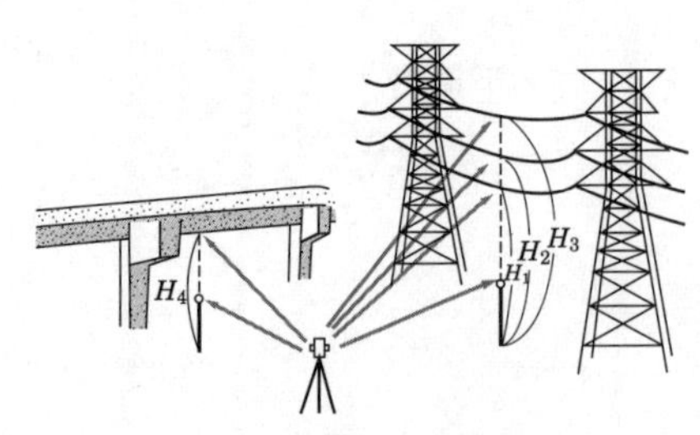

图 2.45 悬高测量

TS 系统 TS 系统从观测到数据输出等一系列的工作由计算机处理，数据自动化消除了输入错误，工作更加高效。

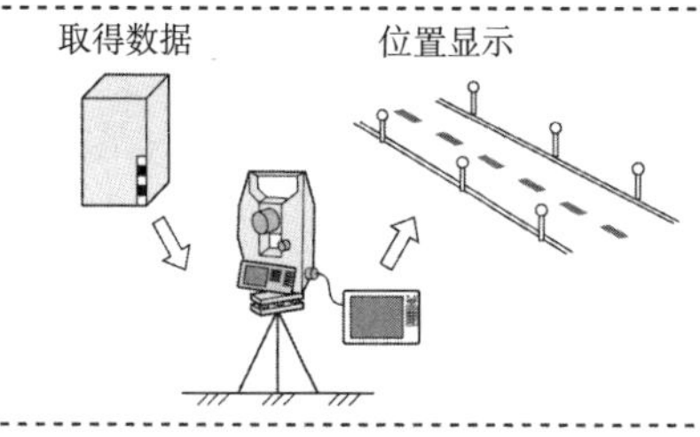

观测

· 地形、地物的数据取得
· 道路及构造物的位置显示

数据收发

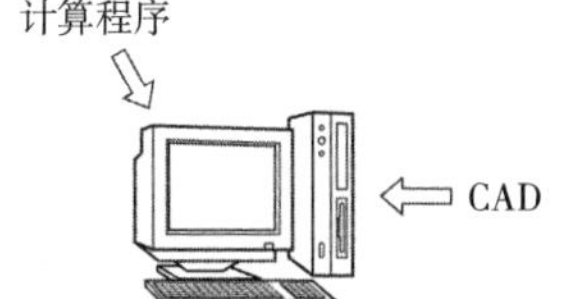

计算、制图

根据测量计算程序进行观测数据坐标化以及 CAD 制图

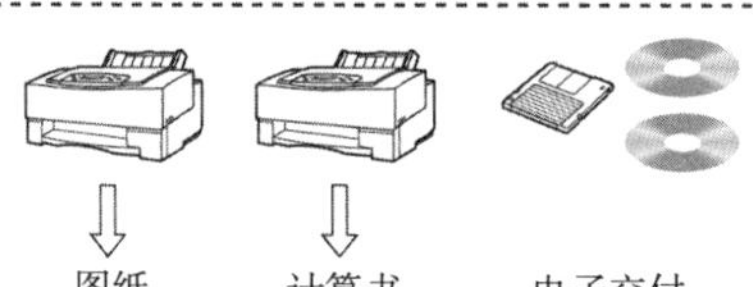

成果输出

· 自动制图器以及打印机输出图纸和计算书
· CD-R、DVD-R 等电子交付 *

* 电子交付：提高数据库的数据利用度和品质，代替以往的纸质稿，采用电子稿交付。

第 2 章小结

（1）精度的表示法 2“测量的误差”（p.20）的补充

精度 P……测定值的精确程度→用分子为 1 的分数表示

〔**例 2.13**〕2 次测量了某两点间的距离，L_1=90.02m，L_2=89.98m，求其精度。

〔**解**〕平均值 $L_0=\dfrac{L_1+L_2}{2}=\dfrac{90.02+89.98}{2}=90.00\,\text{m}$

较差 =L_1−L_2=90.02−89.98=0.04m

精度 $P=\dfrac{L_1-L_2}{L_0}=\dfrac{0.04}{90.00}=\dfrac{1}{2250}$

（注）$P=\dfrac{1}{\boxed{}}$←在▭中记入分母 90.00 除以分子 0.04 得到的数 2250。

（2）基座与三脚架 测角器具的补充

换位式：求心时松动移心装置，在基座上移动仪器，使用大口径支撑杆。

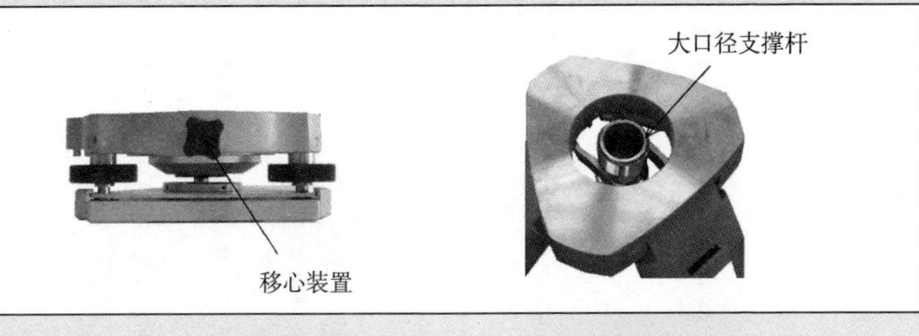

脱卸式：求心时松动支撑杆，在三脚架上移动仪器，使用小口径支撑杆。脱卸式可以在基座不动的情况下更换仪器和反射棱镜，以便进行顺次移动仪器的导线测量。

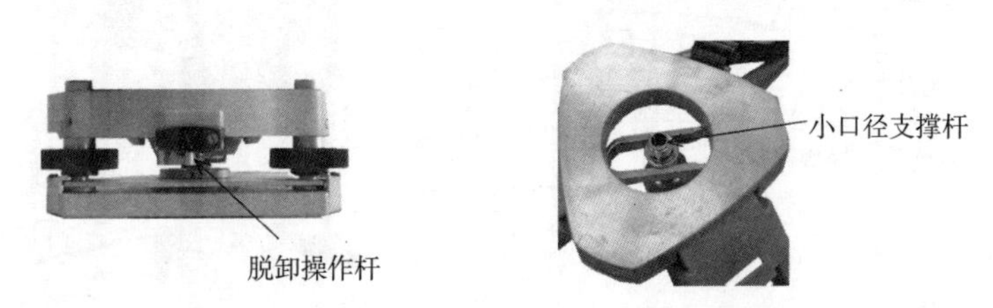

第3章

平面测量

使用经纬仪的轮廓测量和使用平板仪的碎部测量是测量学中的基本测量。

1

根据骨架判断恐龙身体的大小

轮廓测量是一种导线测量

轮廓测量是指在需要测量的区域范围制作总体轮廓，并对确定轮廓的控制点（基准点）的位置进行测量。

导线

构成轮廓的线段称为测线，各测线连接成型后称为导线。

控制点的位置

测量各控制点之间的距离和角度，推算其坐标值，最后决定轮廓的位置。

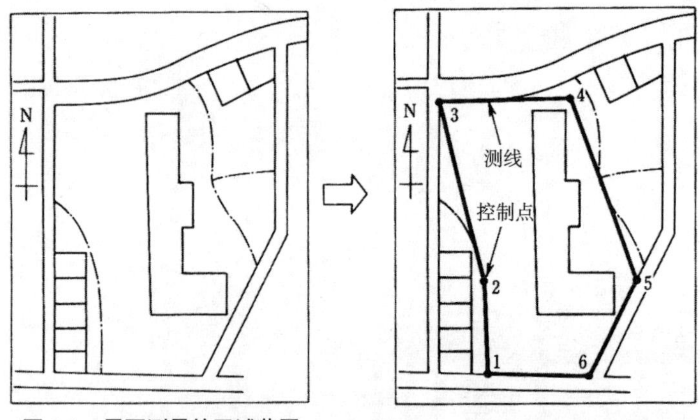

图 3.1 需要测量的区域范围　　图 3.2 轮廓的控制点（导线测量）

轮廓也有很多种类型

导线测量主要分为以下几种类型。

闭合导线（图 3.3（a））

从起始点出发，最后返回至起始点，形成闭合多角形的导线测量。使用频率较高。

附合导线（图 3.3（b））

连接已知点 A 与 B 的导线测量方式。可以用已知点之间的位置关系检验测量结果。

支导线（图 3.3（c））

起始点与结束点之间没有任何关系时使用的一种导线测量。无法检验测量结果。

导线网

两个以上的导线测量相互交织的组合称为导线测量网。

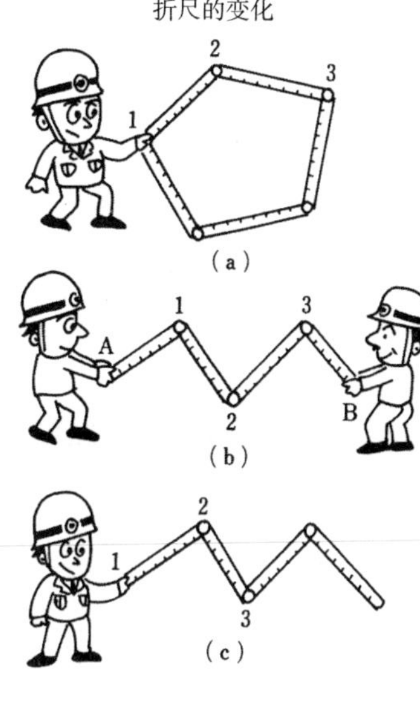

图 3.3　导线的类型

重要 point　导线测量的特征

①首先制定轮廓，再进行细部测量，可减少图形的弯曲与错误。

②导线测量方式虽不如三角测量精密，但可以在量距可行时使用。

③可以根据测量目的、精度、地形以及已知点的位置等选择相应的导线测量形状。

2

首先是现场踏勘

导线测量的顺序

导线测量的步骤主要包括：野外实际测量作业（外业）及其结果的整理、核查，计算、制图作业（内业）。

步骤流程

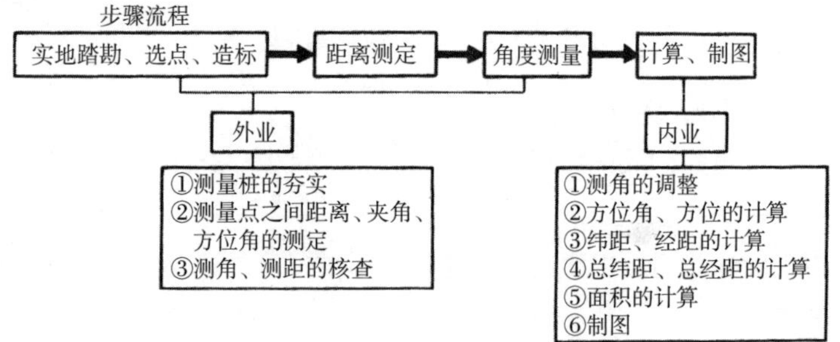

仪器说明（图 3.4）

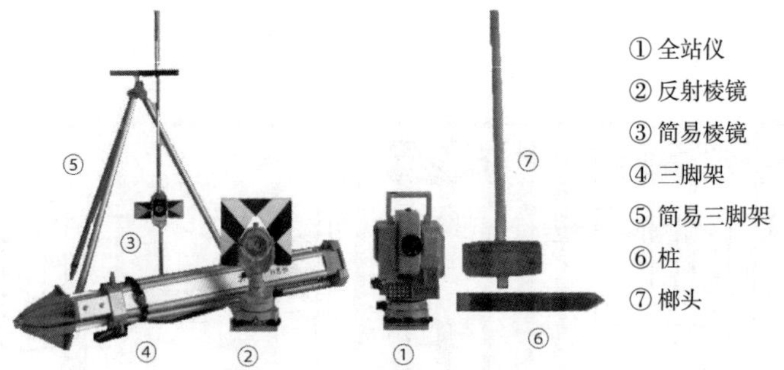

图 3.4　导线测量使用的仪器

踏勘、选点、造标

踏勘

为了制定最高效的作业计划来完成测量工作，开始测量之前，有必要详细踏勘现场。

选点

根据现场踏勘结果选定最合适的测点。

建立标志

选定测点之后，在测点的位置建立标志。也称为“造标”。

· 永久性的（混凝土、石头）

· 一般性的（适当的木桩）

由于选点的结果会对以后的作业以及测量精度产生很大的影响，所以必须慎重操作。

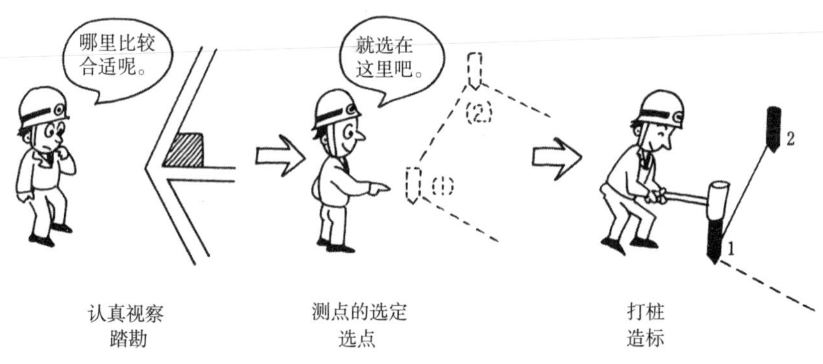

图 3.5　踏勘、选点、造标

重要 point　选点时的注意事项

选点要完美

① 尽量控制测点的数量，保持测点间的距离的均等性。

② 尽量选择容易安装仪器并且视野开阔的场所。

③ 尽量选择碎部测量便利的场所。

④ 尽量选择日后容易再次发现，并且能够安全保存的场所。

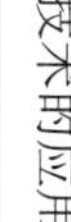

3

风扇的摆动角度

导线测量的角度测定

起始边必须是方位角。

方位角 α_0 的测定，是指从基准点（磁北、目标物等）到第一测线的角度测定。

导线测量的角度测定，根据精度要求的不同，可以通过测回法、复测法、方向观测法（参照 pp.40 ~ 43）等方式进行测定。

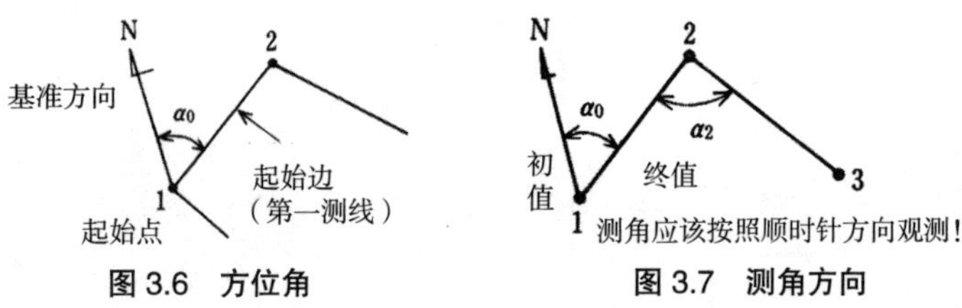

图 3.6　方位角　　图 3.7　测角方向

夹角法

测定各测线与前一条测线所组成的角（夹角）的测量方法。

①**闭合导线测量（图 3.8（a））**：一般采用内角 α 测定。此外，还有外角 β 的测定方法。

②**附合导线测量（图 3.8（b））**：按照测线的延伸方向，主要有左侧 α 观测和右侧 β 观测两种测定方法。

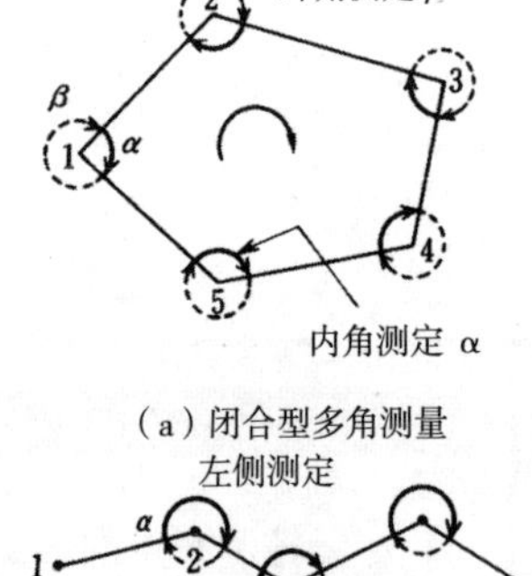

（a）闭合型多角测量

（b）附合导线测量

图 3.8　夹角法

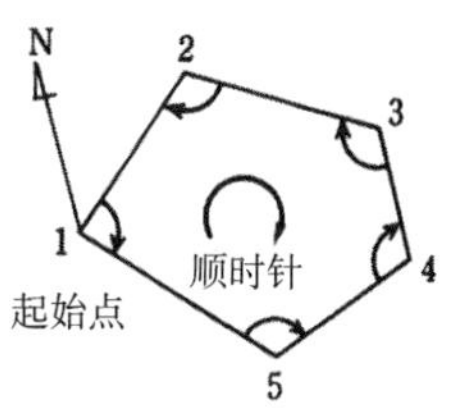

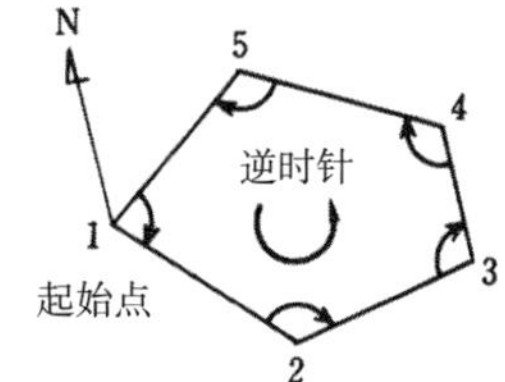

图 3.9　测点编号（行进方向）

偏角法

测定各测线与前一测线延长线所形成的角（偏角）的方法。

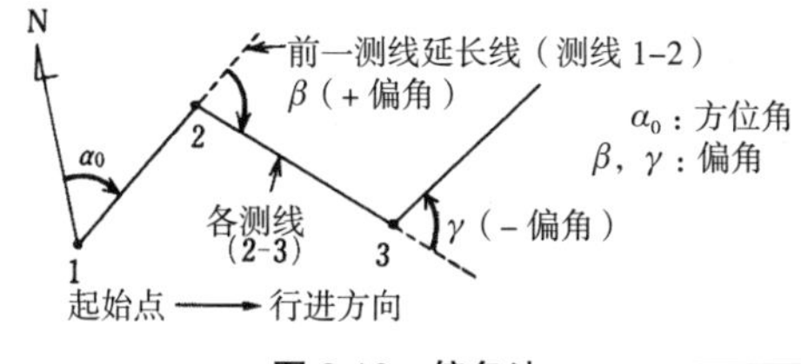

图 3.10　偏角法

偏角的符号 $\begin{cases}\text{相对于延长线而言右侧的偏角标记为（＋）}\\ \text{相对于延长线而言左侧的偏角标记为（－）}\end{cases}$ 加以区别。

如果是闭合导线，那么偏角的总和为 $\sum\beta=360^\circ$ 。

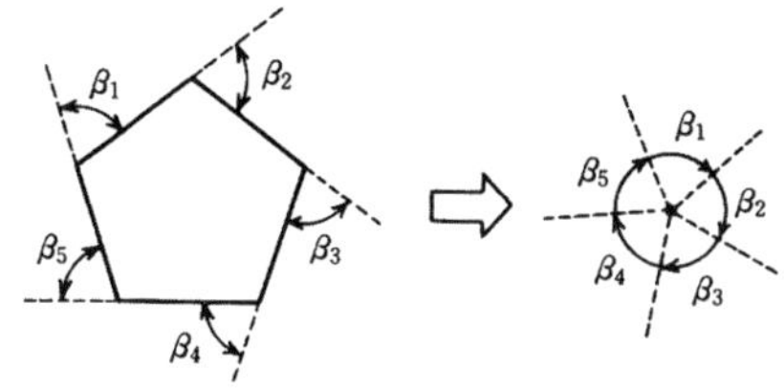

重要 point　基准方向线的选取方法

在导线测量中，需要确定测线的基准方向（0 方向）。

① 如有已知点，就将其视为测量基准。

② 没有已知点，使用指南针将磁北确定为基准方向。

③ 没有指南针，选取烟囱、铁塔等容易观察的实物为基准。

4

转一圈的话是多少度呢？

满足导线测量的必要条件 完成导线测量中的角度观测后，需将测量角套入各导线类型相应条件公式，核查该测定角是否满足公式的要求。

闭合导线的条件公式

① 测定内角时

全内角总和 $\sum\alpha=(n-2)\cdot180°$ （3.1）

② 测定外角时

全外角总和 $\sum\beta=(n+2)\cdot180°$ （3.2）

式中，α_0：方位角

n：边数（夹角的测角数）

α：内角测定值

β：外角测定值

$\sum$：测定角总和

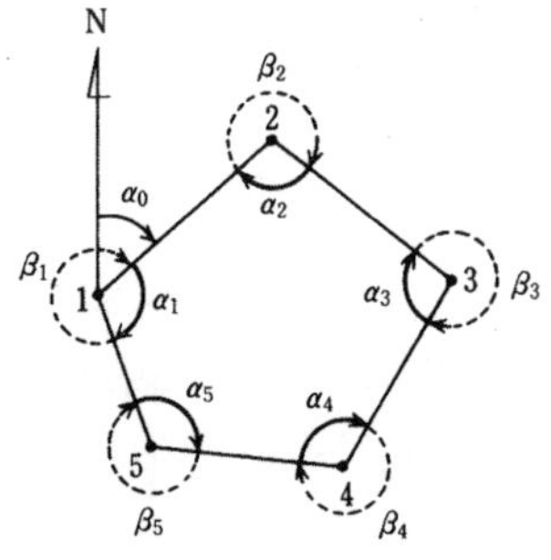

图 3.11 闭合导线

附合导线的条件公式

根据已知线 AC、BD 中一条线的方向进行区分。

如图 3.12：

$$(\theta_A-\theta_B)+\sum\alpha=180°\ (n-1) \tag{3.3}$$

式中，θ：方位角

α：观测角

n：边数（夹角的测角数）

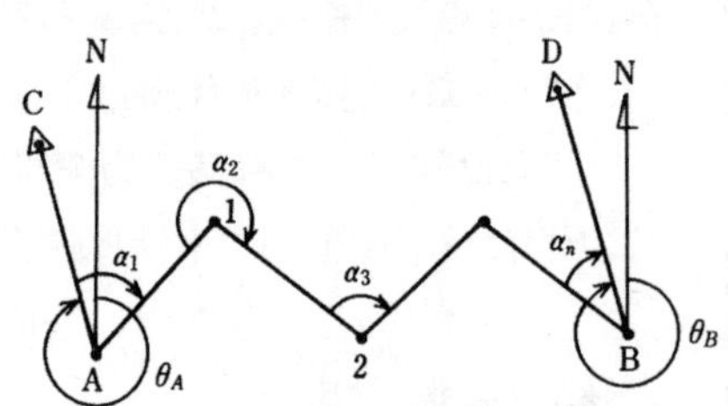

图 3.12 附合导线

角度的调整

在进行测角的点检时，只要误差在容许范围内，就可以进行相关调整作业。

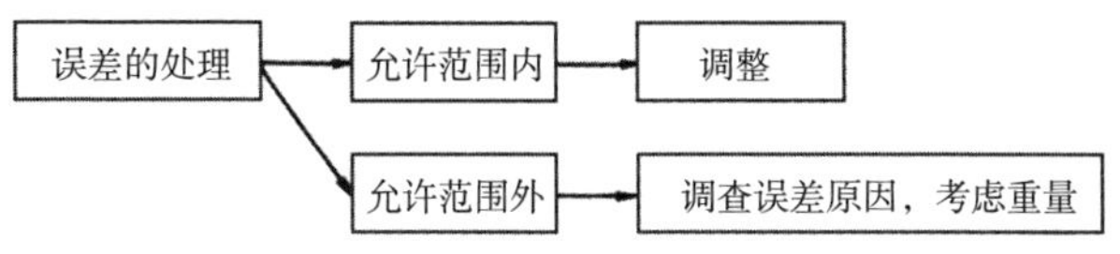

· 调整方法：一般来说，导线测量的角度调整首先要将误差平均分配，再将余数的每 1″ 分配给每个角。

〔例 3.1〕图 3.13 中的测定内角的调整。

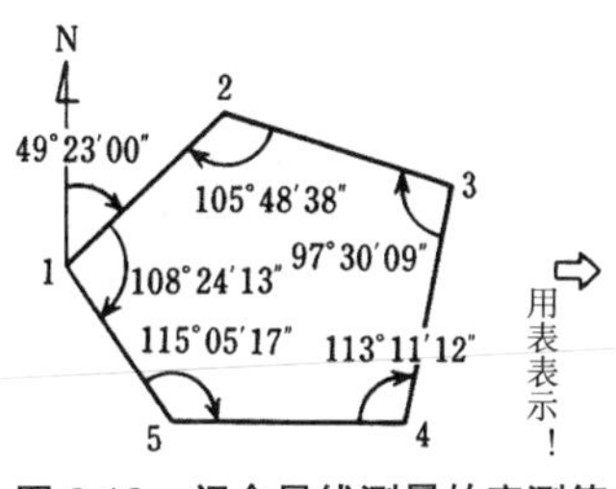

图 3.13　闭合导线测量的实测值

实测内角的调整率　　表 3.1

测点	实测内角	调整量	调整内角
1	108°24′13″	7″	108°24′20
2	105°48′38″	6″	105°48′44″
3	97°30′09″	6″	97°30′15″
4	113°11′12″	6″	113°11′18″
5	115°05′17″	6″	115°05′23″
合计	539°59′29″	31″	540°00′00″

全部调整量

符合公式要求！

公式（3.1）$\sum \alpha=(n-2)\cdot 180°$

$\sum \alpha=(5-2)\cdot 180° \quad =540°$

实测内角 $\sum \alpha=539° \quad 59' \quad 29''$

误差 =（公式内的 $\sum \alpha$）−（实测内角的 $\sum \alpha$）

$=540° \quad -539° \quad 59' \quad 29'' \quad =31''$ ← 测角误差

各个内角的调整量 = $\dfrac{\text{测角误差}}{\text{内角数}} = \dfrac{31''}{5}$ =6 余 1

（由于测定内角不满足条件公式要求，所以调整量为正数）

5

以北向为基准

方位角是与北向（N）的夹角

方位角是从某点的指北方向线起，沿顺时针方向到目标方向线之间的水平夹角。

图 3.14 中：

α_0：测定方位角（测线 1–2 的方位角）

α_2、α_3：各测线的方位角（通过计算得出度数）

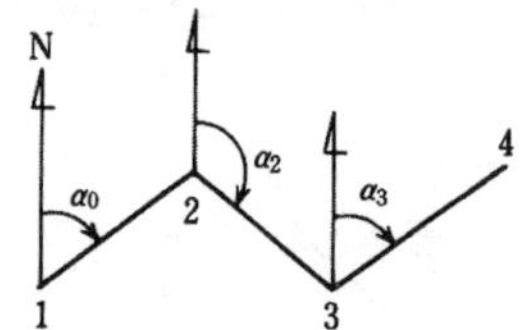

图 3.14 方位角

方位角的计算（各测线的方位角）

相对测量行进的延伸方向，测定右侧的夹角时

· 方位角（图 3.15）

α_0: 测线 1–2 的实测方位角

β: 测定内角（夹角）

· 测线 2–3 的方位角

$$\alpha_2=\alpha_0+180° -\beta_2$$

· 测线 3–4 的方位角

$$\alpha_3=\alpha_2+180° -\beta_3$$

某测线的方位角 = 前方位角 +180° – 该点的夹角

（3.4）

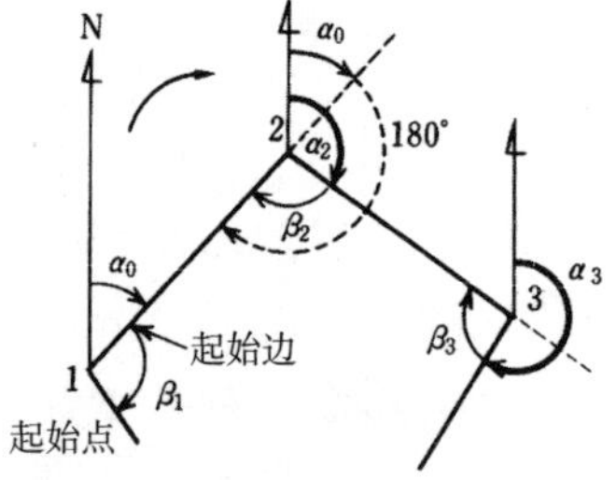

图 3.15 方位角的计算（右侧）

（当数值超过 360° 时，需减去 360° ）

〔例 3.2〕如图 3.15 所示，起始边的方位角 α_0=42° 30′ 16″ ，如果测线 2 的测定内角（夹角）β_2=93° 18′ 44″ ，根据公式 3.4，测线 2–3 的方位角 α_2：

$$\alpha_2=\alpha_0+180° -\beta_2=42° 30' 16'' +180° -93° 18' 44''$$

$$=129° 11' 32''$$

相对测量行进的延伸方向，测定左侧的夹角时

· 方位角，在图 3.16 中

α_0：测线 1–2 的实测方位角

β：测定内角（夹角）

· 测线 2–3 的方位角

$\alpha_2=\alpha_0+180°+\beta_2-360°$

$=\alpha_0+\beta_2-180°$

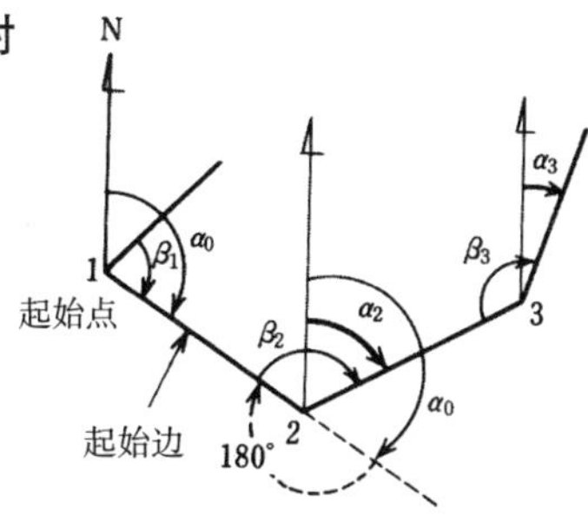

图 3.16　方位角的计算（左侧）

某测线的方位角 = 前方位角 + 该点的夹角 −180°

（3.5）

（当数值超过 360° 时，需减去 360°，如果结果为负数，应加上 360°）

〔例 3.3〕如图 3.16 所示，起始边的方位角 α_0=126° 18′ 50″，如果测点 2 的测定内角（夹角）β_2=118° 29′ 28″ 根据公式 3.5，测线 2–3 的方位角 α_2：

$\alpha_2=\alpha_0+\beta_2-180°$

$=126°18'50''+118°29'28''-180°$

$=64°48'18''$

方位角计算核查（以右侧测定为例）

在图 3.17 中

$\alpha_0'=\alpha_5+180°-\beta_1$

$\alpha_0'=\alpha_0$

根据计算得出的起始边的方位角 α_0' 与测定方位角 α_0 必须保持一致

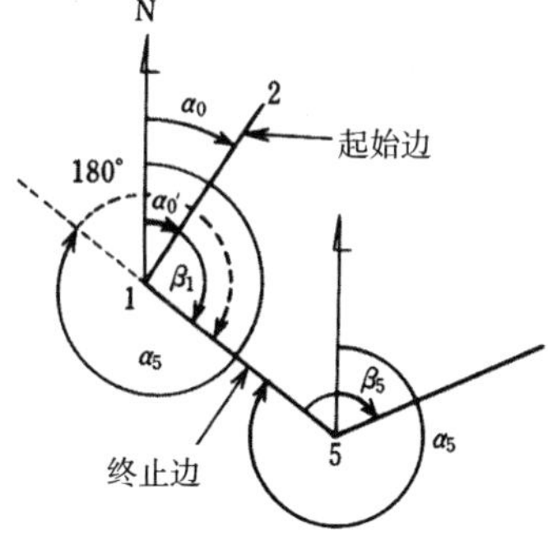

图 3.17　方位角的核查

6

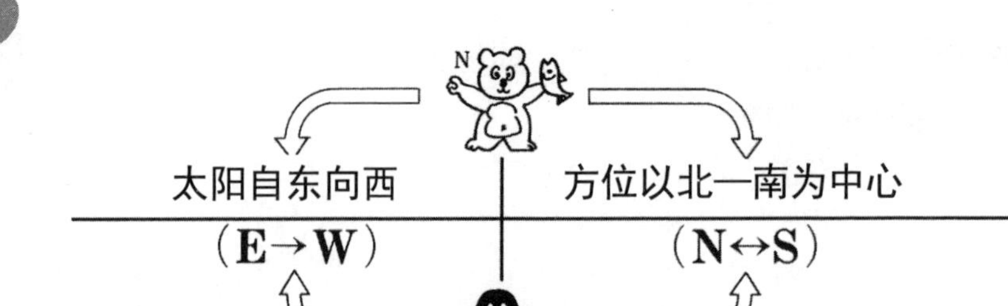

方位以N–S轴为基准

求得各测线的方位角后，接下来计算方位。方位以南北线为基准，用 90° 以下的角度来表示。

图 3.18 中的方位角表示了图 3.19 中各测线的方位角。

根据表 3.2 中的公式进行方位的计算。

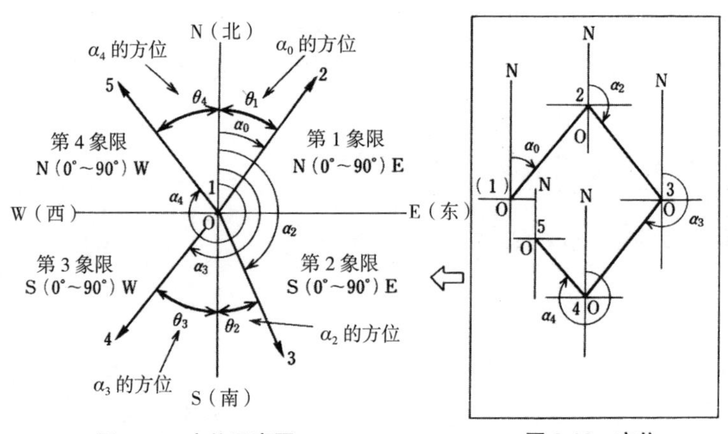

图 3.18 方位示意图

图 3.19 方位

方位角和方位的关系　　表 3.2

方位角 α	方位 β	方位的计算式	图 3.18 的情况
0°～90°	N0°～90°E	$\theta=\alpha_0$	α_0
90°～180°	S0°～90°E	$\theta=180°-\alpha$	α_2
180°～270°	S0°～90°W	$\theta=\alpha-180°$	α_3
270°～360°	N0°～90°W	$\theta=360°-\alpha$	α_4

方位角和方位的计算

〔**例 3.4**〕**图 3.20** 为内角调整后的导线测量示意图。通过已知的方位角求其方位。

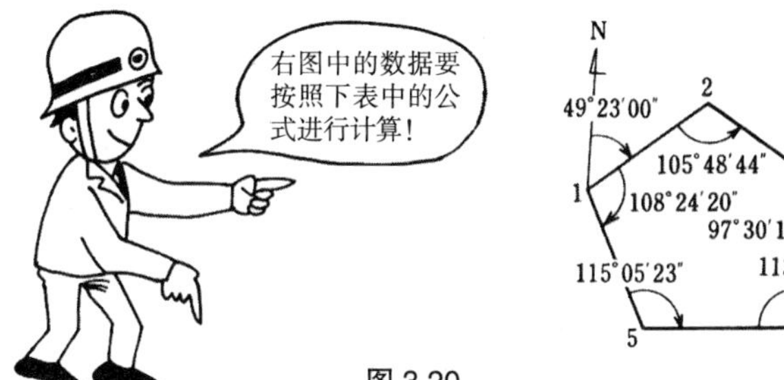

图 3.20

①方位角的计算要使用公式 3.4（参考 p.62）

方位角的计算　　**表 3.3**

测点	测线	前方位角	+180° −（该点的夹角）公式（3.4）		方位角 α
1	1-2	49°23′00″	起始边为观测方位角	→	49°23′00″
2	2-3	49°23′00″	+180° −105°48′44″	→	123°34′16″
3	3-4	123°34′16″	+180° − 97°30′15″	→	206°04′01″
4	4-5	206°04′01″	+180° −113°11′18″	→	272°52′43″
5	5-1	272°52′43″	+180° −115°05′23″	→	337°47′20″
1	1-2	337°47′20″	+180° −108°24′20″	→	49°23′00″

↑
回到起始点

②方位的计算　使用**表 3.2** 中的计算式

方位的计算　　**表 3.4**

测线	方位角 α	方位的计算公式（表 3.2）	方位 θ
1-2	49°23′00″	N ($\theta=\alpha_0$) E	N 49°23′00″ E
2-3	123°34′16″	S (180° − 123°34′16″) E	S 56°25′44″ E
3-4	206°04′01″	S (206°04′01″ − 180°) W	S 26°04′01″ W
4-5	272°52′43″	N (360° − 272°52′43″) W	N 87°07′17″ W
5-1	337°47′20″	N (360° − 337°47′20″) W	N 22°12′40″ W

7 纬距与经距是力的分解

纬距与经距

纬距和经距是利用方位角求得的各测线的分力。

分力的基准 $\begin{cases}\text{纵轴 N（北）–S（南）→纬距 } L \\ \text{横轴 E（东）–W（西）→经距 } D\end{cases}$

N、E 方向用符号（+）表示，S、W 方向用符号（–）表示。

测线 1–2 的纬距 L_1、经距 D_1

根据图 3.21

纬距 $L_1=l_1 \cdot \cos\alpha_0$（+）

经距 $D_1=l_1 \cdot \sin\alpha_0$（+）

测线 2–3 的纬距 L_2、经距 D_2

根据图 3.22

纬距 $L_2=l_2 \cdot \cos\theta_2$（–）

经距 $D_2=l_2 \cdot \sin\theta_2$（+）

一般式

$$\left.\begin{aligned}\text{纬距 } L=\pm l\cdot\cos（\text{方位}）\\ \text{经距 } D=\pm l\cdot\sin（\text{方位}）\end{aligned}\right\} \quad (3.6)$$

（方位角也按此公式计算）

纬距与经距的计算，需要移动原点坐标，对各测线逐一计算。

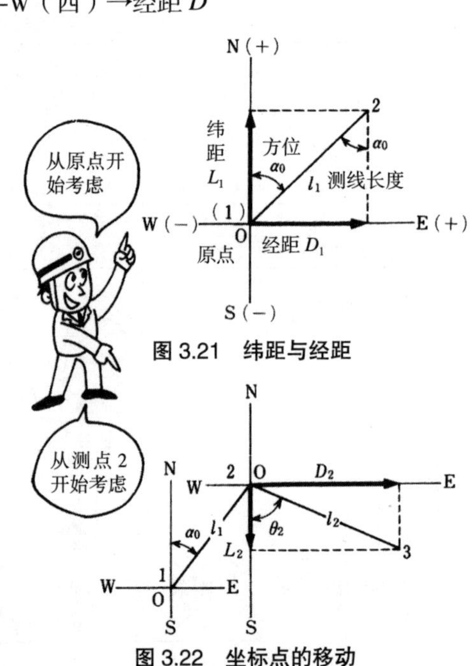

图 3.21 纬距与经距

图 3.22 坐标点的移动

纬距与经距的计算

纬距与经距的计算实例

〔例 3.5〕按照表 3.4（p.65）中的方位计算纬距与经距。各测点间的距离参照表 3.5 中的数值。

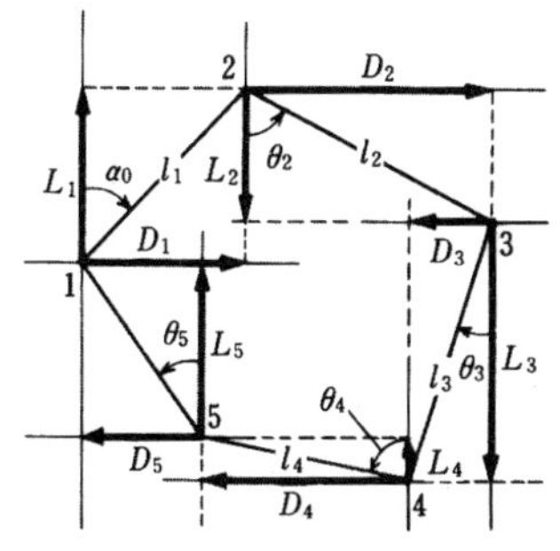

图 3.23　纬距与经距示意图

距离与方位的确认　表 3.5

测线	距离 l（m）	方位 θ
1-2	96.360	N 49°23′00″ E
2-3	102.100	S 56°25′44″ E
3-4	97.210	S 26°04′01″ W
4-5	84.340	N 87°07′17″ W
5-1	82.880	N 22°12′40″ W

纬距与经距的计算　表 3.6

测点	测线	距离 l（m）	方位 θ	纬距 L（m） N（+）	纬距 L（m） S（−）	经距 D（m） E（+）	经距 D（m） W（−）
1	1-2	96.360	N 49°23′00″ E ↓　↓ （+）栏　（+）栏	62.730 ↑ （96.360×cos49°23′00″）		73.145 ↑ （96.360×sin49°23′00″）	
2	2-3	102.100	S 56°25′44″ E ↓　↓ （−）　（+）		56.458 ↑ （102.100×cos56°25′44″）	85.070 ↑ （102.100×sin56°25′44″）	
3	3-4	97.210	S 26°04′01″ W ↓　↓ （−）　（−）		87.322 ↑ （97.210×cos26°04′01″）		42.716 ↑ （97.210×sin26°04′01″）
4	4-5	84.340	N 87°07′17″ W ↓　↓ （+）　（−）	4.236 ↑ （84.340×cos87°07′17″）			84.234 ↑ （84.340×sin87°07′17″）
5	5-1	82.880	N 22°12′40″ W ↓　↓ （+）　（−）	76.730 ↑ （82.880×cos22°12′40″）			31.330 ↑ （82.880×sin22°12′40″）
合计		462.890		143.696	143.780	158.215	158.280

8

误差难以避免

如果没有误差

在如图 3.24 所示的闭合导线测量中，如果在测定距离和角度时没有出现任何误差，那么纬距的总和$\sum L=0$，经距的总和$\sum D=0$，在原点 1 形成闭合图形。

$\sum L=L_1+L_2+L_3+L_4+L_5=0$

（向上为正，向下为负）

$\sum D=D_1+D_2+D_3+D_4+D_5=0$

（向右为正，向左为负）

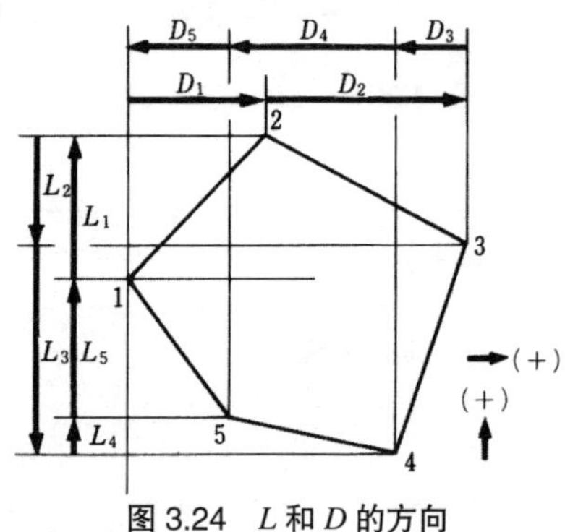

图 3.24　L 和 D 的方向

误差难以避免

即使正确测定了距离与角度，也会产生一定的误差，$\sum L=0$、$\sum D=0$ 不可能成立。如图 3.25 所示，原点 1 难以闭合，出现 1–1′ 开口的情况。

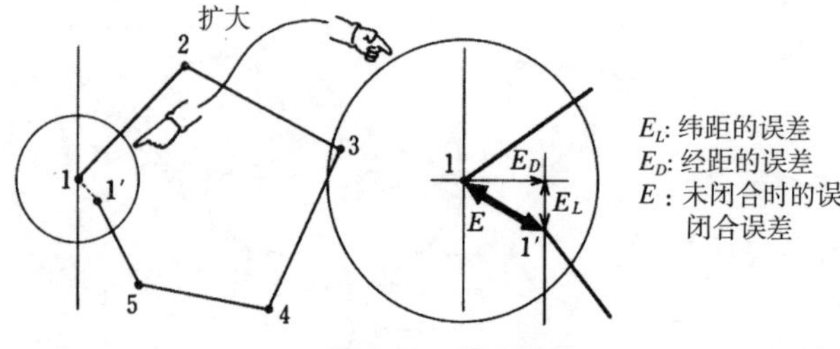

图 3.25　闭合误差

闭合误差与闭合比

纬距的误差 E_L 的总和，经距的误差 E_D 的总和，用公式 $\sum L=E_L$，$\sum D=E_D$ 表示。如图 3.25 所示，全闭合误差 E 等于 E_L 与 E_D 作为两个直角边的直角三角形的斜边长度。

$$闭合误差 E=\sqrt{(E_L)^2+(E_D)^2} \tag{3.7}$$

$$=\sqrt{(\sum L)^2+(\sum D)^2} \tag{3.8}$$

闭合比用来表示导线测量精度的高低，我们一般用它来核查测量结果。

$$闭合比 R=\frac{E}{\sum l}=\frac{\sqrt{(\sum L)^2+(\sum D)^2}}{\sum l} \tag{3.9}$$

闭合比 R 用分子为 1 的分式表示。

$\sum l=l_1+l_2\cdots+l_n$（测线的全长）

闭合误差与闭合比的计算

〔**例 3.6**〕使用**表 3.6**（p.67）中的纬距与经距数据。

计算实例 **表 3.7**

测点	测线	距离 l（m）	纬距 L（m）		经距 D（m）	
			N(+)	S(−)	E(+)	W(−)
1	1-2	96.360	62.730		73.145	
2	2-3	102.100		56.458	85.070	
3	3-4	97.210		87.322		42.716
4	4-5	84.340	4.236			84.234
5	5-1	82.880	76.730			31.330
合计		462.890	143.696	143.780	158.215	158.280

$\sum L=143.696-143.780=-0.084\text{m}$

$\sum D=158.215-158.280=-0.065\text{m}$

闭合误差$E=\sqrt{(-0.084)^2+(-0.065)^2}=0.106\text{m}$ ←未闭合时的误差

闭合比 $R=\frac{E}{\sum l}=\frac{0.106}{462.890}=\frac{1}{4367}\approx\frac{1}{4300}$

9 把门关紧

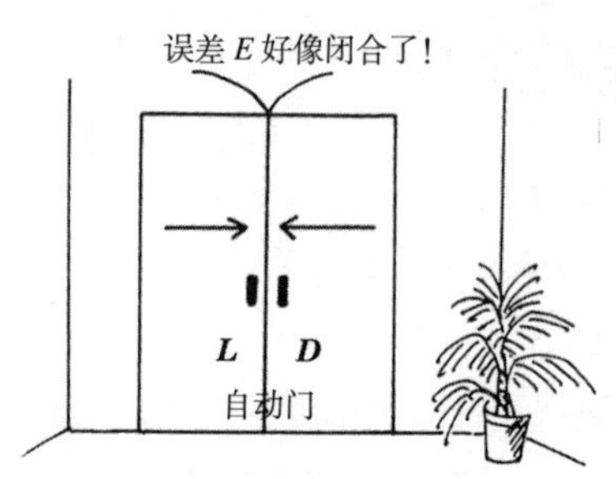

导线测量的调整

在前面已经讲过，如果导线测量的闭合比在允许范围内，可以进行合理的分配、调整，将闭合型多角测量的差值缩小至 0。调整方法主要有以下两种。

圆规法则　根据测线的长度比例，进行误差的分配。

【某测线的分配量（调整量）】

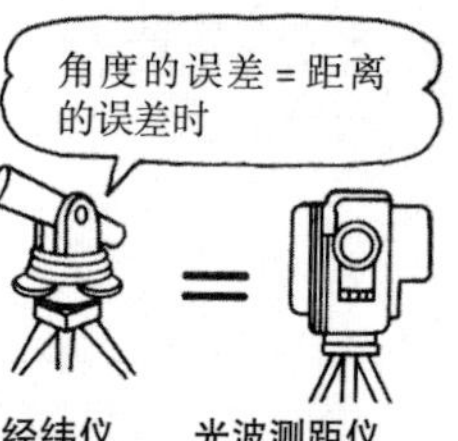

$$\text{纬距的调整量} = \text{纬距的误差} \times \frac{\text{该测线长度}}{\text{测线总长度}} = \Sigma L \cdot \frac{l}{\Sigma l} \quad (3.10)$$

$$\text{经距的调整量} = \text{经距的误差} \times \frac{\text{该测线长度}}{\text{测线总长度}} = \Sigma D \cdot \frac{l}{\Sigma l} \quad (3.11)$$

经纬仪法则　根据纬距和经距的大小比例，进行误差的分配。

【某测线的分配量（调整量）】

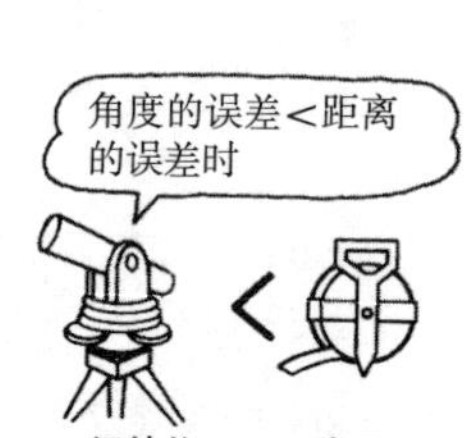

$$\text{纬距的调整量} = \text{纬距的误差} \times \frac{\text{该测线的纬距}}{\text{纬距绝对值之和}} = \Sigma L \cdot \frac{L}{\Sigma |L|} \quad (3.12)$$

$$\text{经距的调整量} = \text{经距的误差} \times \frac{\text{该测线的纬距}}{\text{经距绝对值之和}} = \Sigma D \cdot \frac{D}{\Sigma |D|} \quad (3.13)$$

根据圆规法则进行调整计算

〔例 3.7〕使用**表 3.7**（P.69）的结果进行相应调整。

例 3.6 的结果　　表 3.8

测距	距离 l（m）	纬距 L（m）		经距 D（m）	
		N(+)	S(−)	E(+)	W(−)
1-2	96.360	62.730		73.145	
2-3	102.100		56.458	85.070	
3-4	97.210		87.322		42.716
4-5	84.340	4.236			84.234
5-1	82.880	76.730			31.330
合计	462.890	143.696	143.780	158.215	158.280

$\Sigma L = -0.084$ m　$\Sigma D = -0.065$ m

调整量的计算

计算纬距 $= \Sigma L \cdot \dfrac{l}{\Sigma l}$

经距 $= \Sigma D \cdot \dfrac{l}{\Sigma l}$

并调整。

调整计算　　表 3.9

	测线	调整量的计算	调整纬距 L（m）		调整经距 D（m）	
			N(+)	S(−)	E(+)	W(−)
纬距的调整	1-2	0.084×96.360/462.890＝**0.017**	62.747		73.158	
	2-3	0.084×102.100/462.890＝0.019		56.439	85.084	
	3-4	0.084×97.210/462.890＝0.018		87.304		42.702
	4-5	0.084×84.340/462.890＝0.015	4.251			84.222
	5-1	0.084×82.880/462.890＝0.015	76.745			31.318
经距的调整	1-2	0.065×96.360/462.890＝0.013*	143.743	143.743	158.242	158.242
	2-3	0.065×102.100/462.890＝0.014				
	3-4	0.065×97.210/462.890＝0.014				
	4-5	0.065×84.340/462.890＝0.012				
	5-1	0.065×82.880/462.890＝0.012				

$\Sigma L = 0$　　$\Sigma D = 0$

$\Sigma D = 0$ 是最小值了！

（注）调整量 ΣL、ΣD 都是负数，所以对各个数值进行正调整。

* 如果进行四舍五入操作的话，数值应为 0.014，但为了更接近 ΣD=0，此处的数值采用 0.013。

10

从原点出发

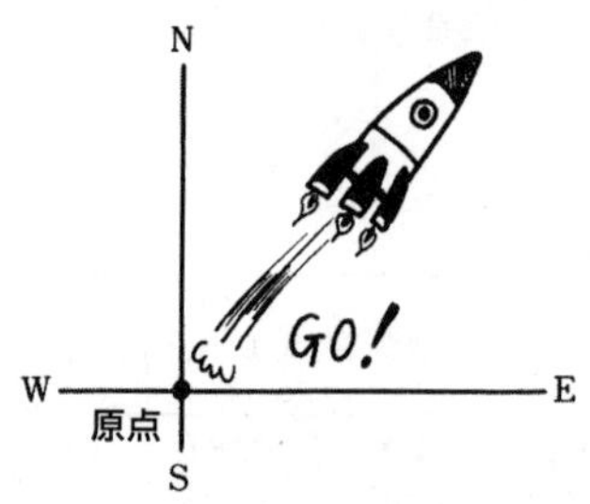

总纬距与总经距 总纬距与总经距是指根据各条测线的纬距与经距，在一个坐标系中求测点的坐标值，测点的纵向坐标值称为总纬距，横向坐标值称为总经距。

N–S 线作为 X 轴（纵轴）→总纬距轴（图 3.26）

E–W 线作为 Y 轴（横轴）→总经距轴（图 3.27）

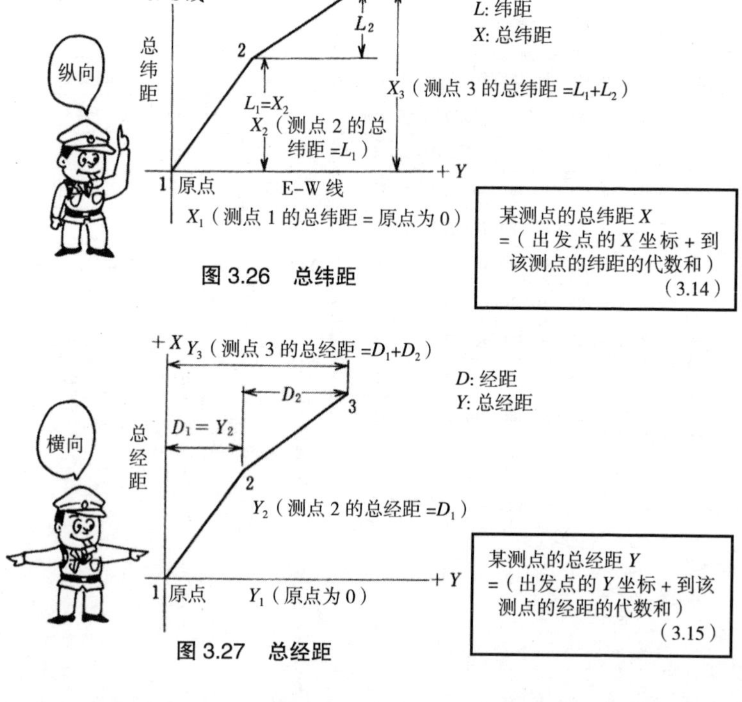

图 3.26 总纬距

图 3.27 总经距

总纬距与总经距的计算

〔例 3.8〕使用表 3.9（p.71）中调整过的纬距与经距。

总纬距

总纬距的计算　　表 3.10

测线	调整纬距 L（m）		测点	总经距	
	N（+）	S（−）		计算式　(3·14)	总纬距 X [m]
1-2	62.747		1	原点为 0　→	0
2-3		56.439	2	0+62.747　→	62.747
3-4		87.304	3	62.747+(−56.439)→	6.308
4-5	4.251		4	6.308+(−87.304)→	−80.996
5-1	76.745		5	−80.996+4.251　→	−76.745
			1	−76.745+76.745 →	0
	143.743	143.743	↑		↑

确认原点值为 0 使其闭合

总经距

总经距的计算　　表 3.11

测线	调整纬距 D（m）		测点	总经距	
	E（+）	W（−）		计算式　(3·15)	总纬距 Y [m]
1-2	73.158		1	原点为　→	0
2-3	85.084		2	0+73.158　→	73.158
3-4		42.702	3	73.158+85.084　→	158.242
4-5		84.222	4	158.242+(−42.702)→	115.540
5-1		31.318	5	115.540+(−84.222)→	31.318
			1	31.318+(−31.318)→	0
	158.242	158.242	↑		↑

确认原点值为 0 使其闭合

11

从骨架开始画恐龙

了解轮廓的大小

为了能够画出正确的测量图（平面图），必须首先绘制轮廓图。以下对使用导线测量计算得出的总纬距与总经距制作轮廓图的制图方法进行说明。

纵向的长度标准

使用〔例 3.8〕（p.73）的数值。

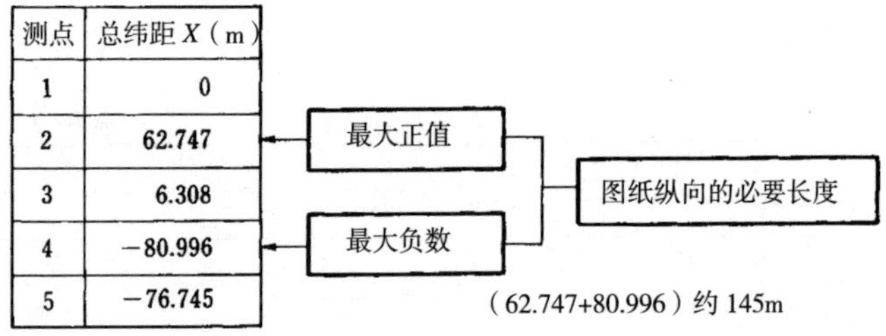

测点	总纬距 X（m）
1	0
2	62.747
3	6.308
4	−80.996
5	−76.745

横向的长度标准

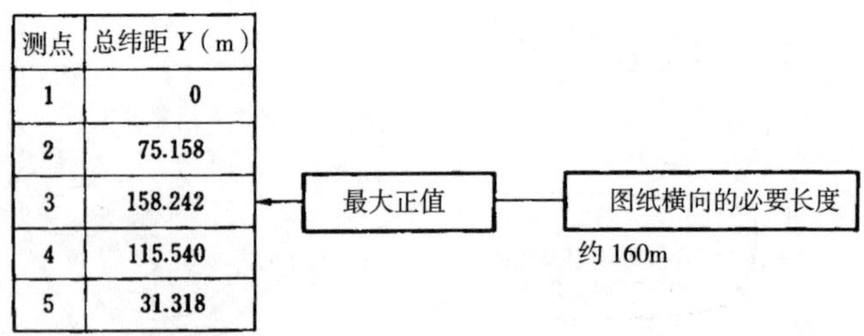

测点	总纬距 Y（m）
1	0
2	75.158
3	158.242
4	115.540
5	31.318

参考上述数据得出导线的纵向为 145m，横向为 160m，根据图纸大小决定比例尺的比例。

作图步骤

① 决定 X 轴与 Y 轴的必要长度（预留碎部测量需要的宽幅）。

② 决定能够将全部图纸画完整的原点和比例尺比例。

③ 绘制通过原点且与原点垂直交叉的 X 轴与 Y 轴。

④ 根据已选定的比例尺比例，绘制与 X 轴、Y 轴相平行的单位方格线。

⑤ 根据测点的总纬距与总经距值画出各点，并连接成线。

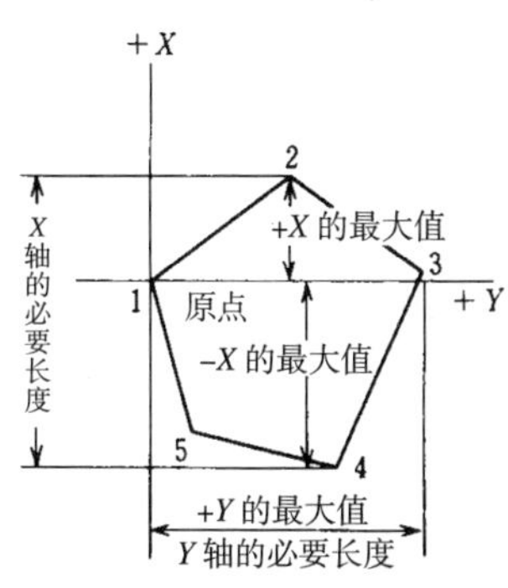

图 3.28　图纸的必要长度

作图　使用总纬距与总经距值〔例 3.8〕制图的实例。

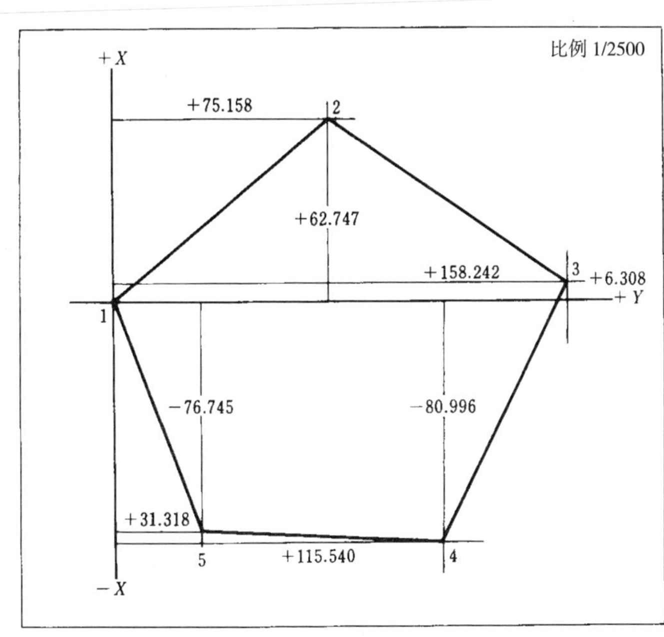

图 3.29　制图实例

12

用平整的板面制图很方便

平板仪测量的仪器

平板仪测量是指使用**图 3.30** 中的仪器在野外直接测量并绘制平面图的测绘方法，操作简单并且进度较快，但测量精度较低。

① 图板：大小一般为 50cm × 40cm，用来铺设图纸，进行制图工作的平整板面。

② 移动器（移心装置）

③ 三脚架：用来保持图板的一定高度以及横向水平，并可通过配置移动器，移动图板的装置。

④ 照准仪

⑤ 对点器和垂球：对点器是由金属折杆和垂球组成的，用它可以使图板上的点与地面上相应的点保持一致。

⑥ 定向罗盘：在图纸上绘制磁北线的工具。

除上述仪器之外还有测量针，主要用来显示与地面上的点相对应的图纸上的位置，一般与照准仪配套使用。

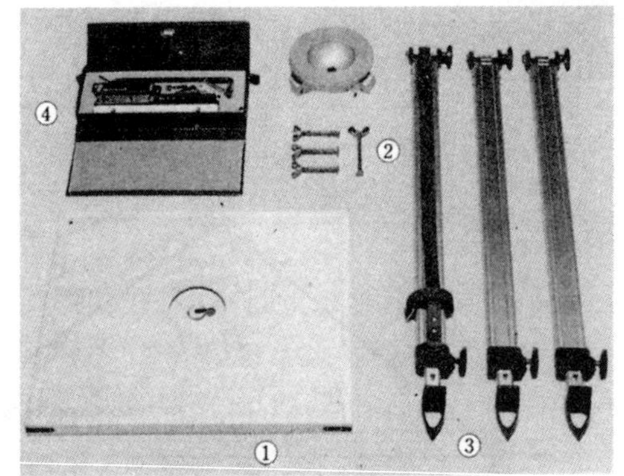

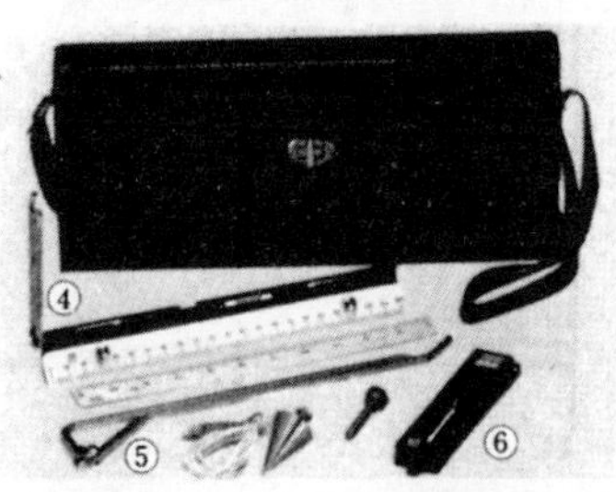

图 3.30　平板仪测量的仪器

照准仪的操作

照准仪的作用

①在图板上瞄准目标物，画出方向线（图 3.31）。

②调节中央的水准气泡管，将图板水平放置（图 3.32）。

③利用垂直度盘，测定水平距离和高差（图 3.33）。

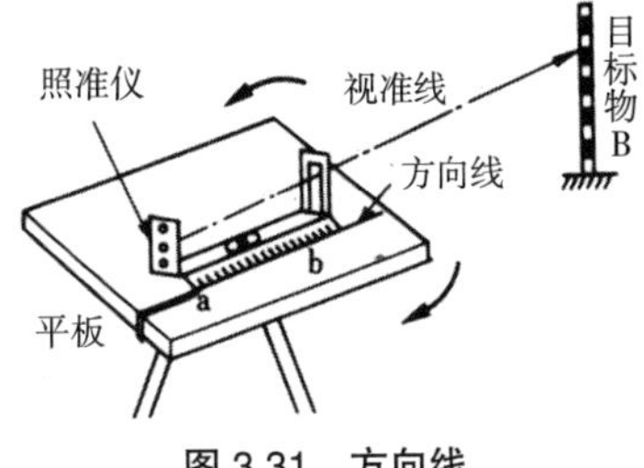

图 3.31　方向线

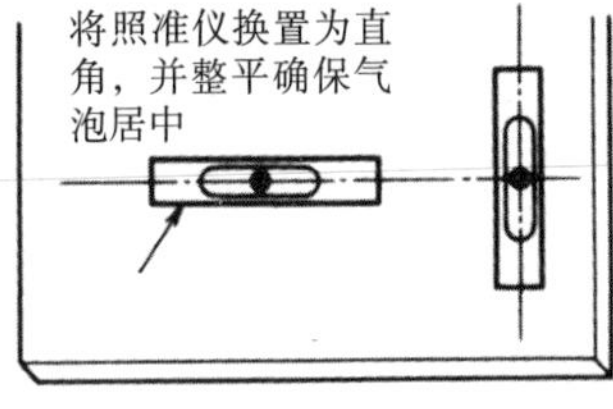

图 3.32　整平

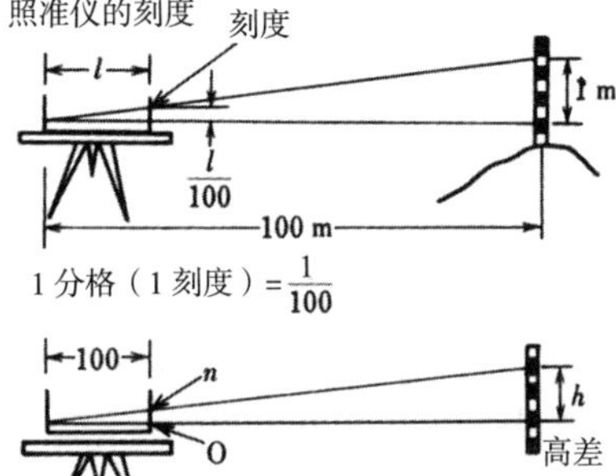

$$D=\frac{100}{n}\cdot h$$

$$h=\frac{n}{100}\cdot D$$

在第 16 项中详细计算

图 3.33　水平距离与高差

重要 point　平板仪测量的特征

① 作业效率高。

② 防止测量时的过失造成的误差。

③ 适应测量的多样化。

④ 容易受天气影响。

⑤ 受测量地区的地域限制。

⑥ 测量精度不高。

13
平衡很重要

平板仪标定的三大条件

进行平板仪测量时，必须将平板固定在测点上。通常平板仪的设置必须满足以下三个条件。这一操作被称为平板仪标定。

①整平（整置）…… 图板水平放置。

②对中（置心）…… 图板上的测点与地面上的测点保持一致。

③定向（定位）…… 图板上的测线方向与地面上的测线方向保持一致。

整平 使用照准仪、三脚架及整平螺旋、圆盘固定螺旋，将平板仪水平放置（照准仪的气泡应居中）（图 3.34）。

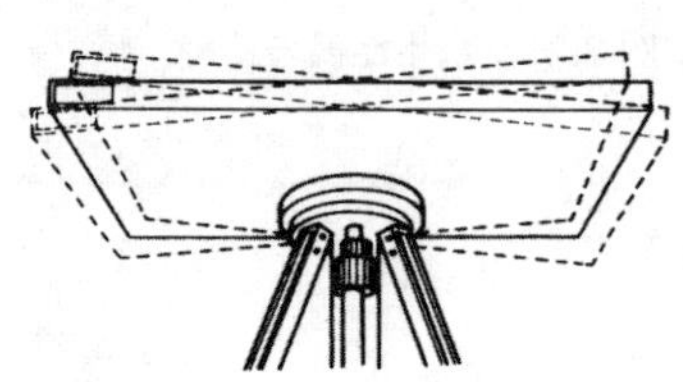

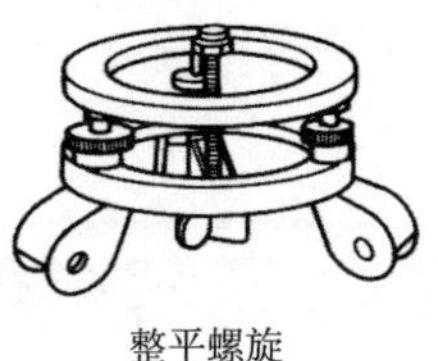

整平螺旋

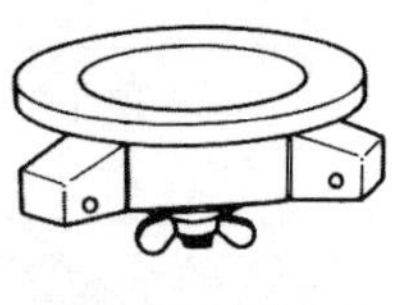

圆盘固定螺旋

图 3.34　移心装置

对中

使用对点器、垂球以及平板移心装置进行对中操作。

根据比例尺精度允许的偏心距离（误差），进行对中操作。

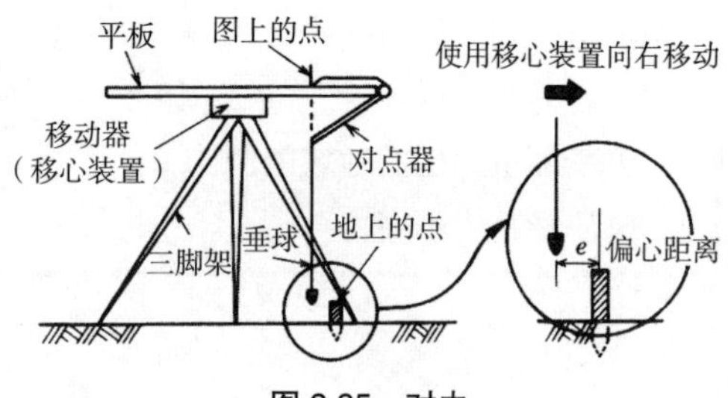

图 3.35　对中

■ **定向**　使用照准仪和使用磁针的两种方法。

（a）使用照准仪操作的方法

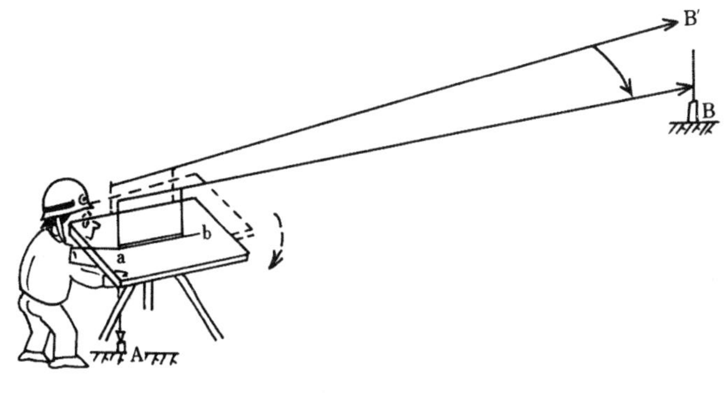

图 3.36　使用照准仪的定向

① 安置平板，并进行整平与对中操作。

②用照准仪贴紧图纸上绘制的已知测线 ab 后瞄准 B 点，实际视准的是 B′ 方向。

③ 水平旋转平板，确保能够准确视准 B 点，需要水平旋转平板。

④ 如果视准线已正好对准了 B 点，请一边继续视准目标点，一边固定平板。

（b）使用磁针操作的方法

利用定向罗盘并旋转平板，使平板旋转后的磁针顶端与定向罗盘的指向保持一致，并固定平板。由于此种方法得出的指向不是特别准确，有时需要照准仪操作进行辅助。

三大重要条件中，定向的不准确会对误差造成很大影响，务必正确操作。

重要 point　进行标定操作时的注意事项

① 调整三脚架，大致满足整平与对中。

② 使用定向罗盘，大致找到定向目标。

③ 通过正确标定的反复操作，同时满足三大重要条件。

14 从基准点出发向外辐射

放射法 平板测量的方法主要包括放射法、导线法、交会法三种。根据测量现场的地形、障碍物以及测量目的选择相应的测量方法。

放射法是指从基准点出发引出放射状的视准线，然后制图的操作方法，包括轮廓测量（图 3.37）与碎部测量（图 3.38）。

轮廓测量

一般局限于制作小范围的轮廓图。

① 在测点 O 之上标定平板。O 点周围的点都要保证能够进行视准操作。

② 照准仪的直尺边界对准 O 点的指针方位，并视准 A 点，画出方向线 oa。

③ 实测出 OA 的距离，选择适当的比例尺精度在图上标出 a 点。

④ 重复上述操作，在图上标出构成放射状轮廓的各个点。

⑤ 将图上的 a、b、c、d 连接起来。从 O 点（基准点）出发，画出放射状的视准线后，绘制图形。→ 放射法

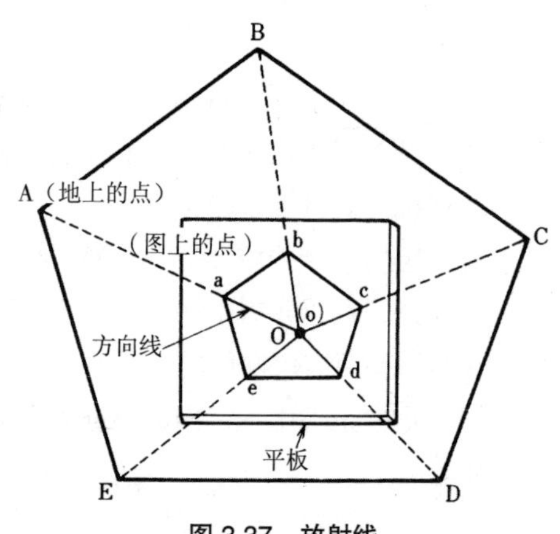

图 3.37 放射线

碎部测量　主要用于根据地面上设置的基准点，测量细部节点并绘制平面图（**图 3.38**）。

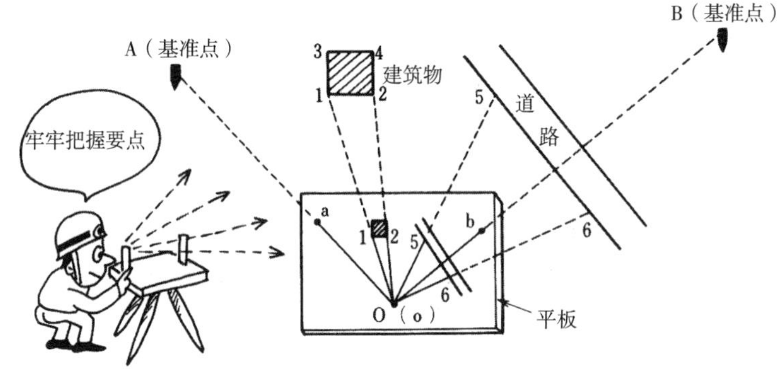

图 3.38　碎部测量

① 在测点 O 之上标定平板。

使用基准点 A、B（图上的 oa、ob）进行标定。

② 从测点 O 出发依次视准并定位细节点 1、2……

如果目标物是建筑等直角物体，**如图 3.39** 所示，1、2 点可以从视准线上得到，3、4 点可以根据实测的 l_1 与 l_2 的长度画在图上。这种方法称为“家轴卷”。

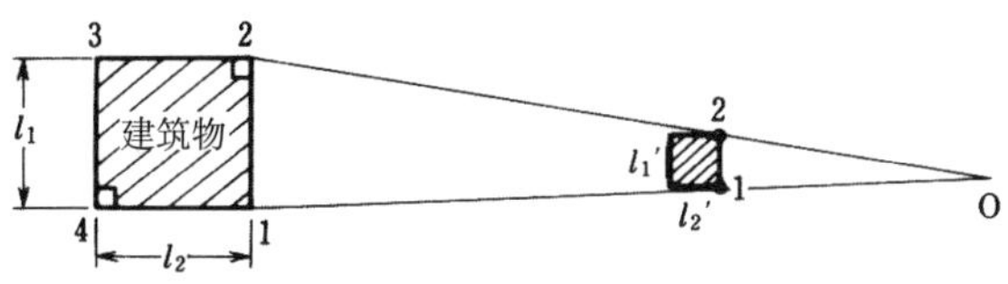

图 3.39　家轴卷

重要 point　放射法的注意事项

① 决定基准点时，应考虑必要的视野。

② 测定距离时，应考虑必要的比例尺精度。

③ 只需画出必要的方向线。

④ 确定相应的点之后，必须填写相应的名称。

⑤ 在还未忘记之前，整理数据、完成制图。

15 家庭访问得一家一家进行

导线法（外业）

如图 3.40 所示，利用平板仪进行导线测量是将平板安置于各个测点之上后，测定测线的方向与测点间的距离，并在图上决定导线的方法。

① 从 A 点（起始点）出发，在图上画出 AB 的方向线，决定 b 点的位置。

② 在 B 点上标定平板（利用图上的 ab 线），引出 bc 线，决定 c 点的位置。

③ 根据各测点决定图上的轮廓点的位置。

④ 如终点为 E 点，应在图上看准 A 点并投射为 a′ 点。

如果 a 与 a′ 重合就 ok，不重合就将 a a′ 作为误差。

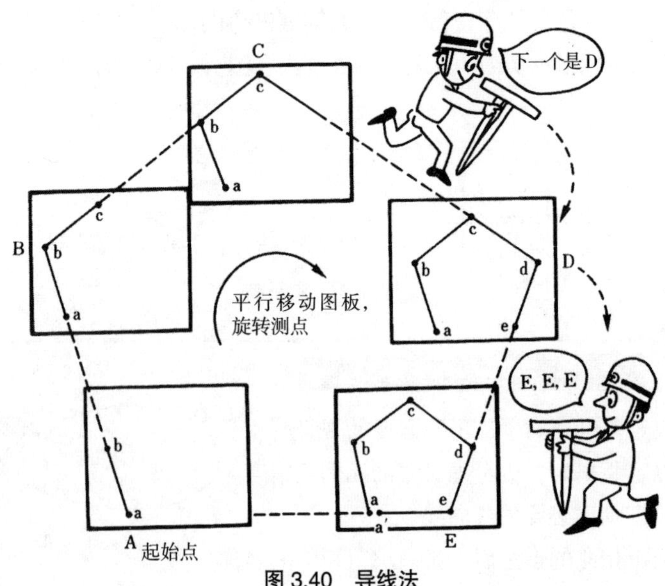

图 3.40 导线法

导线法（内业）

完成导线法的外业作业之后，进行内业处理。在上述的外业作业中，出现 a a′ 的测量误差等问题是很正常的。不一致的 aa′ 误差称为闭合误差。对于闭合误差，可以进行如下调整。

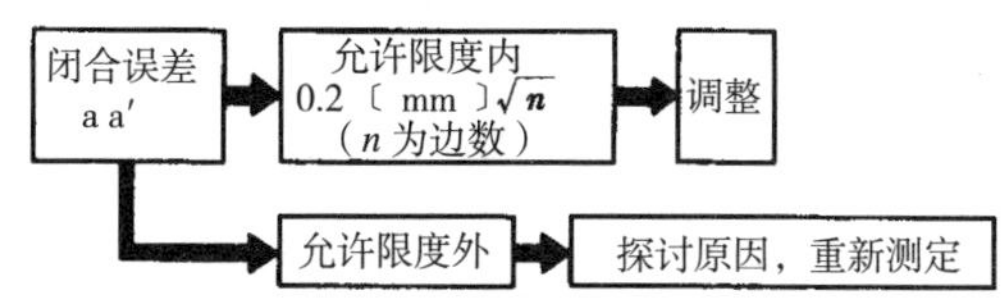

调整方法

① 在直线 AA′ 之上，按照比例得出 AB、BC……EA′ 测线长度。

② 在 A′ 上垂直画出闭合误差在图上的长度（aA′ ）。

③ 连接 a 与 A，画出三角形。

④ 从 B、C、D、E 点出发画出 A′ a 线的平行线。这就是各点的调整量。

⑤ 使用分线规将各点的调整量转换后，连接与 aa′ 相平行的各点。

虚线所组成的图形即为调整后的导线。

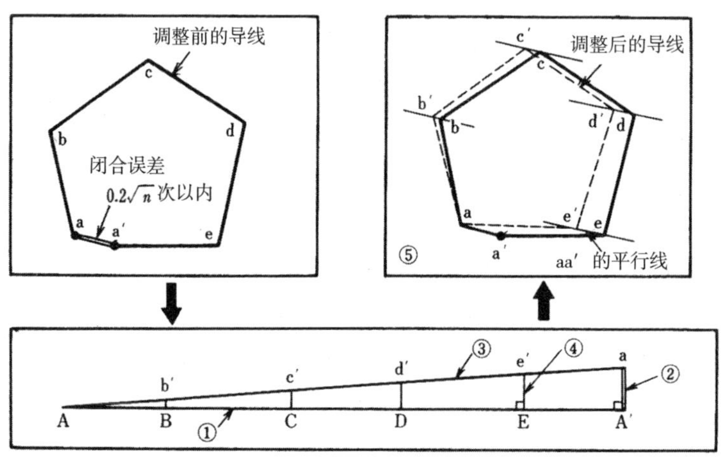

图 3.41　调整方法

16

铅笔芯是 0.2mm

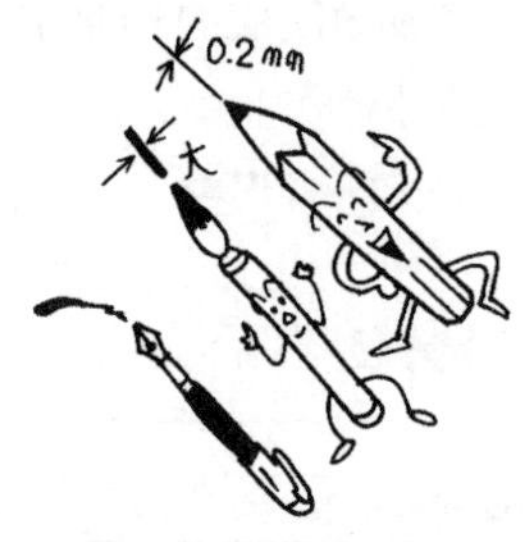

平板仪测量的误差

由平板仪标定所产生的误差主要包括整平误差、对中误差和定向误差。

整平误差

平板没有水平放置而产生的误差。平板倾斜范围应控制在 1/200 之内。

对中误差

平板上的测点与地上的测点不一致而产生的误差。

对中误差的允许范围值为 e，通过以下公式求得：

$$e=\frac{q\cdot m}{2} \tag{3.16}$$

式中，q：制图上的误差，相当于铅笔芯的直径（0.2mm）

m：图纸比例尺的分母数

容许范围　　表 3.12

比例尺	容许范围 e（mm）	比例尺	容许范围 e（mm）
1/100	10	1/500	50
1/250	25	1/600	60
1/300	30	1/1 000	100

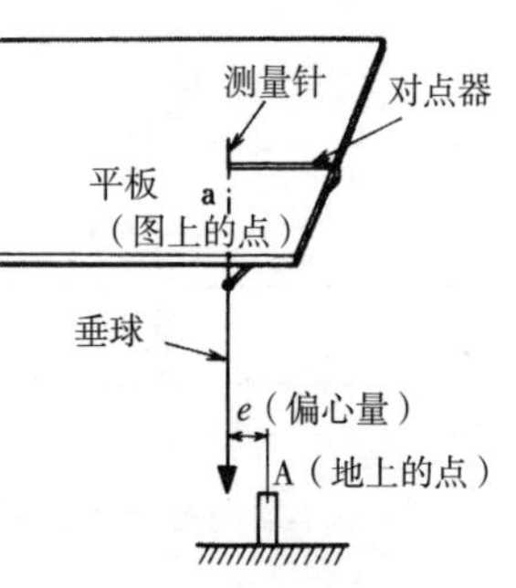

图 3.42　偏心量

定向引起的误差

在标定的三大条件中，由定向偏差引起的误差的影响最为严重，应该十分注意定向的正确操作。

平板仪测量的精度　导线法测量（国土调查法施行令）

①闭合误差（下图）控制在 0.2［mm］$\sqrt{n}$（n 为边数）之内

②闭合比 $=\dfrac{\text{闭合误差 [m]}}{\text{边长总值 [m]}}=\dfrac{1}{M}$　　（3.17）

闭合比的容许范围　　表 3.13

地形	闭合比的允许范围 1/M
平坦地	1/1000 以内
平缓倾斜地	1/1000~1/500
山地及复杂地形	1/500~1/300

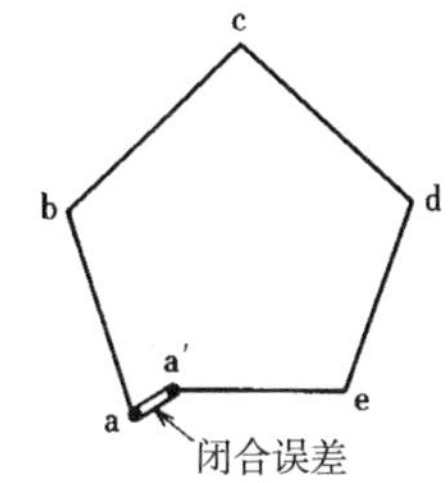

平板仪测量的误差

照准仪的高度测定

$$H_B=H_A+I+H-h$$

式中

$$H=\frac{n}{100}D \quad (3.18)$$

n: 照准板的读取刻度

I: 平板仪高度

h：目标板的视准高

H_A、H_B：标高

D：AB 间的距离

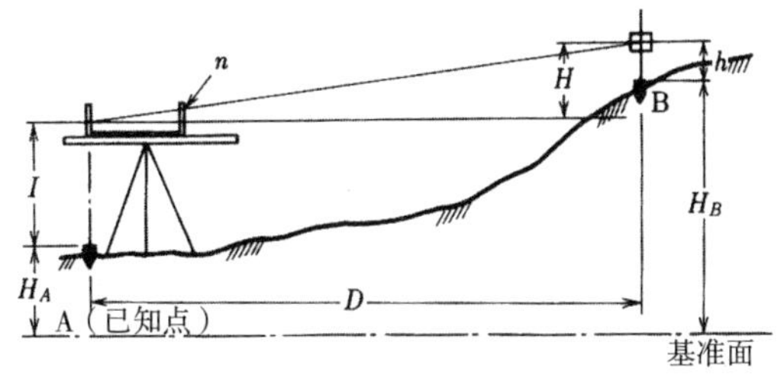

图 3.43　高度的测定

照准仪的距离测定

$$D=\frac{100}{n_1-n_2}\cdot Z \quad (3.19)$$

n_1、n_2：立于B点之上的a、b的照准仪上的数据

Z: a、b 之间的间隔

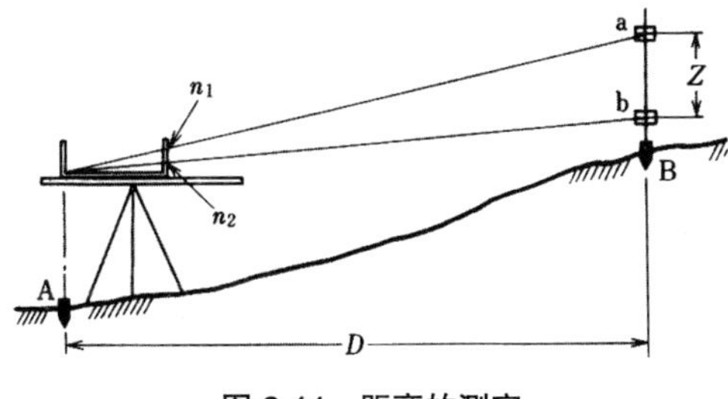

图 3.44　距离的测定

17 平板仪的进化——电脑图板

电子平板仪的特征

电子平板仪是一种能够与 TS 相连接的小型计算机，可以用来获取、计算观测数据，并将其图形化。与普通的平板仪测量相比，电子平板仪测量主要有以下几个特征。

使用 TS 和 GPS 进行观测

以 TS 等仪器取代照准仪和卷尺，电子平板仪可以精确且高效地测量起伏较大以及范围宽阔的地带。此外，还可以在坐标化后的电子平板仪上即时标绘观测点位置。

通过坐标管理数据

在普通平板仪测量中，无法更改图纸的比例尺寸。但在电子平板仪测量中，观测点全部实施坐标化处理，可以在 CAD 图上更改比例。此外，图根点以及碎部节点都可以通过坐标输入电脑，所以电子平板仪测量不会产生由于比例导致的位置误差。

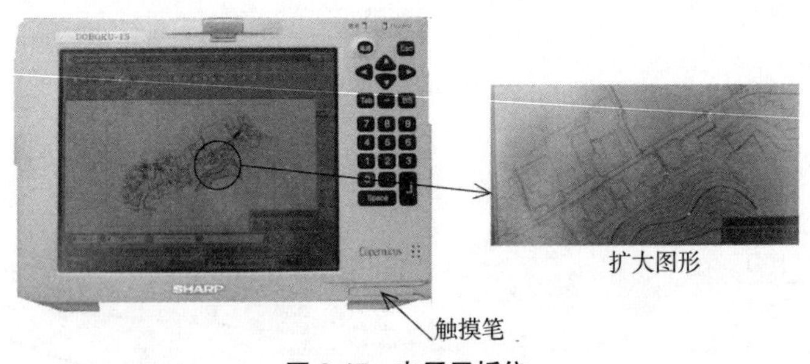

图 3.45　电子平板仪

作图方法 使用 TS 进行地形测量时，作图方法主要有在线方式和离线方式。

在线方式

将 TS 与电子平板仪连接后，使用 CAD 功能在现场直接绘制电子平板仪上标绘的测量点的方法。与 TS 的连接有两种方式：有线和无线。使用无线方式连接时，可以在棱镜侧作图，从而得出最准确的图示。

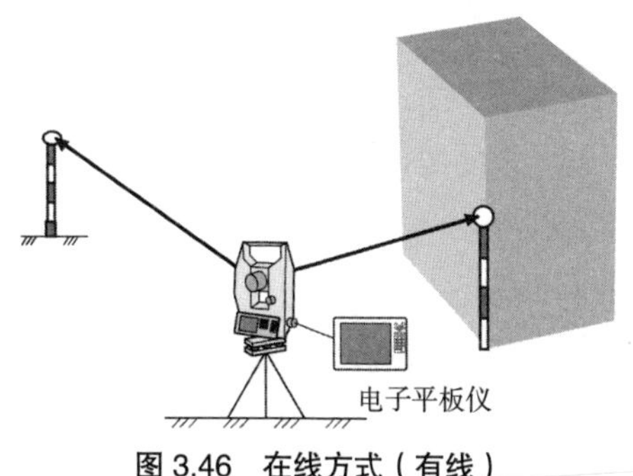

图 3.46　在线方式（有线）

离线方式

不在现场使用电子平板仪的测量方法，在外业作业时只进行碎部点的测量，将观测数据记录在电子记录本中，通过内业处理读取数据、计算以及制图。由于不在测量现场直接绘图，通常需要简单地绘制地形、地面物体等的草图。

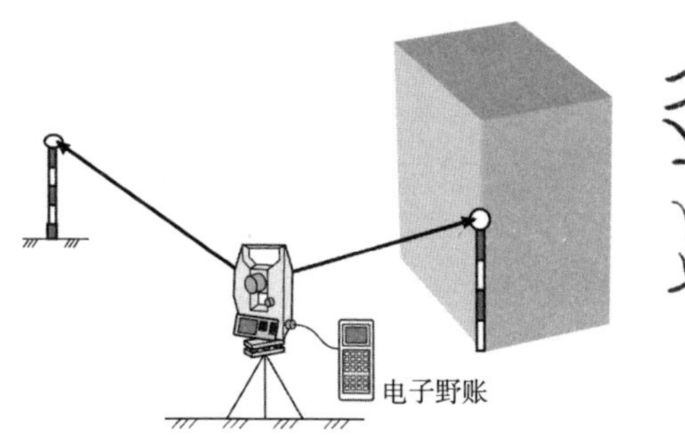

图 3.47　离线方式（有线）

3-18 三角区分法

18

分割成小块后再考虑

面积 = 底 × 高 ÷2

将平面图的图形（闭合导线）分割为多个三角形，通过求各三角形的面积得到整体面积。

三斜法

在图纸上求得分割后的三角形的底边 b、高 h，并用以下公式计算面积。

$$A=\frac{1}{2}b\cdot h \tag{3.20}$$

> 使用三角尺在底边上画出垂直线。
> 使用三角板测量 b、h 的长度。
> 最好画出一个 b 与 h 等长的三角形。

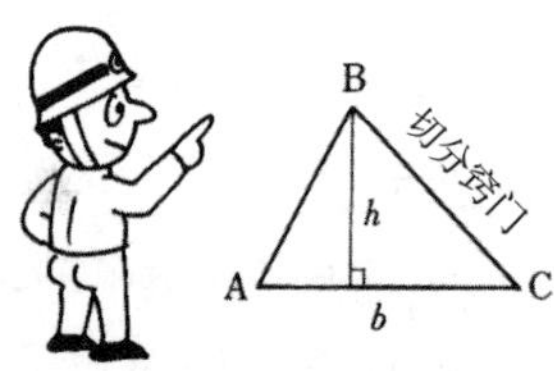

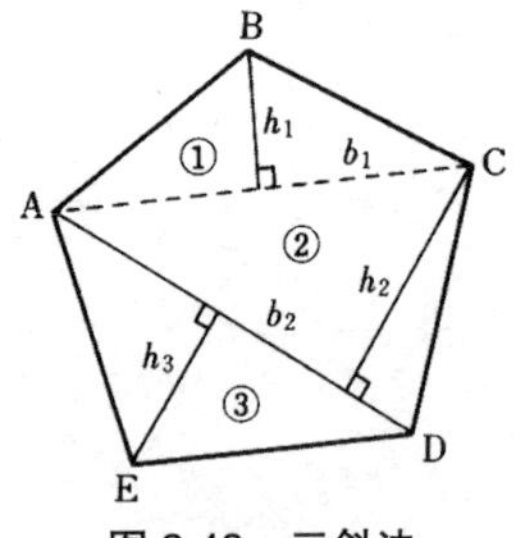

图 3.48　三斜法

计算表　　**表 3.14**

计算表			
三角编号	底边 b（m）	高 h（m）	双倍面积 $b\cdot h$
①	b_1	h_1	$b_1\cdot h_1$
②	b_2	h_2	$b_2\cdot h_2$
③	b_2	h_3	$b_2\cdot h_3$
		总双倍面积	$\Sigma b\cdot h$
		面积	$\frac{1}{2}\Sigma b\cdot h$

海伦公式（三边法）

如果已知三角形的三边 a、b、c，可以通过以下公式求面积。

$$S=\sqrt{s(s-a)(s-b)(s-c)} \quad (3.21)$$

式中，$S=\frac{1}{2}(a+b+c)$

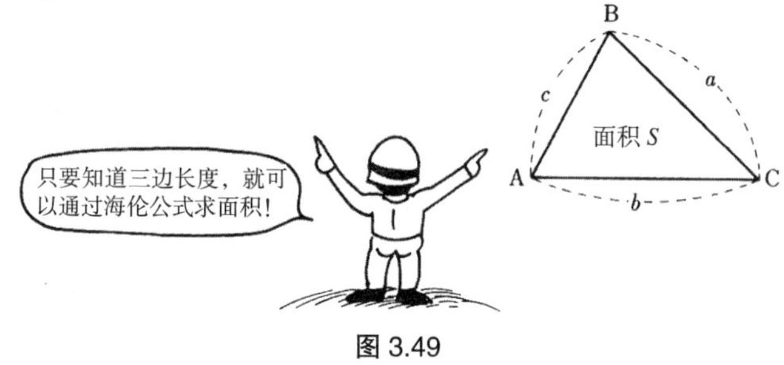

图 3.49

〔**例 3.9**〕通过海伦公式求面积。

在图 3.49 中，假设三角形的三边 a=30.40m，b=38.38m，c=31.26m，求三角形 ABC 的面积。

〔**解**〕根据公式 3.21 得出：

$$s=\frac{1}{2}(30.40+38.38+31.26)=50.02\text{m}$$

$$\text{面积 } S=\sqrt{50.02(50.02-30.40)(50.02-38.38)(50.02-31.26)}$$

$$=\sqrt{50.02\times 19.62\times 11.64\times 18.76}=462.93\text{m}^2$$

两边与夹角

边界线上有障碍物无法进行量距时，可将测量仪器安置在视野较为开阔的 0 点，然后测定 α_1，α_2……以及距离 a、b、c。

$$\text{面积 } A=\frac{1}{2}a\cdot b\sin\alpha_1 \quad (3.22)$$

根据公式 3.22，求出各个三角形的面积，计算各三角形的总和求得多角形的面积。

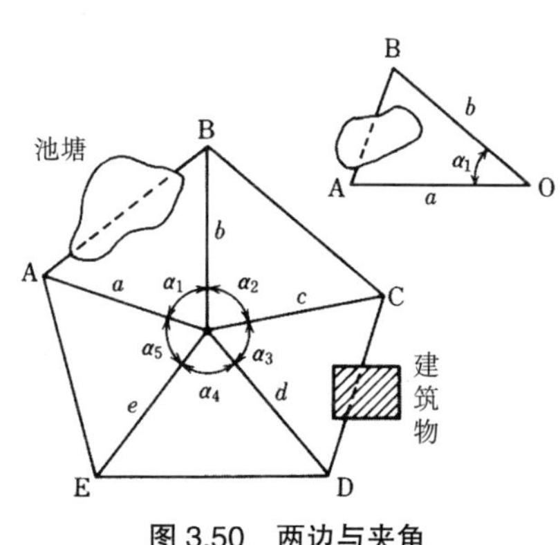

图 3.50　两边与夹角

19

坐标计算法

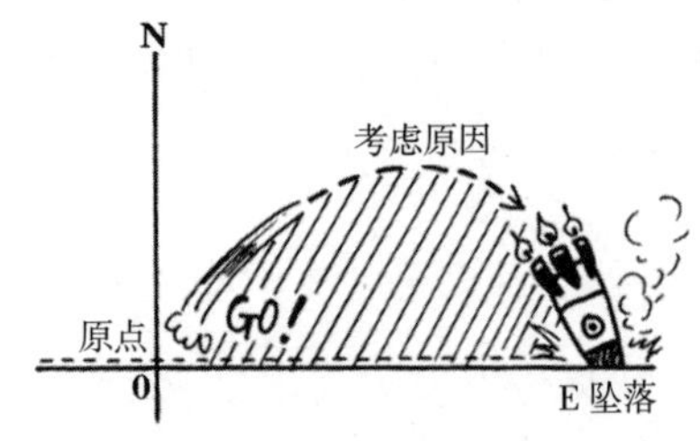

根据总纬距与总经距求面积

利用各测点的总纬距 X 与总经距 Y，求面积。

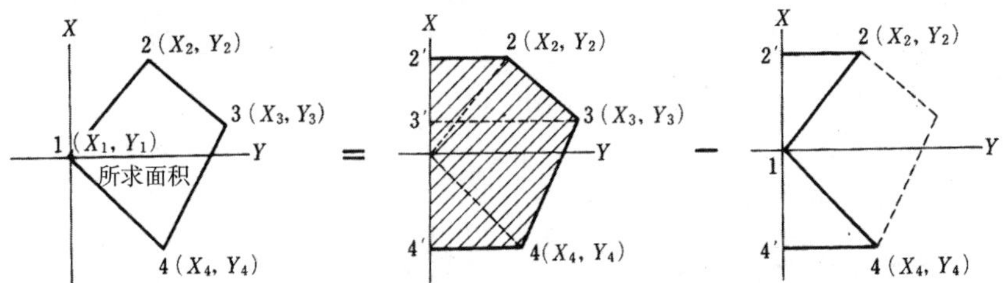

图 3.51 根据总纬距与总经距求面积的想法

$$所求面积\ S=\frac{1}{2}\{X_1(Y_2-Y_4)+X_2(Y_3-Y_1)+X_3(Y_4-Y_2)+X_4(Y_1-Y_3)\} \tag{3.23}$$

↓

在一般式中 $X_n(Y_{n+1}-Y_{n-1})$

↓

该点的总纬距 ×{（后测点的总经距）-（前测点的总经距）}

↓

面积等于各测点的 X 坐标乘以其前后 Y 坐标差的代数和的 1/2。

根据坐标计算面积

〔例 3.10〕利用表 3.10、表 3.11(p.73)中的总纬距与总经距，求面积。

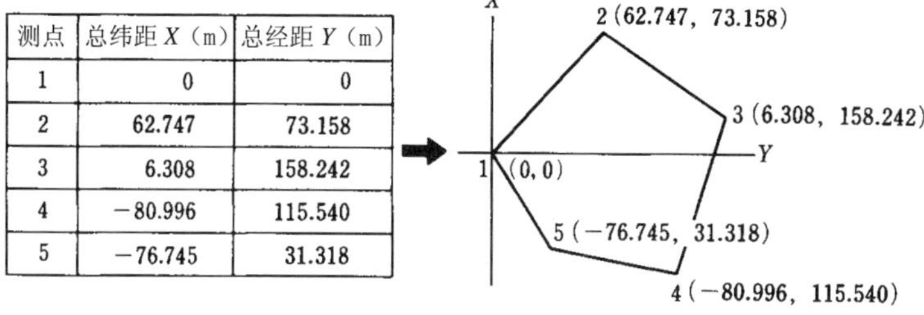

根据公式 3.23，按照表 3.15 所示计算表逐一进行计算。

根据总纬距与总经距计算面积　　表 3.15

	照原数据输入		自动将②的值错位		在横向栏中按公式计算	
测点	① 总纬距 X_n	② 总经距 Y_n	③后测点的总经距 Y_{n+1}	④前测点的总经距 Y_{n-1}	⑤=③−④ $(Y_{n+1}-Y_{n-1})$	⑥=①×⑤* $X_n(Y_{n+1}-Y_{n-1})$
1	0	0	73.158	31.318	41.840	0
2	62.747	73.158	158.242	0	158.242	9 929.211
3	6.308	158.242	115.540	73.158	42.382	267.346
4	−80.996	115.540	31.318	158.242	−126.924	10 280.336
5	−76.745	31.318	0	115.540	−115.540	8 867.117
			⑦** 总双倍面积 $\Sigma X_n(Y_{n+1}-Y_{n-1})$			29 344.010
			⑧　面积 $S=1/2\times$⑦ [m^2]			14 672.005

*：⑥=①×⑤

测点 1：(0)×(41.840)=0

测点 4：(−80.996)×(−126.924)=10 280.336

**：⑦总双倍面积是绝对值的总和，仅计算正值总和即可。

20

将横距扩大一倍后再考虑

根据倍横距计算面积

横距　从各测线的中点出发向基准线 N–S 引出的垂线的长度。

· M_1：测线 1–2 的横距

倍横距　即横距的两倍，$2M_1$ 为测线 1–2 的两倍横距。

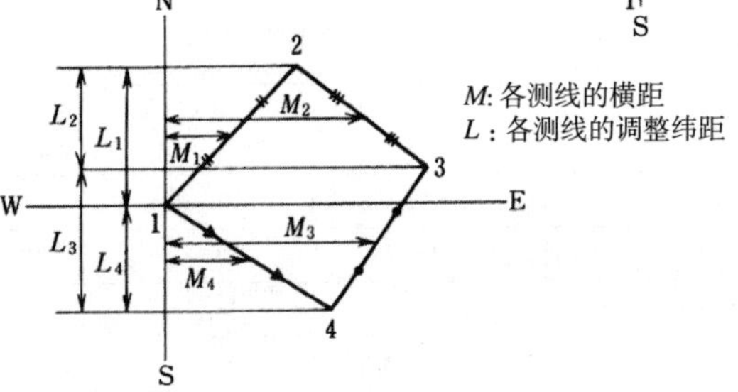

图 3.52　各测线的横距与纬距

根据横距求面积的想法

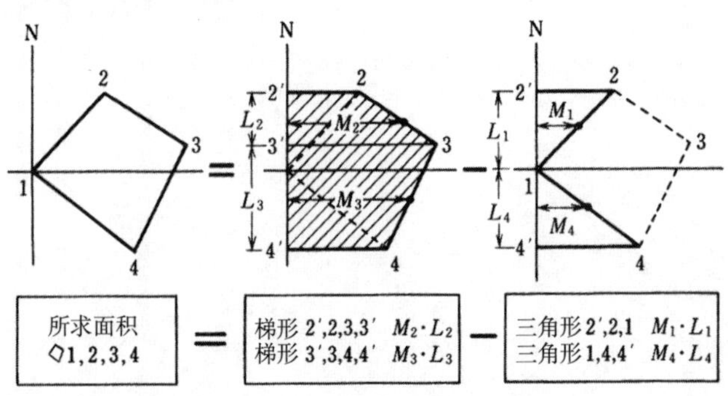

图 3.53　根据横距求面积的想法

根据倍横距计算面积

〔例 3.11〕利用**表 3.9**（p.71）中的调整纬距和调整经距的数值计算倍横距，求面积。

$$S=M_1L_1+M_2L_2+M_3L_3+M_4L_4 \tag{3.24}$$

图 3.52、图 3.53 中，L_1、L_4 为负数，L_2、L_3 为正数。实际计算中，按照公式 3.24 进行以下计算。

$$S=\frac{1}{2}(2M_1L_1+2M_2L_2+2M_3L_3+2M_4L_4) \tag{3.25}$$

$2M$ 是倍横距，可以使用调整经距进行计算。

【倍横距的计算】

第 1 测线的倍横距 =（第 1 测线的调整纬距）
第 2 测线之后的倍横距 =（前测线的倍横距）+（前测线的调整经距）+（该测线的调整纬距）

倍横距面积计算表　　　　**表 3.16**

测点	① 调整纬距 L（m）		② 调整经距 D（m）		③ 倍横距（m）	④双倍面积 ①×③［m²］	
	N（+）	S（−）	E（+）	W（−）		（+）	（−）
1	62.747		73.158		73.158	4 590.445	
2		56.439	85.084		231.400		13 059.985
3		87.304		42.702	273.782		23 902.264
4	4.251			84.222	146.858	624.293	
5	76.745			31.318	* 31.318	2 403.500	
合计	143.743	143.743	158.242	158.242		7 618.238	36 962.249
				面积为绝对值之和 →	总双倍面积（m²）	29 344.011	
				面积 × $\frac{1}{2}$ →	面积（m²）	14 672.006	

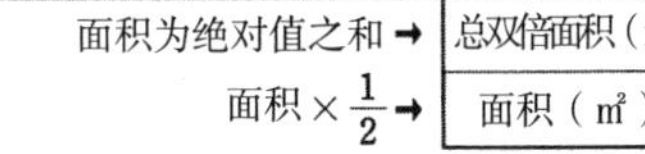

表中 * 部分 {最终测线的调整经距与倍横距的绝对值相等！}

21

面积也需要权衡得失

当边界线不规则时

在这种情况下，我们考虑导线与曲线（边界线）的面积（导线的计算，请参照 19 项与 20 项）。

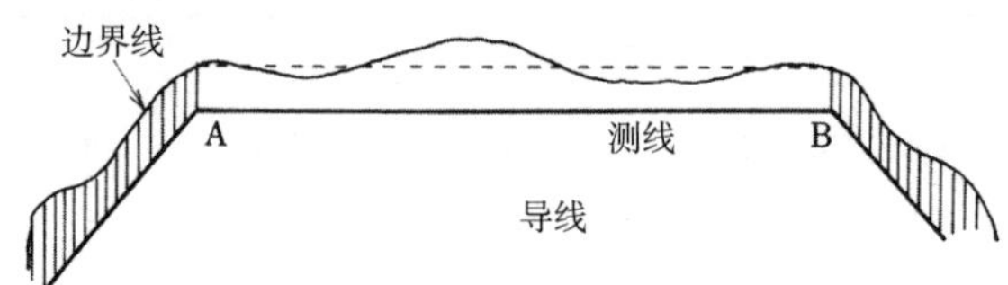

支距的获取方式（有关支距参照 p.33）

获取从导线到边缘线各变化点的支距。

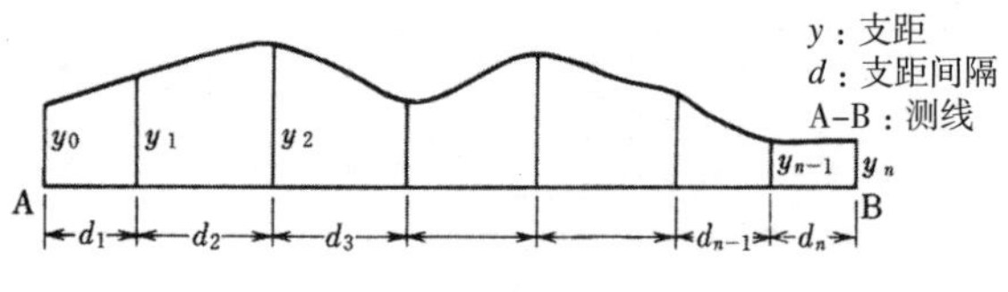

图 3.54　支距的获取方式

面积的计算方法

① 梯形法则：在测线之上，将由支距和边缘线所包围的部分考虑为一个梯形。

利用梯则，从图 3.54 中得出：

$$A=d_1\left(\frac{y_0+y_1}{2}\right)+d_2\left(\frac{y_1+y_2}{2}\right)+\cdots d_n\left(\frac{y_{n-1}+y_n}{2}\right)$$

如果 $d_1=d_2=\cdots=d_n=d$

那么，$A=d\left(\frac{y_0+y_n}{2}+y_1+y_2+\cdots+y_{n-1}\right)$　　（3.26）

② 辛普森积分法：将支距间的间隔等距离化，并以两个区间作为一组进行计算。

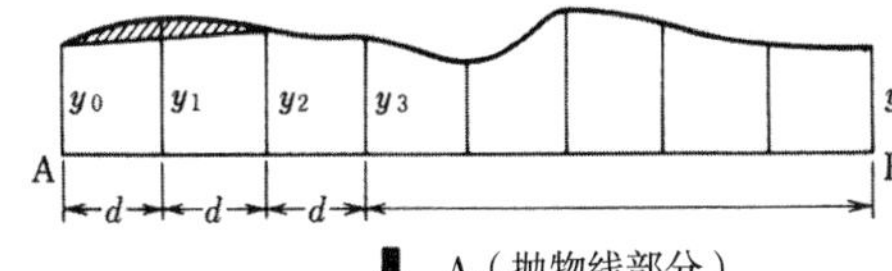

图 3.55　辛普森法则

梯形部分 $A_1=\left(2d\times\dfrac{y_0+y_2}{2}\right)$

抛物线部分 $A_2=\dfrac{2}{3}\left(y_1-\dfrac{y_0+y_2}{2}\right)2d$

$$A'=A_1+A_2=\left(2d\times\frac{y_0+y_2}{2}\right)+\frac{2}{3}\left(y_1-\frac{y_0+y_2}{2}\right)2d$$

$$=\frac{d}{3}(y_0+4y_1+y_2)$$

全体面积 $A=\dfrac{d}{3}\{y_0+y_n+4(y_1+y_3+\cdots+y_{n-1})+2(y_2+y_4+\cdots+y_{n-2})\}$　(3.27)

③ 方格刻度法：通过数方格的数量来计算面积。

图 3.56 的比例尺为 1/50000，所以 1 个方格的面积相当于 0.25km²。因此，可以通过数方格的数量估算面积。但是，当边界贯穿于方格时，按照半个方格进行计算，即全格为 282 个，半格为 85 个。所以，面积为：

$$0.25\text{km}^2\times282+0.25\text{km}^2\times\frac{1}{2}\times85=81.125\text{km}^2\approx81\text{km}^2$$

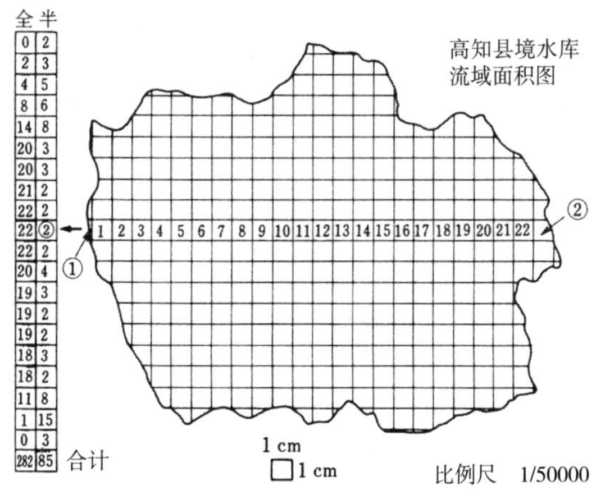

图 3.56　方格刻度法

22

曲线部分也轻松解决

求积仪就是测定面积的仪器

求积仪是当图形的轮廓线成不规则形状以及直接在地图上求面积时使用的仪器。以前使用固定型的，最近移动型的使用较为广泛。

（a）固定型（条型）

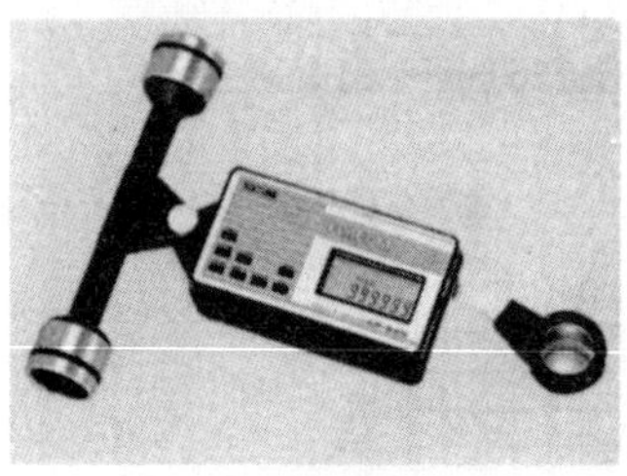

（b）移动型（轴型）

图 3.57　求积仪

单位面积常数表　表 3.17
（PLACOM KP-92）

比例	单位面积常数	
	米系列	坪系列
1：1	0.1 cm^2	——
1：100	0.1 m^2	0.03025 坪
1：200	0.4 m^2	0.121 坪
1：250	0.625 m^2	0.18906 坪
1：300	0.9 m^2	0.27225 坪
1：500	2.5 m^2	0.75625 坪
1：600	3.6 m^2	1.089 坪
1：1000	10 m^2	3.025 坪
1：2500	62.5 m^2	18.90625 坪
1：5000	250 m^2	75.625 坪
1：10000	1000 m^2	1.0083 反
1：50000	0.025 km^2	25.2083 反

〔**例 3.12**〕使用移动型求积仪，在比例为 1：500 的图纸上测量直径为 200m 的圆形，得出的刻度为 12559。求圆形的面积。

〔**解**〕根据**表 3.17** 所示，单位面积的常数为 2.5m^2，所以

$$S=12559\times 2.5=31397.5\text{m}^2,$$

代入圆面积计算得出以下算式：

$$3.1416\times 100^2=31416\text{m}^2$$

使用求积仪进行测定

测定方法如下：

①通过测定镜片，准确地沿着图形的边界线将求积仪的滚轮移动一周。

②读取移动一周时的刻度。

③将读取的数值乘以系数（相对于图纸的比例），求出面积。

求积仪的精度在 ±0.2% 左右。由于测定范围有所限制，所以需要有大小适宜的图纸才能测量。

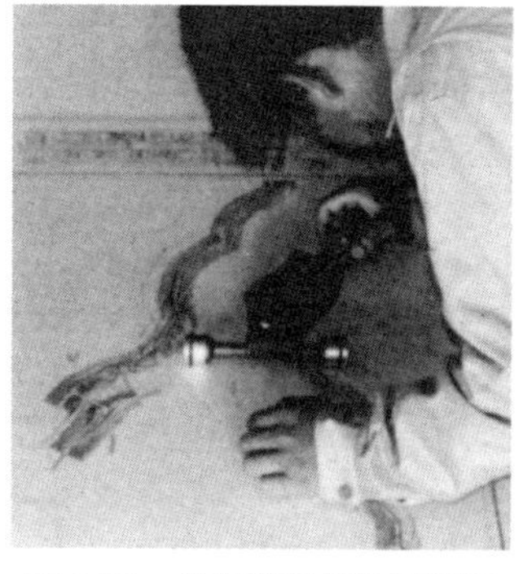

图 3.58　使用求积仪进行测定

曲线仪

曲线仪不是测定面积的用具，但它作为图纸上的距离测定用具，能迅速测出图面上的长度距离。特别是用于曲线部位的距离测定。如图 3.59 所示，曲线仪主要有以下几种类型，不论哪种类型，只要沿路径行走，就可以显示出这一路径的长度。

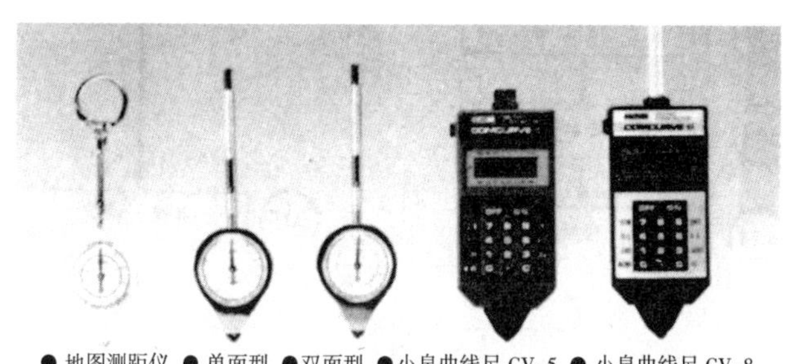

图 3.59　曲线仪的种类

第 3 章小结

平面测量是使用电子经纬仪进行轮廓测量，使用平板仪进行碎部测量等测量的基本方法。

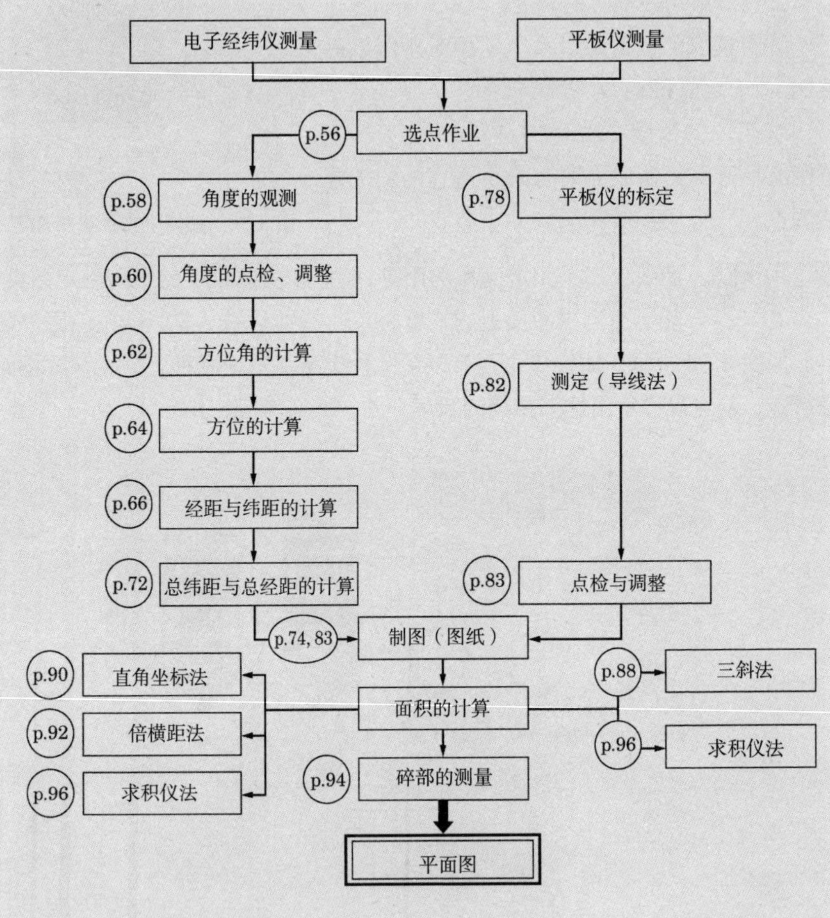

第4章

高 程 测 量

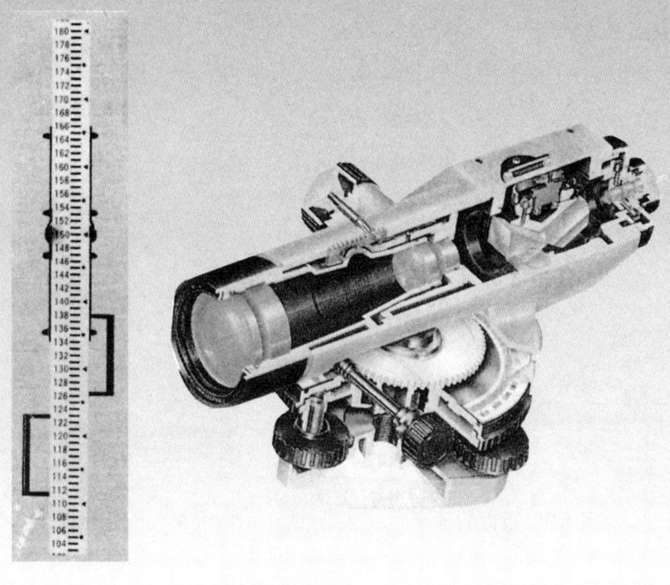

高程测量又称为水准测量，主要是使用水准仪测量两点间的高差以及地点的高程，是一种用来确认高度的测量方法。

1

为什么富士山是日本第一

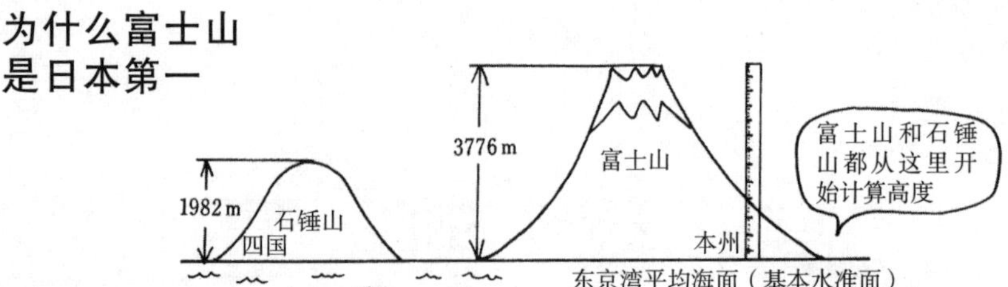

高度的基准 如图 4.1 所示，水准面指的是静止海面或与海面平行的曲面。

基本水准面（基准面）

在高程测量中，表示点的高度基准的水准面。

标高……一般是指从基本水准面开始向上或向下的高度。

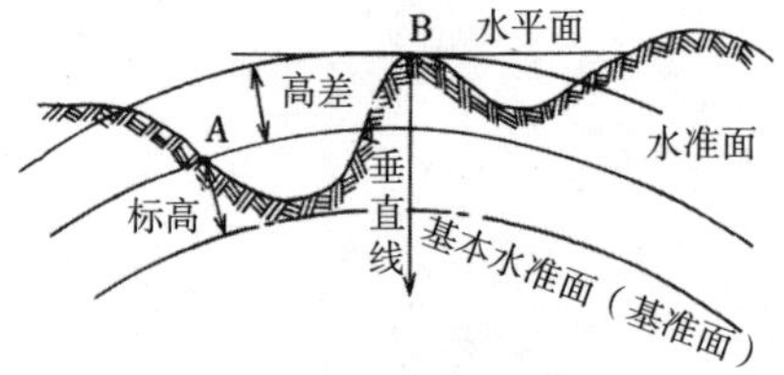

图 4.1　水准面与水平面

水准原点和水准点

①水准原点……作为日本陆地高度基准的点。将东京湾的平均海面设为 ±0，从这一点到陆地 24.4140m 距离的地点就是水准原点。

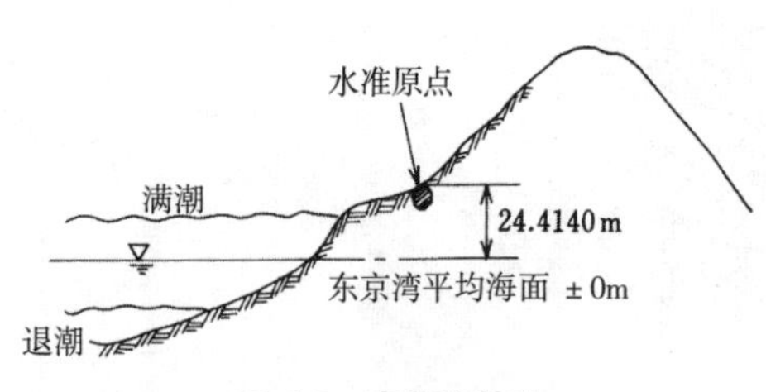

图 4.2　高度的基准

日本水准原点（东京都千代田区永田町）

②水准点……水准点（benchmark:BM）是用来表示标高的点，在进行测量时作为基准，是根据水准原点实测得到的。

沿国道和县道，每隔 1 ~ 2km 设置一个水准点。

高程测量又称为水准测量

为了立体地表现地形，需要测量高差。这种测量地表面高差的测量形式，称为高程测量或水准测量。

水准测量的分类

①按方法分类

直接水准测量……通过水准仪和标尺直接测出高差的方法。

间接水准测量……使用测角用仪器测定垂直角，通过计算求出高差的方法（参照 p.26）。

②按目的分类

高差水准测量……必要的两点间的高差测量。

纵断面测量……沿着铁道、道路、河流等一定的线路，依次测量纵向与横向的必要地点的高差，并制作纵向、横向剖面图的测量。

③按基本测量分类

全部由国土地理院进行测量，主要分为一等、二等、三等水准测量，三角高程测量，跨河（海）水准测量。

以下说明直接水准测量。

直接水准测量（图 4.3）

①高差……A 点与 B 点的高度的差。标尺上读取的差（$a-b$）

②高程……当 A 点的高程 H_A 为已知数时，B 点的高程 H_B 可以通过公式 $H_B=H_A+(a-b)$ 求出。

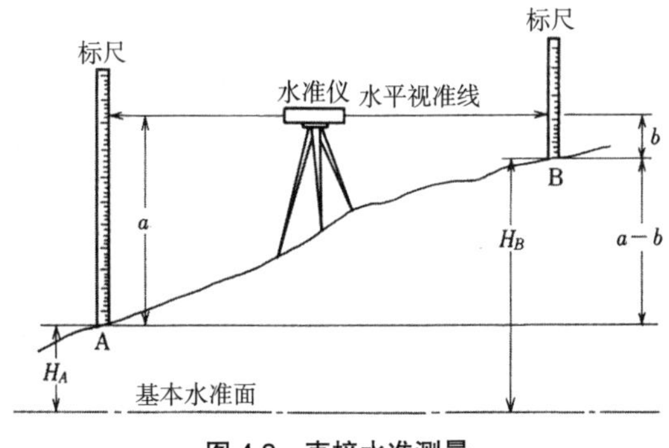

图 4.3　直接水准测量

2

求水平线

水准仪
水平
水准尺
三脚架
水平是基本！

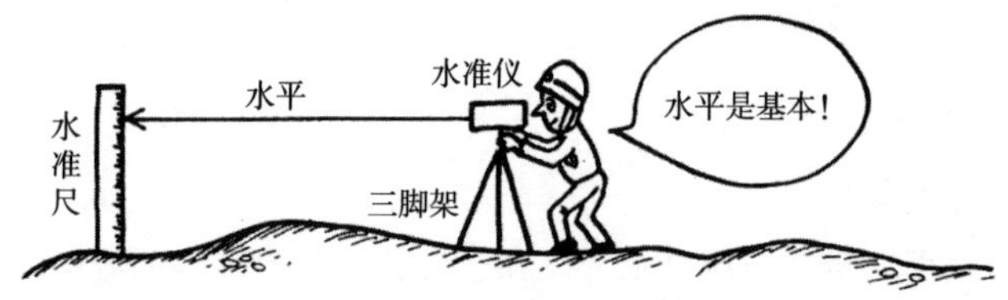

水准测量的仪器

水准测量中最重要的仪器是获取水平视线的仪器。获取水平视线的仪器就是水准仪，标有长度刻度的是水准尺。

水准测量仪器说明

【水准尺】 **【水准仪】**

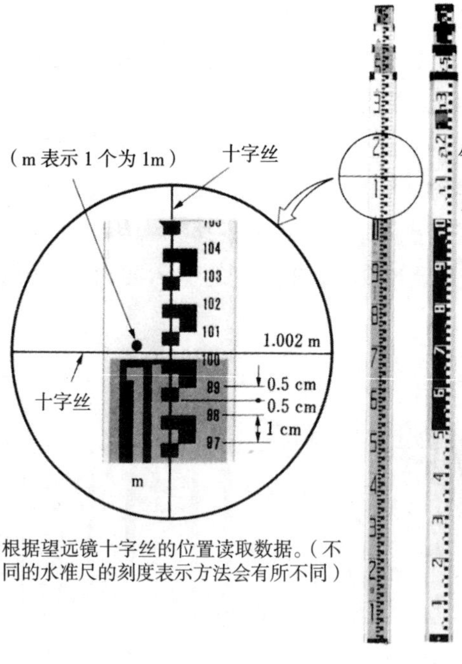
（m 表示 1 个为 1m）
十字丝
104
103
102
101
1.002 m
100
99
98
97
0.5 cm
0.5 cm
1 cm
十字丝
m

根据望远镜十字丝的位置读取数据。（不同的水准尺的刻度表示方法会有所不同）

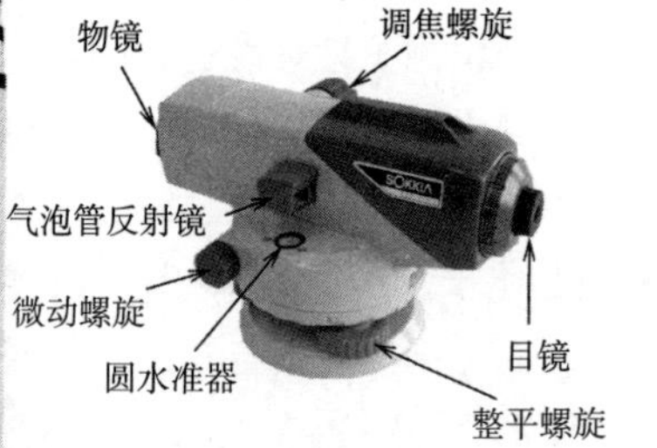
物镜
调焦螺旋
气泡管反射镜
微动螺旋
圆水准器
目镜
整平螺旋

只要将圆形水准仪水平放置，仪器会自动调整至水平视准线。（自动安平水准仪）

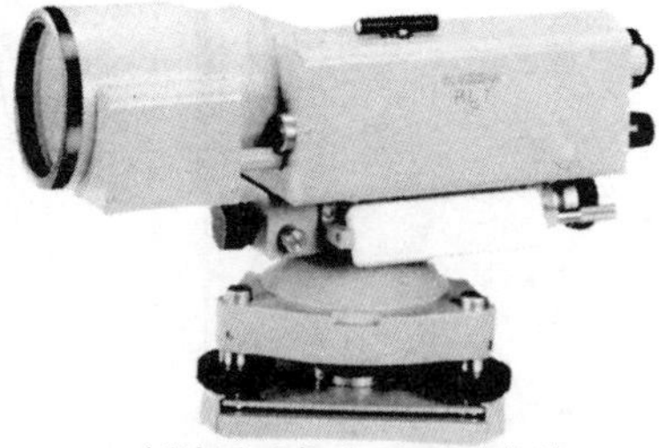

〈微倾水准仪（一级水准仪）〉

图 4.4 水准测量的仪器

水准测量的主要用语

高差法

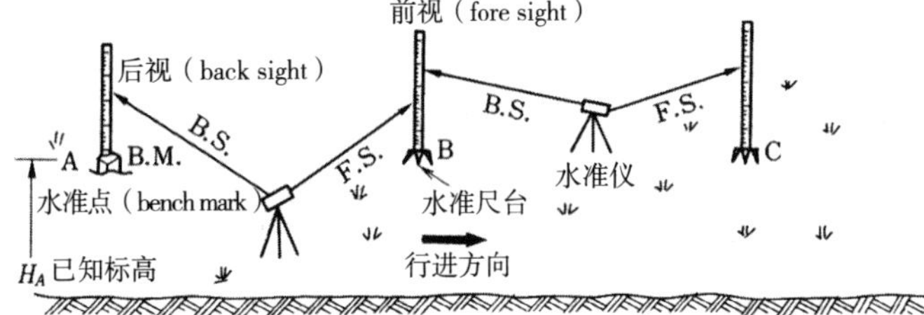

仪高法

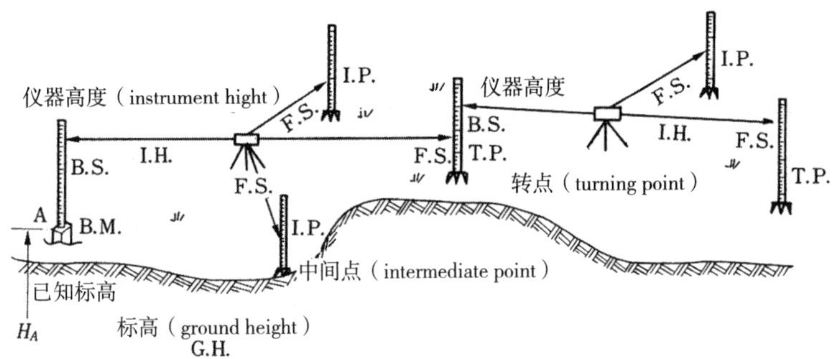

图 4.5　水准测量的主要用语

用语说明

- 后视（back sight）B.S.……立于已知高程点（已知点）的水准尺的读数
- 前视（fore sight）F.S.……立于未知高程点（未知点）的水准尺的读数
- 仪器高度（instrument height）I.H.……望远镜（水准仪）视准线的标高
- 转点（turning point）T.P.……为更换水准仪放置位置，用作前视及后视的点（移器点）
- 中间点（intermediate point）I.P.……为测量该点的高程，放置水准仪且只进行前视操作的点

- 标高（ground height）G.H.……地表面的相对高程
- 高差……两点间高程差异

3

上下台阶

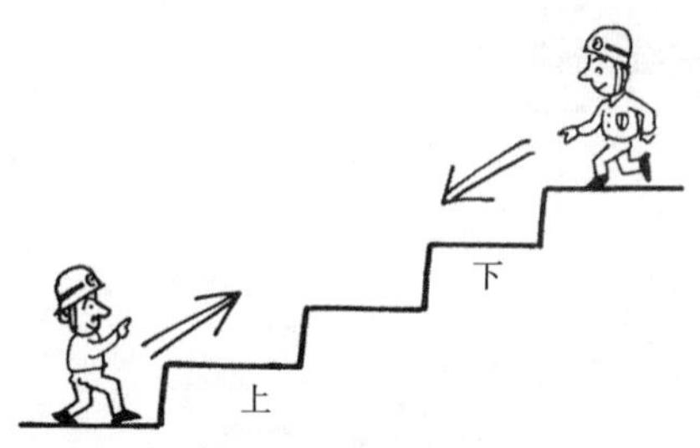

高差法高程测量

高程（水准）测量的记录方法 {（1）高差法 （2）仪高法} 两种

高差法 从高程已知点出发，通过升降求出高程未知点的高低差，也是求高程的方法，本方式比较适合于起伏较大且视野不良地带。

H=B.S.–F.S.=2.000–0.800=+1.200m（升）

→B 点比 A 点高（图 4.6（a））

H=0.800–2.000=–1.200m（降）→B 点比 A 点低（图 4.6（b））

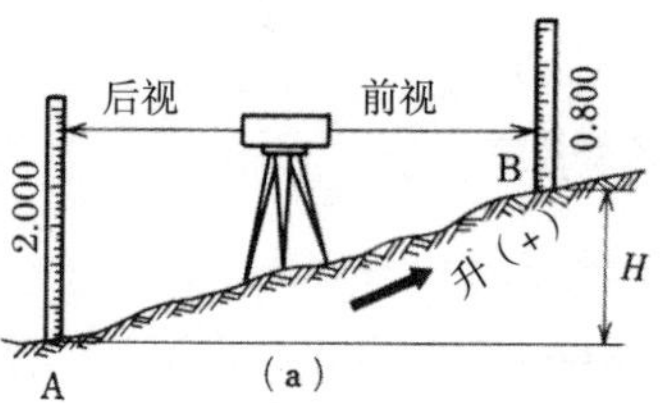

（a）

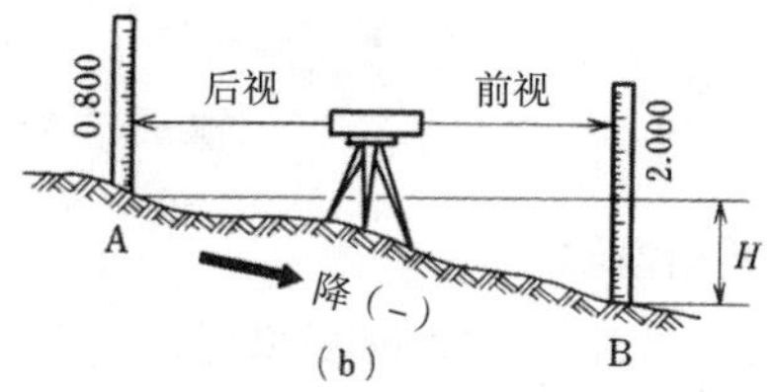

（b）

图 4.6 高差法（单位：m）

作业步骤 如图 4.7 所示，求 A 点到 E 点的高程的步骤如下：

①在 A、B 两点的中间安置水准仪，照准立于 A 点的水准尺（照准后读数为 2.800m，将数据填入表 4.1 的 A 点后视栏ⓐ）。

②原地旋转水准仪，照准立于 B 点的水准尺（照准后读数为 0.800m，将数据填入表 4.1 的 B 点前视栏ⓑ）。

③保持 B 点水准尺不动，将水准仪安置于 B、C 两点的中间部位，重复①、②的操作，直至 E 点，并将数据填入记录表（参照表 4.1）。

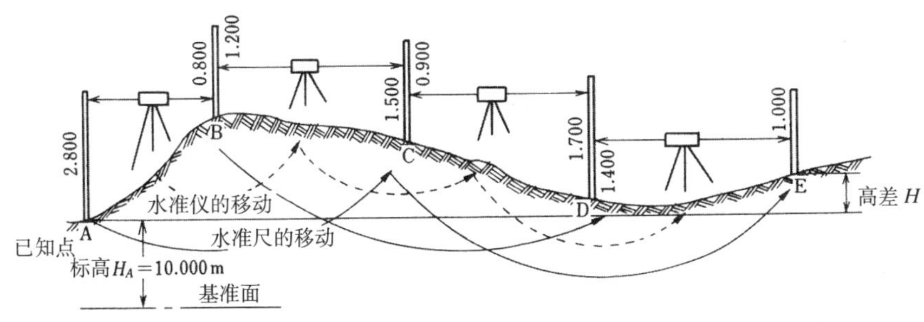

图 4.7　作业步骤

高差法野帐记录例（图 4.7）

所求点的标高 = 已知点的标高 + 高差

高差法野账记录例　　　　表 4.1

测点	后视（B.S.）	前视（F.S.）	升（+）	降（-）	标高 H	备注
A	ⓐ 2.800				10.000	A 点的标高
B	1.200	ⓑ 0.800	2.000		12.000	作为 10.000m
C	0.900	1.500		0.300	11.700	
D	1.400	1.700		0.800	10.900	
E		1.000	0.400		11.300	E 点的标高
	6.300	5.000	2.400	1.100		作为 11.300m

【表的计算】

各点标高 = 已知点标高 +（已知点 B.S.– 所求点 F.S.）

H_A = 10.000m…已知点

$H_B = H_A$ +（ⓐ – ⓑ）= 10.000 +（2.800–0.800）= 12.000m

$H_C = H_B$ +（B 点的 B.S.–C 点的 F.S.）= 12.000 +（1.200–1.500）= 11.700m

⋮

$H_E = H_D$ +（D 点的 B.S.–E 点的 F.S.）= 10.900 +（1.400–1.000）= 11.300m

【验算】

Σ（B.S.）– Σ（F.S.）= Σ 升 – Σ 降 = $H_E – H_A$

6.300–5.000 = 2.400–1.100 = 11.300–10.000

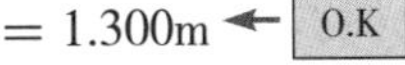
= 1.300m ← O.K

检查

【只求最终测点 E 的数值时】

$H_E = H_A$ +（Σ（B.S.）– Σ（F.S.））= 10.000 +（6.3000–5.000）= 11.300m

4

用望远镜观察一圈

仪高法高程测量

■ 仪高法

根据基本水准面到仪器（水准仪）的高度（仪器高度）求出未知点高程（标高）的方法。比较适用于视野较开阔的平地。

如图 4.8 所示，仪器高度（I.H.）是从基本水准面到 A 点的标高 H_A 与后视（B.S.）相加之和。因此，所求标高 H_B 是仪器高度与前视（F.S.）的差。

$$I.H.=H_A+B.S. \qquad H_B=I.H.-F.S.$$

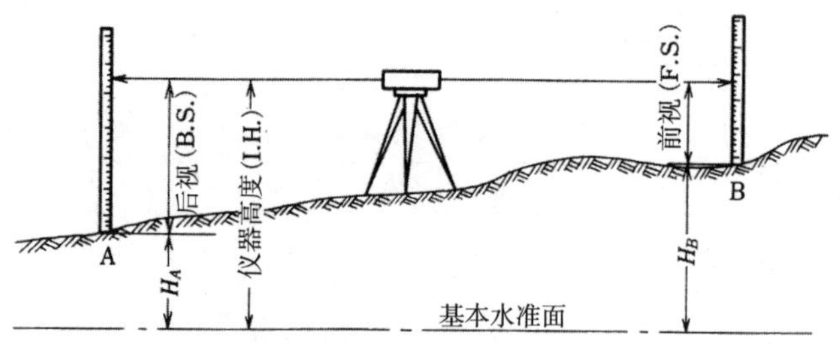

图 4.8 仪高法

■ 作业步骤

如图 4.9 所示，求 A 点到 C 点的高程的步骤如下：

①将水准仪安置于能够高效测量的位置，照准 A 点（照准后读数为 2.200m，将数据填入**表 4.2** 的 A 点后视栏ⓐ）。

②照准 A+10 的中间点（读数为 1.600m，将数据填入**表 4.2** 的前视中间点栏ⓑ）。

③照准 B 点（读数为 0.700m，将数据填入**表 4.2** 的前视转点栏ⓒ）。

④将水准仪移至下一点，照准 B 点（后视）。重复①～③的操作，直至 C 点，并将数据整理、填表（参照**表 4.2**）

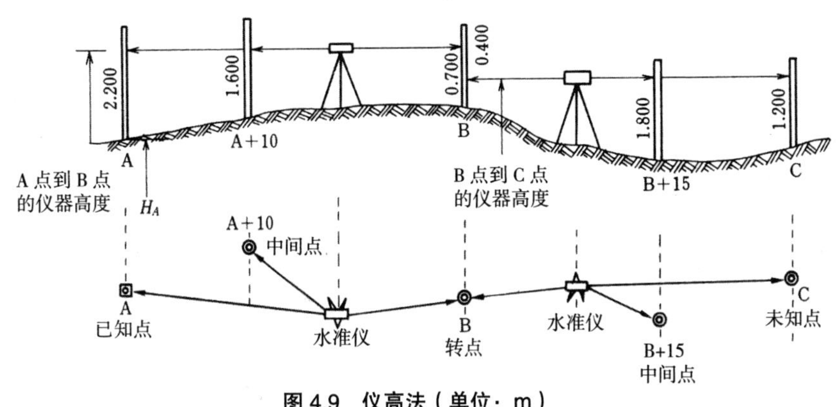

图 4.9　仪高法（单位：m）

仪高法野帐记录例（图 4.9）

仪高法野帐记录例　　表 4.2

测点	后视（B.S.）	仪器高度（I.H.）	前视（F.S.）		标高 H	备注
			转点（T.P.）	中间点（I.P.）		
A	ⓐ2.200	12.200			10.000	H_A 的标高为 10.000m
A+10				ⓑ1.600	10.600	
B	0.400	11.900	ⓒ0.700		11.500	
B+15				1.800	10.100	
C			1.200*		10.700	
合计	2.600		1.900			

*：最终测点（C 点）的 F.S. 记录在 T.P. 栏中

【表的计算】

A 点仪器高度 I.H.=A 点标高 +A 点 B.S.=10.000+2.200=12.200m

（A+10）的标高 =I.H.–（A+10）的 F.S.=12.200–1.600=10.600m

B 点标高 =I.H.–B 点的 F.S.=12.200–0.700=11.500m

B 点仪器高度 I.H.=B 点标高 +B 点 B.S.=11.900m

【验算】

Σ（B.S.）–Σ（T.P.）=C 点标高 –A 点标高

2.600–1.900=10.700–10.000=0.700m

协同并进

互交水准测量 对河流和峡谷进行高程测量时，无法将水准仪安置在两个测点的中间，测量结果容易出现误差。在这种情况下，在两岸互交测量目标物的高差，然后取平均值的方法被称为互交水准测量法。

误差的消除

如**图 4.10** 所示，设定距离 AC=BD=l，在 C、D 两点安置水准仪，读取 a_1、b_1 以及 a_2、b_2 的数据。假设 a_1、b_1 的照准误差为 e_1、e_2，a_2、b_2 的照准误差为 e_1' 、e_2' ，那么

C 点的高差 $H=(a_1-e_1)-(b_1-e_2)$

D 点的高差 $H=(a_2-e_2')-(b_2-e_1')$

式中，$e_1=e_1'$ ，$e_2=e_2'$ 根据上述两个公式

$2H=(a_1-b_1)+(a_2-b_2)$

$$\therefore \text{高差} H=\frac{(a_1-b_1)+(a_2-b_2)}{2} \qquad (4.1)$$

通过对岸两点的同时观测，可以消除光的折射以及照准线误差的影响，得到高差 H。

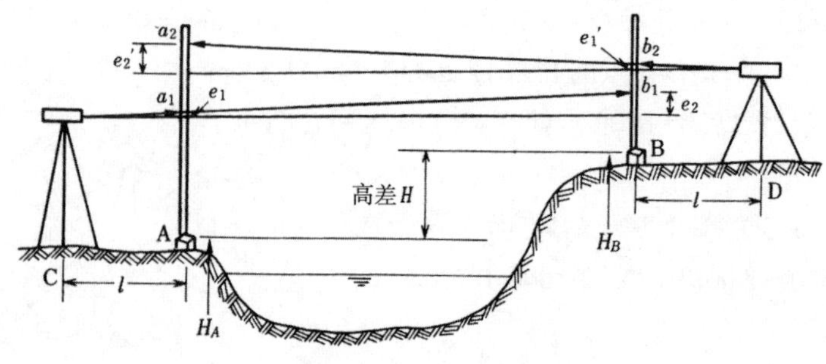

图 4.10 互交水准测量

〔**例 4.1**〕如图 4.11 所示

已知，a_1=1.865m　b_1=1.065m

b_2=2.140m　a_2=2.952m，求 A、B 的高差。

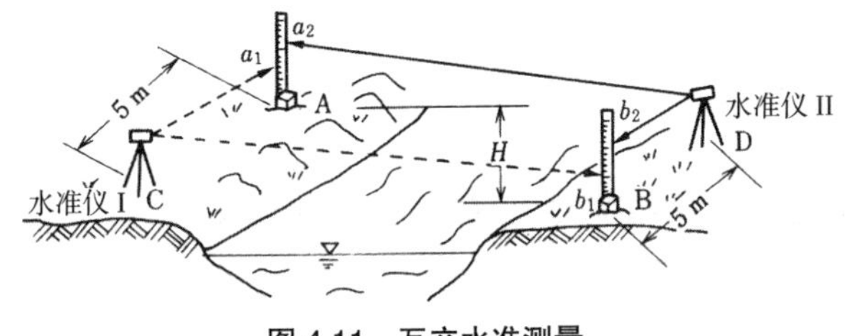

图 4.11　互交水准测量

〔**解**〕根据公式 4.1 得出高差

$$H=\frac{(1.865-1.065)+(2.952-2.140)}{2}=0.806\,\text{m}$$

容许误差　在水准测量中，如果往返测定的误差在允许范围内，就取其平均值。根据各高程已知点求高程未知点时，如果测定距离为 L，那么各路线的误差为$\sqrt{L}$。

国土交通省公共测量作业规定的容许误差（单位：mm）　表 4.3

区分	往返差	闭合时的环形闭合差	从已知点到已知点的闭合差
1 级水准测量	$2.5\sqrt{L}$	$2\sqrt{L}$	$3\sqrt{L}$
2 级水准测量	$5\sqrt{L}$	$5\sqrt{L}$	$6\sqrt{L}$
3 级水准测量	$10\sqrt{L}$	$10\sqrt{L}$	$12\sqrt{L}$
4 级水准测量	$20\sqrt{L}$	$20\sqrt{L}$	$25\sqrt{L}$
简易水准测量	−	$40\sqrt{L}$	$50\sqrt{L}$

（注）L 为测定距离（单程）（单位：km）

重要 point　高程测量的基本注意事项

① 垂直竖立水准尺，不左右摇晃。

② 尽量将水准仪安置于连接两水准尺的直线上，并且尽量选择两水准尺中间的点。

③ 选择牢固的地基安置水准仪和水准尺。

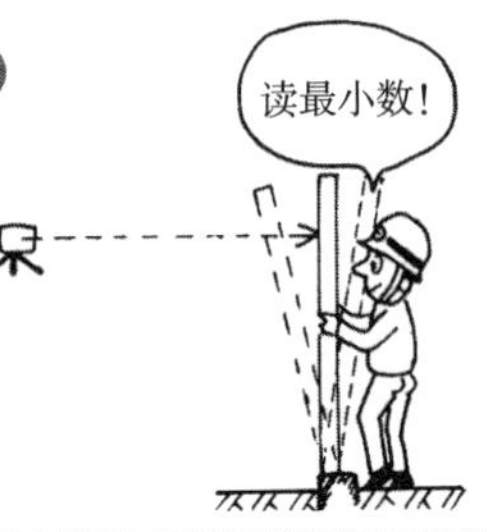

寻找错误

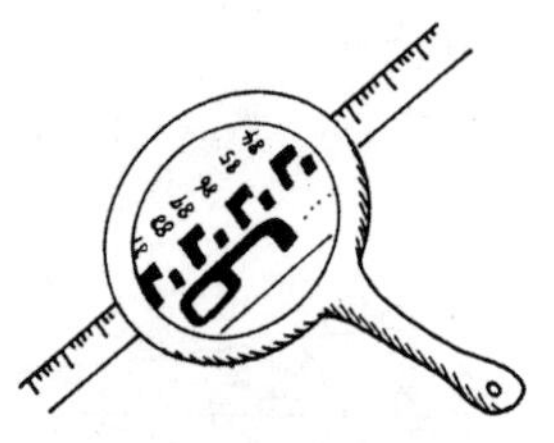

误差的调整方法

■ 往返测定标高的调整计算例

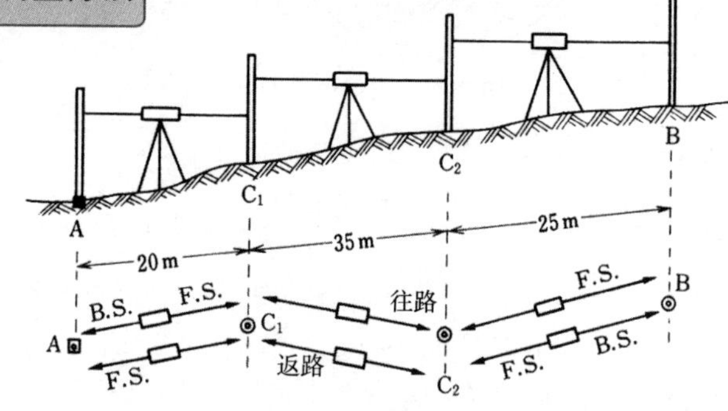

图 4.12 往返测量

往返测定的记录例 表 4.4

测点	距离	后视	前视	升（+）	降（−）	标高 H	备注
A	0.000	2.132				10.000	A 点标高为 10.000m。 Σ后视 =7.446 − Σ前视 =4.812 2.634
C_1	20.000	2.054	1.864	0.268		10.268	
C_2	35.000	3.260	1.520	0.534		10.802	
B	25.000		1.428	1.832		12.634	
合计	80.000	7.446	4.812	2.634			
B	0.000	1.562				12.634	Σ后视 =4.754 − Σ前视 =7.392 −2.638
C_2	25.000	1.368	3.396		1.834	10.800	
C_1	35.000	1.824	1.903		0.535	10.265	
A	20.000		2.093		0.269	9.996	
合计	80.000	4.754	7.392		2.638		

（单位：m）

【调整计算】

① 往返测定高差的较差

2.634−2.638=−0.004m< 容许误差 $20\sqrt{S}$ =0.0056m（参照表 4.3）

确认在允许范围内后进行调整。

② 调整高差（平均值即可）

A、B 点的调整高差 =（2.634+2.638）/2=2.636m

③ B 点的调整标高 =10.000+2.636=12.636

同一点的闭合导线的标高调整计算例

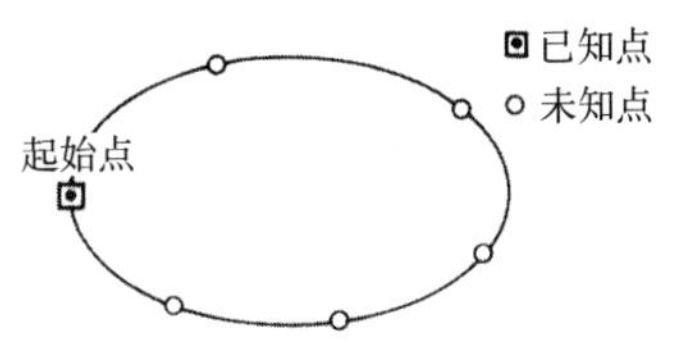

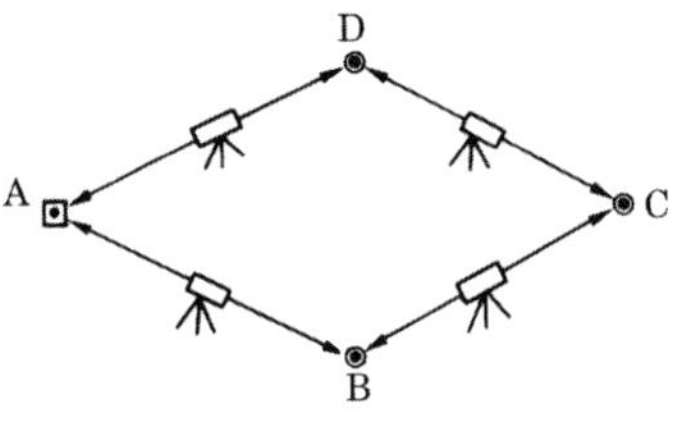

图 4.13　同一点闭合时

同一点发生闭合时的填写示例　　表 4.5

测点	距离	后视	前视	升	降	测定标高	调整量	调整标高	备注
A	0.00	2.120				10.000	0.000	10.000	A 点标高为 10.000m
B	30.00	3.542	2.011	0.109		10.109	−0.001	10.108	
C	15.00	1.890	2.246	1.296		11.405	−0.001	11.404	
D	20.00	2.348	2.890		1.000	10.405	−0.002	11.403	
A′	35.00		2.750		0.402	10.003	−0.003	10.000	
合计	100.00	9.900	9.897	1.405	1.402				

（单位：m）

【调整计算】

① 闭合误差 = Σ（B.S.）– Σ（F.S.）=9.900–9.897=0.003m

（完全闭合时，数值必须为 0）

② 调整计算

$$各测点的调整量=-闭合误差\times\frac{与起始点的距离}{距离总和} \quad (4.2)$$

B 点的调整量 $d_B=-0.003\times30.00\div100.00\approx-0.001\text{m}$

C 点的调整量 $d_C=-0.003\times45.00\div100.00\approx-0.001\text{m}$

D 点的调整量 $d_D=-0.003\times65.00\div100.00\approx-0.002\text{m}$

A′点的调整量 $d_A'=-0.003\times100.00\div100.00\approx-0.003\text{m}$

记入**表 4.5** 的调整量一栏。

7

用电子眼测量

电子水准仪的特征

电子水准仪取代人眼，使用仪器内部的图像解析功能读取刻在水准尺上的条形码，取得水准尺数据和到仪器之间的距离。电子水准仪测量具有以下特征：

误差的减小

只需要调整电子水准仪的焦点，仪器就可以自动观测，可以将观测人的数据读取习惯等误差降至最低，得到精度较高的观测结果。

与电子野账的连接

电子水准仪与电子野账连接后，可以自动记录观测数据、确认观测结果，这些数据还可以直接输入电脑，取得高效率的测量成果。

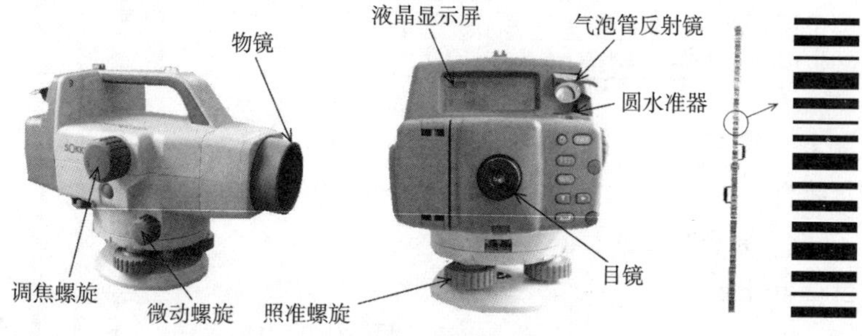

图 4.14　电子水准仪与条形码水准尺

观测时的注意点

因为观测时需要使用图形解析功能，出现下述情况时无法进行正确观测。

条形码水准尺歪斜

观测时水准尺需要处于静止状态，请一边观察安装于水准尺上的圆水准器，一边将标尺竖直。

条形码水准尺表面太过明亮（过于昏暗）

左右旋转水准尺，得到合适的光量。此外，安置标尺时，请选择光量不易急速变化，水准尺周围以及背景中没有发光体，不会对水准尺产生不良影响的场所。

条形码水准尺上有伤痕、水滴等

在保管、运输时，注意不要划伤标尺。用软布将水准尺表面的水滴和污垢擦拭干净。

8

纵行日本阿尔卑斯山

纵断面测量

测量道路、铁道时，沿着其中心线每隔 20m 打一个中桩。起始点的中桩编号为 No.0，其他中桩编号顺次为 No.1，No.2，称这些桩为里程桩。此外，在高低起伏的地点，设置加桩，用于测定。图 4.15 中的 No.1+8.00 就是此类型的标记物。

这些桩的高度测定称为纵断面测量。

① 将起始点 No.0 与附近的已知点连接。

② 在 A 点安置经纬仪。

③ 后视 No.0，前视转点 No.2。照准 No.0 到 No.2 的中间点，读取数据。

④ A 点的观测结束后，将仪器移至 B 点，进行相同的操作。

⑤ 野帐中的中间点较多，建议采用仪高法。

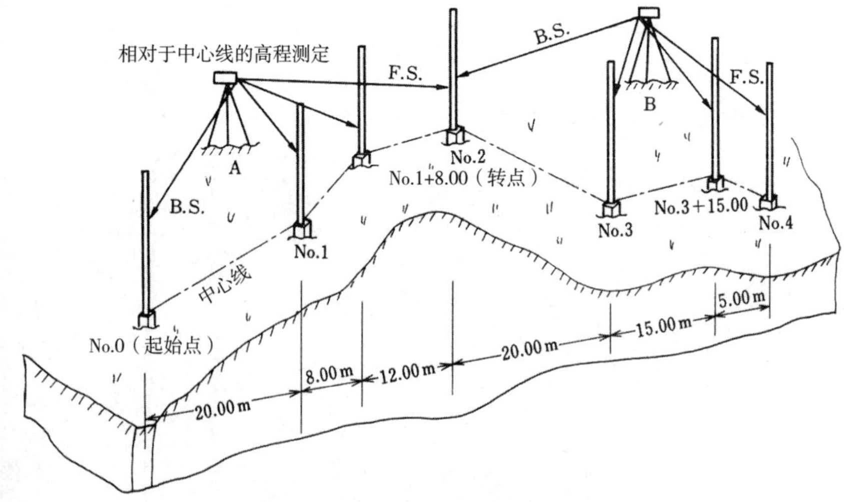

图 4.15 纵断面测量

纵断面图的绘制

根据 pp.104 ~ 107 介绍的高程测量，中心桩高低的求法如**图 4.16** 所示。

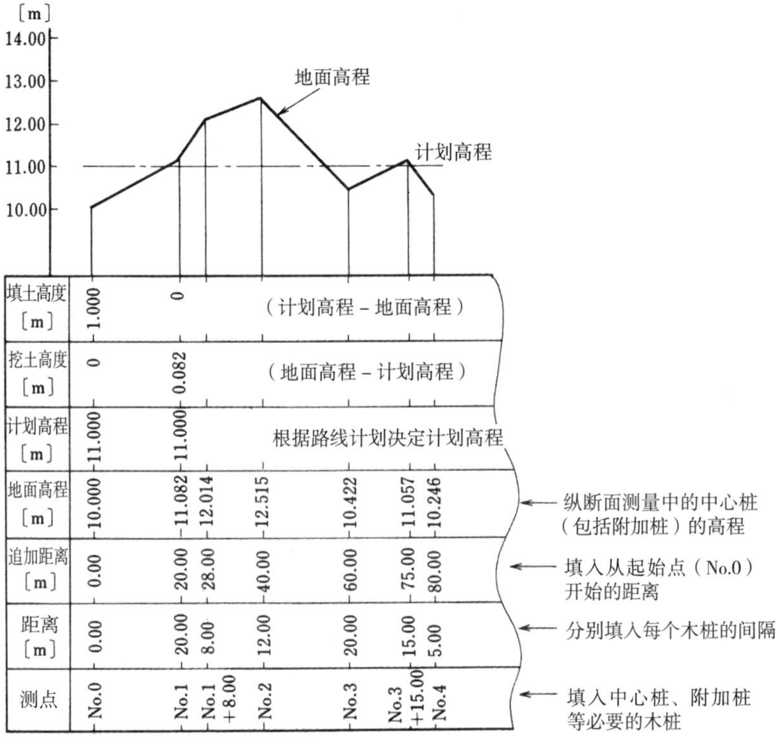

[m]
14.00
13.00
12.00
11.00
10.00
地面高程
计划高程

	No.0	No.1	No.1 +8.00	No.2	No.3	No.3 +15.00	No.4	说明
填土高度 [m]	1.000	0						（计划高程－地面高程）
挖土高度 [m]	0	0.082						（地面高程－计划高程）
计划高程 [m]	11.000	11.000						根据路线计划决定计划高程
地面高程 [m]	10.000	11.082	12.014	12.515	10.422	11.057	10.246	←纵断面测量中的中心桩（包括附加桩）的高程
追加距离 [m]	0.00	20.00	28.00	40.00	60.00	75.00	80.00	←填入从起始点（No.0）开始的距离
距离 [m]	0.00	20.00	8.00	12.00	20.00	15.00	5.00	←分别填入每个木桩的间隔
测点	No.0	No.1	No.1 +8.00	No.2	No.3	No.3 +15.00	No.4	←填入中心桩、附加桩等必要的木桩

图 4.16　纵断面图的示例

重要 point　纵断面图的绘制

① 用纵断面测量的结果绘制的纵断面图用于路线计划以及施工基准，所以测量精度对之后的各项操作都会产生很大的影响，需多加注意。

② 必须进行往返测量，点检测量误差和测量结果后绘制纵断面图。

③ 选择距离（横向）与地面高程（纵向）的比例为 1 : 3 到 1 : 10 之间的比例，绘制纵断面图。

9

横穿马路需左右确认

横断面测量 在纵断面测量的中心桩和附加木桩处，测量正交于纵断面测量测线的地面高差的方法。

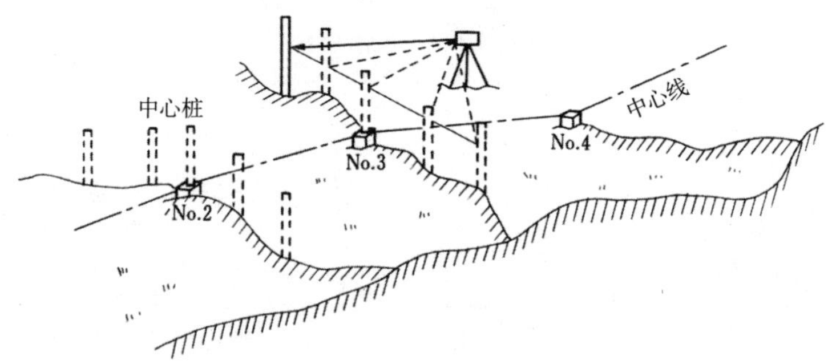

图 4.17 横断面测量

横断面测量步骤 使用水准仪与卷尺

① 在纵断面测量的中心桩和附加桩处，选取与纵断面测量的测线垂直的测线。

② 将水准仪安置于中心桩附近，后视中心桩上的水准尺（参照图 4.17 与表 4.6）。

③ 在测线上有地形变化的点上竖立水准尺，并前视水准尺，用卷尺测量桩到各水准尺间的距离（参照图 4.18 与表 4.6）。

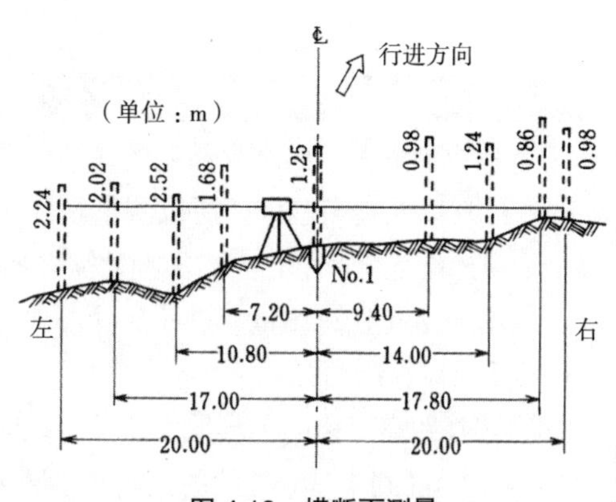

图 4.18 横断面测量

野帐外的记录方法

横断面测量的野帐记录例　　　　表 4.6

测点左右	距离	后视	仪器高度	前视	地面高程	备注
1		1.25	12.332		11.082	假设 No.1 木桩的地面高程为 11.082m
左	7.20			1.68	10.652	
	10.80			2.52	9.812	
	17.00			2.02	10.312	
	20.00			2.24	10.092	
右	9.40			0.98	11.352	
	14.00			1.24	11.092	
	17.80			0.86	11.472	
	20.00			0.98	11.352	

单位：m

使用 p.106 的仪高法计算地面高程!

标杆皮尺法　如图 4.19 所示，在精度要求不高以及倾斜度较大时，可采用标杆皮尺法测量。用“一根标杆水平几米、另一根标杆垂直几米”的方法进行测定，也可标杆和卷尺并用，以徒手草图加以记录。

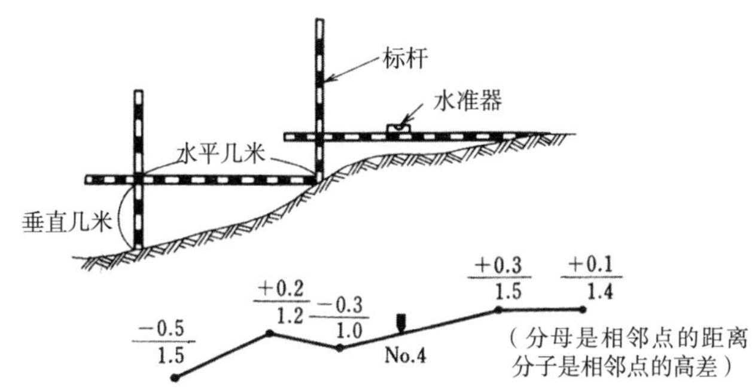

图 4.19　标杆皮尺法

横断面图的绘制　以中心桩为起点，根据左侧、右侧各点的距离和地面高程，绘制横断面图。（图 4.20）

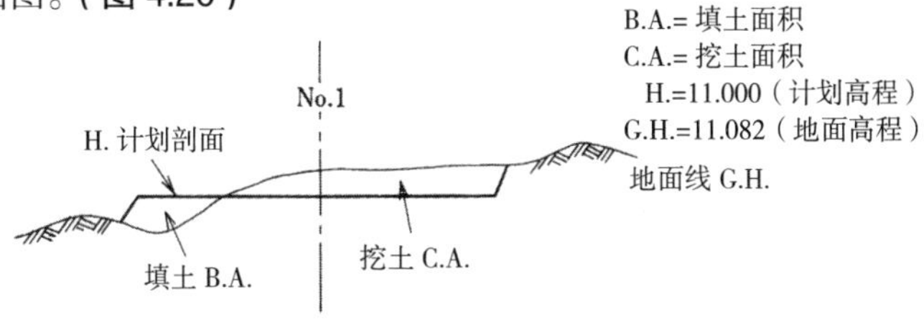

图 4.20　横断面图

10

无论何种地形都能计算体积

正确的体积首先需要正确计算面积

根据平均断面法计算体积

取两端断面的平均值，乘以断面间的距离，求体积的方法。在土木工程中，土壤的体积称为土石方工程量。

$$V=\frac{A_1+A_2}{2}\cdot L \qquad (4.3)$$

式中，V: 体积 [m³]

A_1、A_2 : 断面面积 [m²]

L : 断面之间的距离 [m]

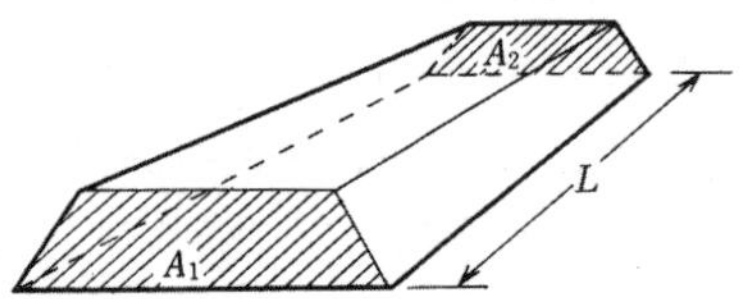

图 4.21　平均断面法

坡度

使用平均断面法时，最重要的是求出断面面积。在求道路以及河川堤防的断面面积时，需要理解坡度的定义。通常是指相对于斜坡的铅直高度为 1m 时与水平宽度的比，表示方法如图 4.22 所示。

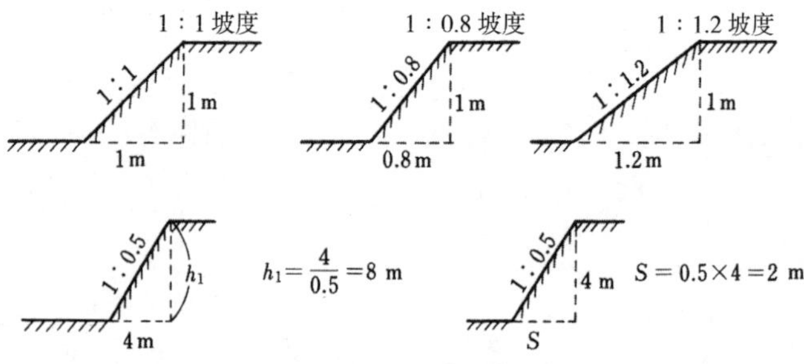

图 4.22　坡度

纵横断面图例　如**图 4.23** 所示，在纵断面图上标出路线的计划线，根据地面高程和计划高程求出挖土高度与填土高度，并在横断面设计图中标出施工断面，求出挖土面积（C.A.）与填土面积（B.A.）。

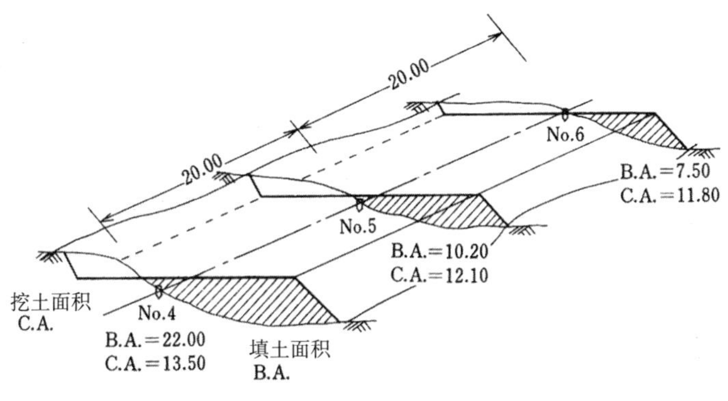

图 4.23　纵横断面图例

根据平均断面法计算体积　利用**图 4.23** 中的结果计算体积。如备注栏中的计算例所示，体积 V 等于相邻测点的断面面积的平均值乘以两点之间的距离。挖土面积与填土面积需要分别计算。

体积计算　　**表 4.7**

测点	距离	断面面积 $A[m^2]$		体积 $V[m^3]$		备注
		挖土	填土	挖土	填土	
No.4	20.00	13.50	22.00	ⓐ 256.0	ⓑ 322.0	ⓐ 的计算（No.4 ~ No.5 的挖土体积）$V=\frac{13.50+12.10}{2}\times 20.00 =256.0\ m^3$
No.5		12.10	10.20			ⓑ 的计算（No.4 ~ No.5 的填土体积）$V=\frac{22.00+10.20}{2}\times 20.00 =322.0\ m^3$
No.6	20.00	11.80	7.50	239.0	177.0	

重要 point　体积

① 计算体积时正确计算面积很重要。

②有变化的地形，只要测量其倾斜的变化点，就能求出正确的体积。

11

日本的体积也可求出

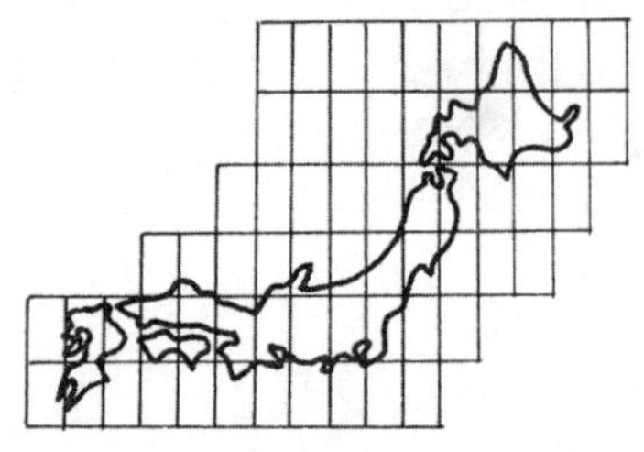

根据方格法计算网格划分后的体积

如图 4.24（a）所示，将宽阔的区域按照一定的间隔 a、b 划分成网格状，测定各交点的地面高程，计算其体积（土石方工程量）。

如图 4.24（b）所示，计算划分的各个长方形的体积：

$$V_1=\frac{1}{4}\times(H_1+H_2+H_3+H_4)$$

$$V_2=\frac{1}{4}\times(H_3+H_4+H_5+H_6)$$

$$V_1+V_2=\frac{1}{4}\times(H_1+H_2+2H_3+2H_4+H_5+H_6)$$

两个立方体的共用地面高程需乘以其共用次数。

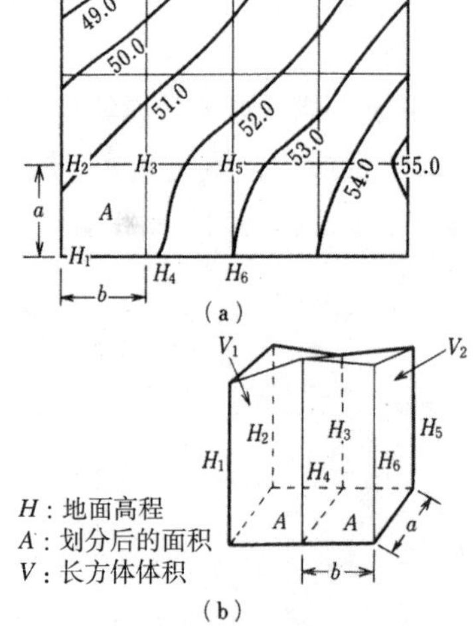

图 4.24　方格法

长方形划分

如图 4.25 所示，在 h 的右下角标注的数字表示共同交点的数量，其体积为：

$$V=\frac{1}{4}\times A(\Sigma h_1+2\Sigma h_2+3\Sigma h_3+4\Sigma h_4) \quad (4.4)$$

A：一个长方形的面积

Σh_1：仅与 1 个长方形相关的地面高程的和

Σh_2：仅与 2 个长方形相关的地面高程的和

Σh_3：仅与 3 个长方形相关的地面高程的和

Σh_4：仅与 4 个长方形相关的地面高程的和

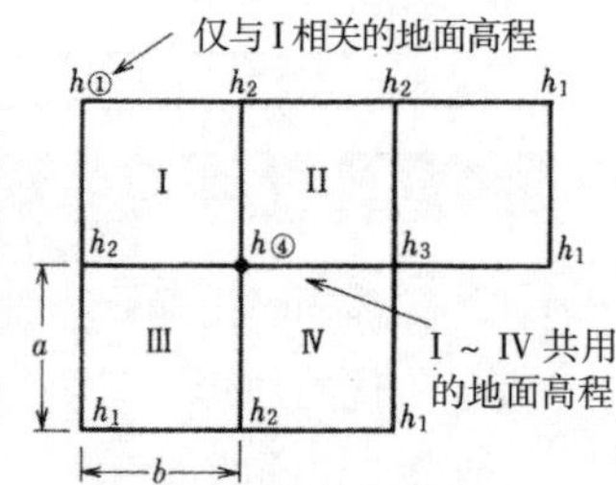

图 4.25　长方形划分的共用地面

场地平整高程的求法

（填土量、挖土量相同时的场地高度）

如图 4.26 所示，在需要平整的场地中，场地平整高程应设多少为好。

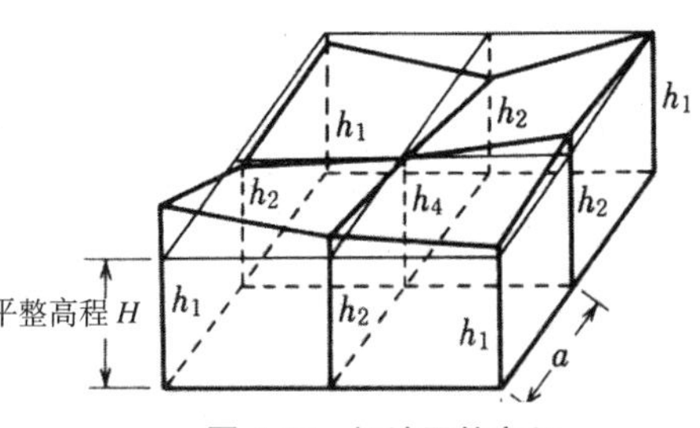

图 4.26　场地平整高程

根据公式 4.4 计算基准面上的体积 V。

$$场地平整高程\ H=\frac{体积\ V}{水平面积} \tag{4.5}$$

〔例 4.2〕对如图 4.27 所示的场地进行平整，将地面高程设为几米时，填土和挖土的量相等。

$\Sigma h_1=2.2+3.3+3.5+3.0+2.0=14.0$

$\Sigma h_2=1.6+2.7+2.4+1.8=8.5$

$\Sigma h_3=2.8$

$\Sigma h_4=2.5$

$$V=\frac{5\times5}{4}(14.0+2\times8.5+3\times2.8+4\times2.5)$$
$$=308.75\text{m}^3$$

$$场地平整高程\ H=\frac{308.75}{5\times5\times5}=2.74\text{m}$$

2.2　1.6　2.7　3.3
1.8　2.5　2.8　3.5
2.0　2.4　3.0
5　5
（单位：m）

图 4.27　长方形划分计算

三角形划分的计算方法（划分范围越小，数据越精确）

划分场地时，如划分成图 4.28 所示的三角形，按照以下公式计算：

$$V=\frac{A}{3}(\Sigma h_1+2\Sigma h_2+3\Sigma h_3+5\Sigma h_5+6\Sigma h_6) \tag{4.6}$$

Σh，A 与长方形的想法一致。

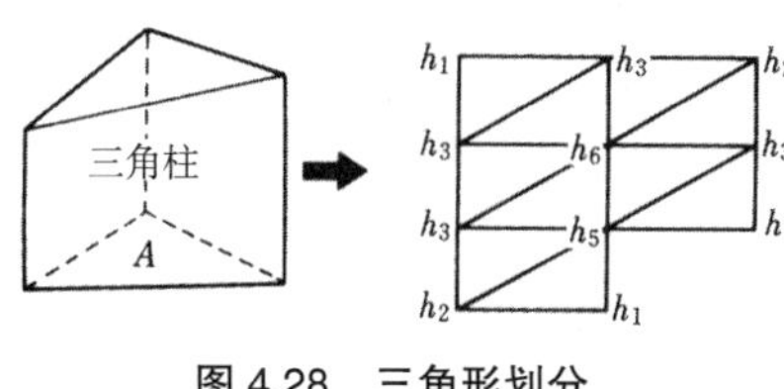

图 4.28　三角形划分

12 把高山和大坝切成薄片

利用等高线法计算体积

使用求积仪测出等高线区域内的面积后，以等高线间隔为距离，采用平均断面法求出体积。

求图 4.29（a）中的地面 A' A' 以上部分的体积。

①根据图（b）中的等高线，使用求积仪测量 A_1、A_2、A_3、A_4、A_5 的面积。

②采用平均断面法（公式 4.3，p.118），求出体积。

$$V_1 = \frac{A_1 + A_2}{2} \cdot h$$

$$V_2 = \frac{A_2 + A_3}{2} \cdot h$$

$$V_3 = \frac{A_3 + A_4}{2} \cdot h$$

$$V_4 = \frac{A_4 + A_5}{2} \cdot h$$

$$\left(V_5 = \frac{A_5}{3} \cdot h'\right)$$

V_5 有时可以忽略不计。

所求体积 $V=V_1+V_2+V_3+V_4+V_5$

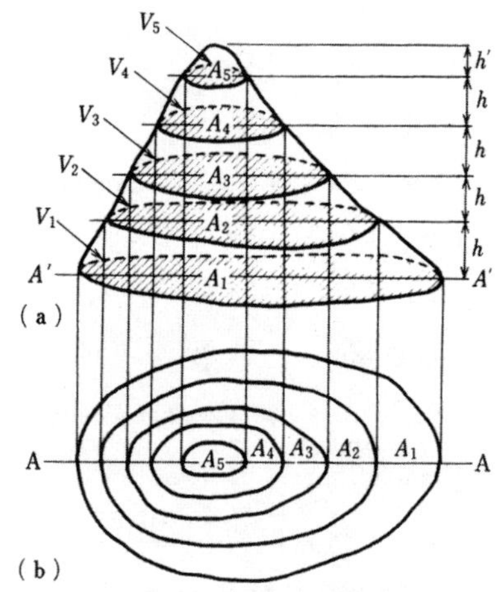

图 4.29　等高线与面积

水库储水量计算　水库的储水量计算与土石方工程量计算方法相同。

因为：

$$V_2=\frac{A_2+A_3}{2}\cdot h$$

$$V_1=\frac{A_1+A_2}{2}\cdot h$$

所以，

$$V=V_1+V_2$$

$$V=\frac{h}{2}\cdot(A_1+2A_2+A_3)$$

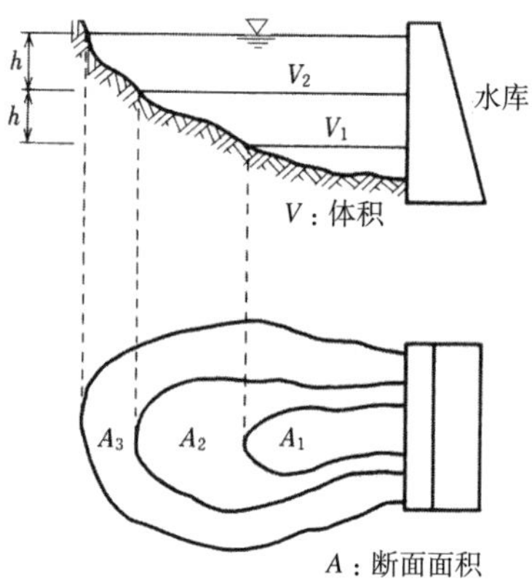

图 4.30　水库的储水量

利用等高线法求体积的计算例

〔**例 4.3**〕在**图 4.31** 中，等高线间隔 h=20m（h'=12m），各等高线内的断面面积经求积仪测出，分别为 $A_1=5490\text{m}^2$，$A_2=4250\text{m}^2$，$A_3=2020\text{m}^2$，$A_4=820\text{m}^2$，$A_5=320\text{m}^2$。用平均断面法求这座山的体积。

〔**解**〕根据 p.118 的公式 4.3：

$$V_1=\frac{A_1+A_2}{2}\cdot h$$

得出：

$$V_1=\frac{5490+4250}{2}\times 20=97400$$

$$V_2=\frac{4250+2020}{2}\times 20=62700$$

$$V_3=\frac{2020+820}{2}\times 20=28400$$

$$V_4=\frac{820+320}{2}\times 20=11400$$

$$V_5=\frac{320}{2}\times 12=1920$$

体积 V=201820m³

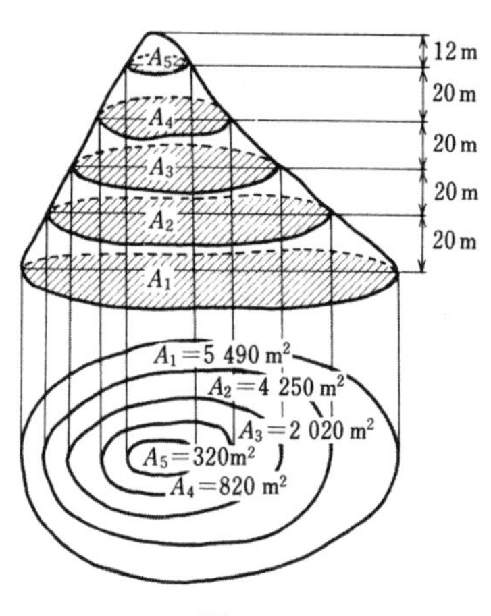

图 4.31

第 4 章小结

【水准测量的误差】

（1）误差原因

①仪器误差……仪器的校正、水准尺刻度的模糊等引起的误差。

②自然影响……仪器下沉、风、曲率、折光等引起的误差。

③观测误差……读数、水准尺的倾斜等引起的观测误差。

尽可能减少误差，消灭失误，提高测量精度。

（2）两差

两差 { 球差（曲率误差）……由地球曲率引起的误差。
气差（折光误差）……由大气折光引起的误差。

①球差

求高差 BE（h）

根据计算，求高差 BC（使用 α、L）

∴球差 CE=h−BC

$$=\frac{L^2}{2R}$$

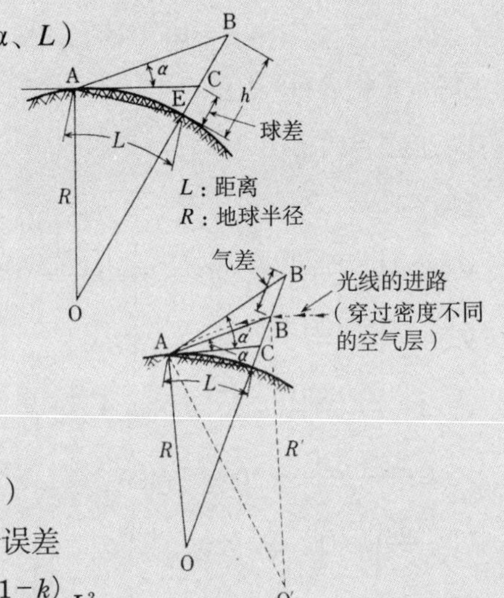

②气差

∠ BAC=α 实际高度角

∠ B′ AC=α' 测定高度角

B′ B 即为气差。B′ B=$-\frac{kL^2}{2R}$

k: 光的折射系数（0.12 ~ 0.14）

③两差……气差与球差的综合误差

两差 =CE+B′ B= $\frac{L^2}{2R}-\frac{kL^2}{2R}=\frac{(1-k)}{2R}L^2$

第5章

地形测量、摄影测量

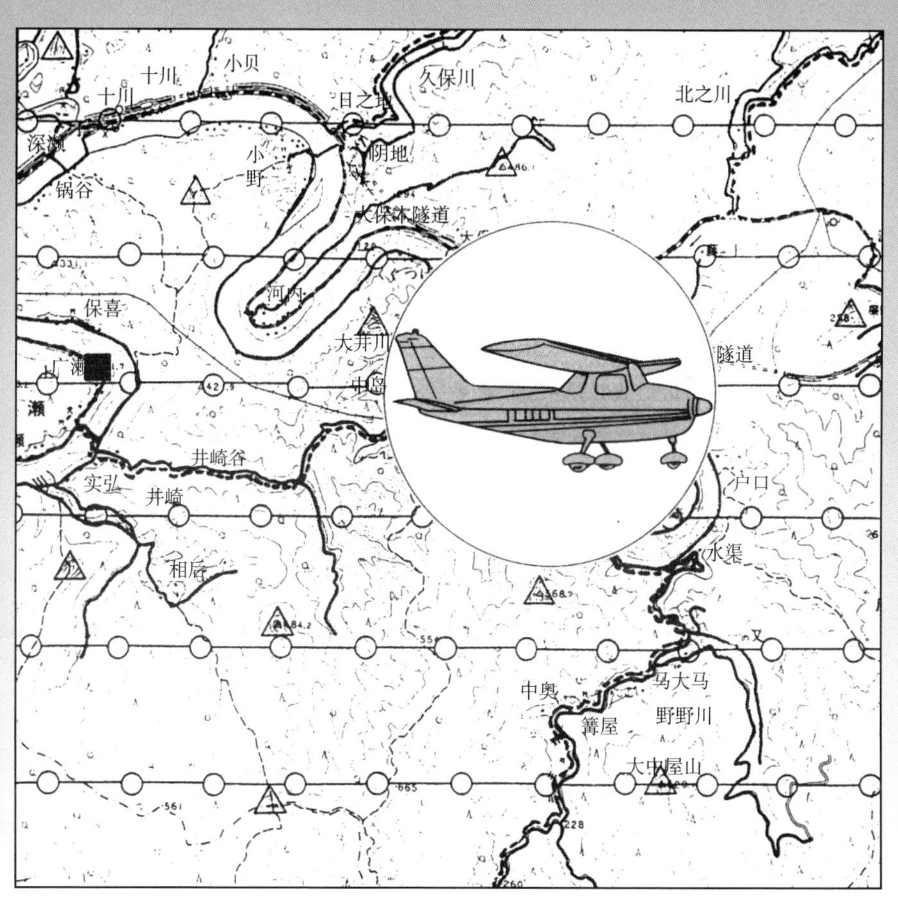

1

将凹凸变成平面

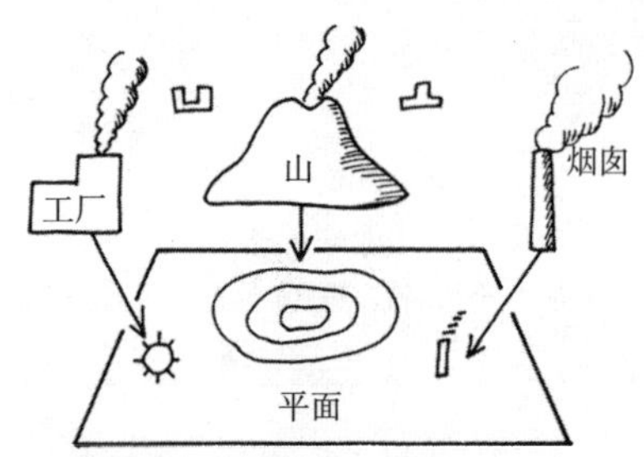

地形测量 地形测量是指按照不同目的对地形及地物进行测绘，并以一定的比例尺和图式绘制地形图的工作过程。

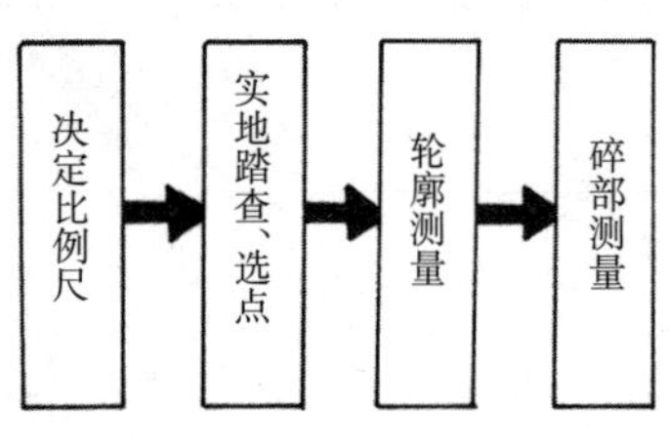

决定比例尺

比例尺是指将实际的长度缩小多少后画在地图上。

比例尺的大小分为（现在最常见的区分）

$$\text{以上} \leftarrow \frac{1}{10000} > \frac{1}{10000} \sim \frac{1}{100000} > \frac{1}{100000} \rightarrow \text{以上}$$

大比例尺 ←表示地物较大；中比例尺；小比例尺 表示范围较广→

（例）50m 泳池→用 1/5000 绘制是 1cm，用 1/50000 绘制是 1mm。

选用能够充分表现必要内容的比例尺

踏查、选点

参考相关区域的地图以及航空照片，对测量区域进行实际调查，决定测量基准点。

选点方法很大程度上影响测量工作的效率、经费以及精度。

↓

需要丰富的知识、经验、适当的判断

轮廓测量

地形测量是决定必要轮廓的测量。

水平控制点测量（图根点测量）利用已知点增设新点。

（a）图根点

①机械图根点……利用三角、导线测量增设新点。

②图解图根点……利用机械图根点，用平板仪增设新点。

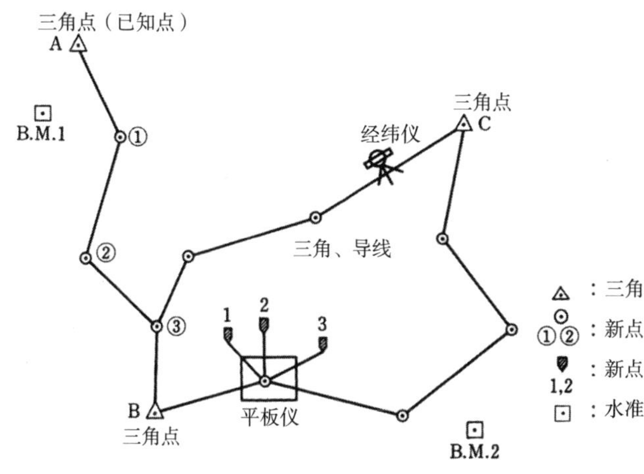

图 5.1　机械图根点与图解图根点

5-1 地形测量的顺序

高程测量

根据已知的水准点（B.M.）精确计算各图根点高程的测量。

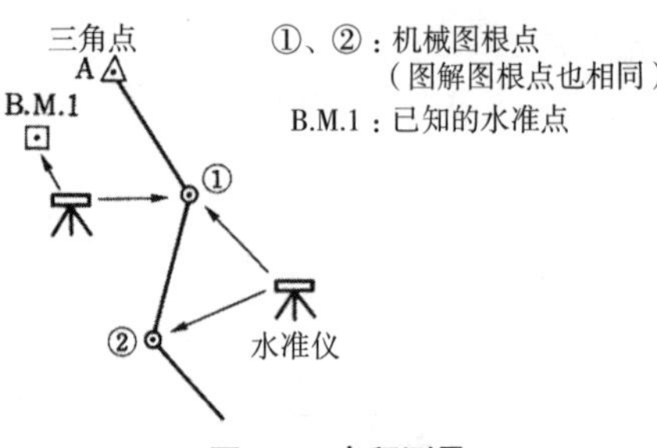

图 5.2　高程测量

碎部测量　以轮廓测量确定的各测线的位置和高程为基准，测定地物、地形，并用一定的比例尺和图示表示的测量。

地物的测量

将人工交通设施、建筑物、自然河流、植被等的位置表示在地图上。

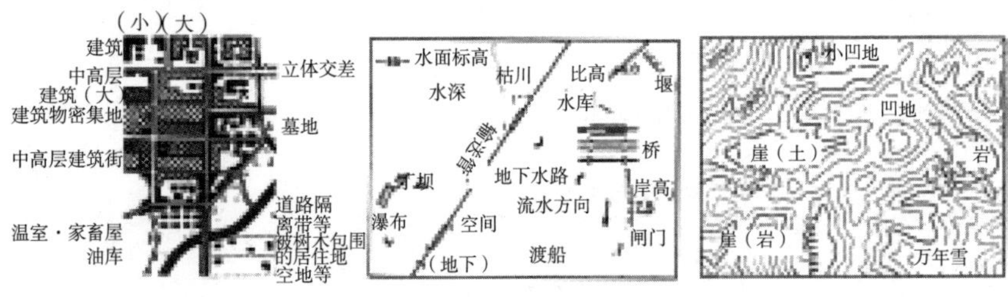

图 5.3　地物的表现

地形的测量（地貌测量）

测量地表面的高低起伏的状态，并表现成图纸。

【等高线方法】

等高线是为了表现高地、丘陵、山脉及山谷的形状，将到达同一高度的地方连接形成的线。

为了精确有效地绘制等高线，要以地性线为基准。

地性线

构成地表形状的骨架线，有以下几种类型：

① 凸线（山脊线）……高耸部分相连而成的线。

② 凹线（山谷线）……低处凹陷部分相连而成的线。

③ 最大倾斜线……倾斜度最大的方向线。

④ 倾斜变换线……倾斜度不同的两面相交形成的线。

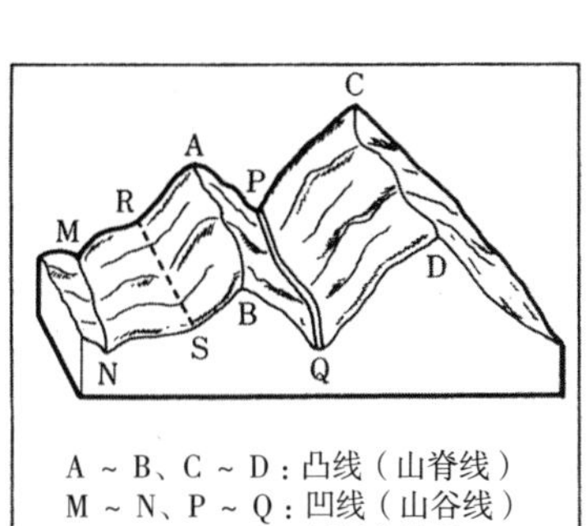

图 5.4　表示地性线的模型

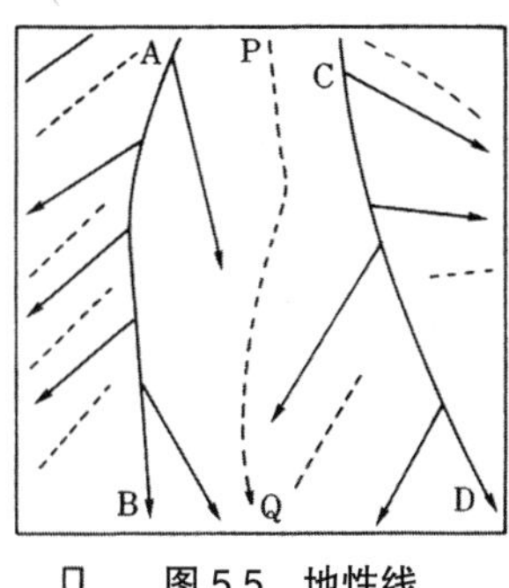

图 5.5　地性线

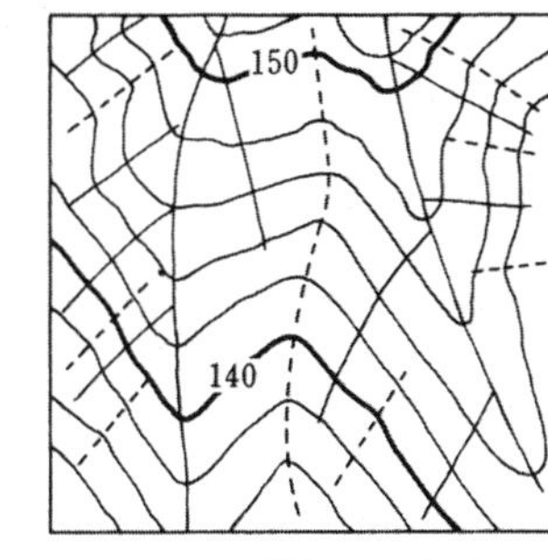

图 5.6　等高线的记入

重要 Point　地形测量的重点

① 确定合适的比例尺

② 控制骨架（基准点）

③ 把握地物的重要点

④ 以地性线为基准

2 等高线很简单

等　高　线 (Contour Line)　相同高度点相连而成的闭合曲线叫等高线，表示土地的高低、起伏（山和山谷的形状等）。

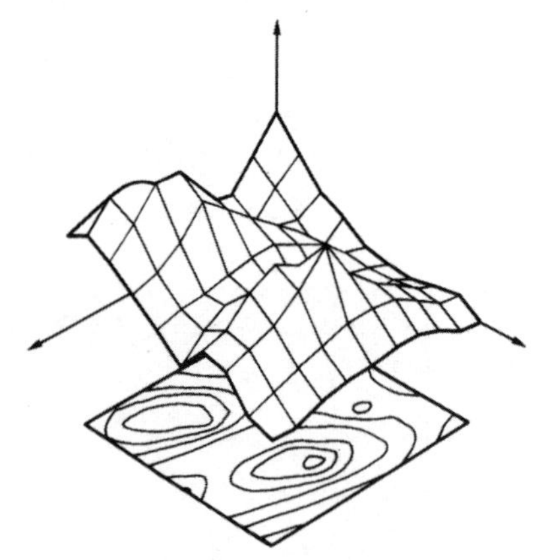

图 5.7　鸟瞰图（上）和等高线（下）

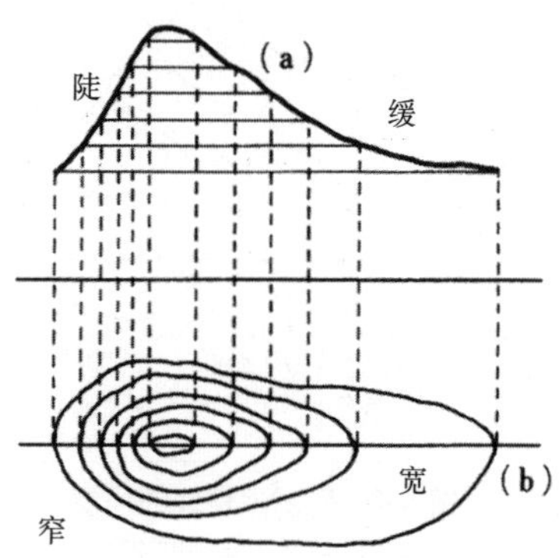

（a）将地形以一定的间隔切分
（b）等高线（投影到基准面上的线）

图 5.8　等高线

等高线的间隔　如图 5.8 所示，间隔越窄，坡度越陡，间隔越宽，坡度越缓，因此，有必要根据比例尺设定容易判读的间隔。

【等高线间隔的最小限度】

$0.4\times\frac{S}{1000}$〔m〕　S：比例尺的分母

等高线的种类

如表 5.1 所示，根据国土地理院发行的地图，等高线分为以下类型。以首曲线为主体，每五条绘制一条计曲线，并根据倾斜程度辅助添置间曲线和助曲线。

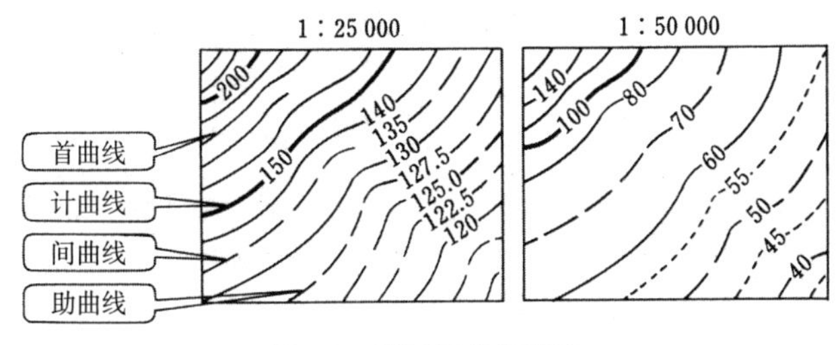

图 5.9　地形图的等高线

等高线的种类和间隔　　表 5.1

	计曲线（m）	首曲线（m）	辅助曲线	
			助曲线（m）	间曲线（m）
1/50 000	100	20	10	5
1/25 000	50	10	5	2.5
1/10 000	25	5	2.5	1.25

等高线的性质

① 同一等高线上所有点的高程都相等。

② 等高线间隔窄，坡度陡，间隔宽，坡度缓，坡度一致时，间隔也相等。

③ 一条等高线在地图内部或外部一定是闭合的，但碰上悬崖、洞穴时，有时会出现相交或重合。

④ 等高线在地图内部闭合时，其内部为山顶或凹地，为了便于区分，在凹地上，在指向低地的方向画上箭头。

⑤ 等高线与凸线、凹线、最大倾斜线垂直相交。

⑥ 等高线与等高线之间是连续的平面。

3

一样高的人排一列

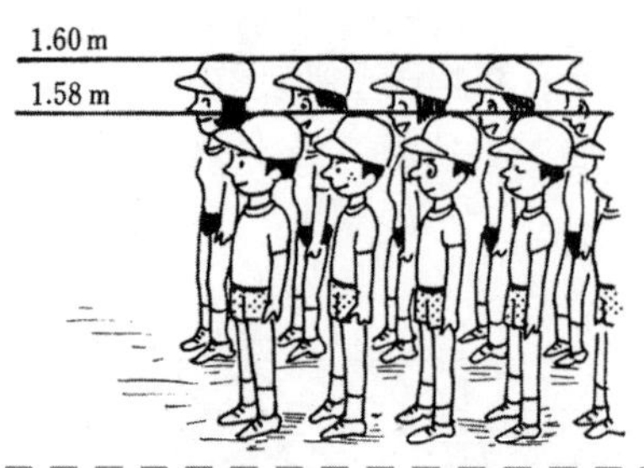

等高线的测定 等高线的测定首先是要测定主要的地性线，需要测定山顶、山脊线、鞍部、山谷等各要点。

直接法 主要用于大比例尺的地形测量，适合视野开阔的缓坡地带。

使用平板仪的直接法（2m 等高线记录例（图 5.10））按以下顺序操作：

①将平板仪放置在任意点 A，求 A 的标高。

H=41.5m

②求平板的仪器高程 $H+i$。

41.5+1.1=42.6

③由于等高线是 2m 的间隔，在这个位置考虑 40m 和 42m 的等高线。

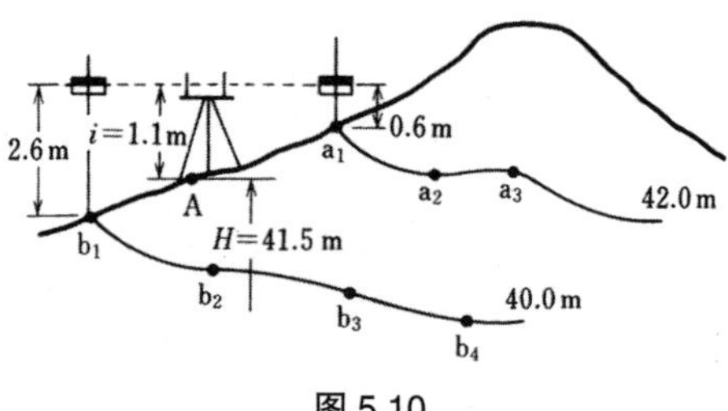

图 5.10

④ 42m 等高线为 42.6–42.0=0.6m，在 0.6m 的位置放上目标板，在此位置上依次进行平板仪测量（a_1、a_2、a_3……）

⑤ 40m 等高线为 42.6–40.0=2.6m，在 2.6m 的位置放上目标板，在此位置上依次进行平板仪测量（b_1、b_2、b_3……）

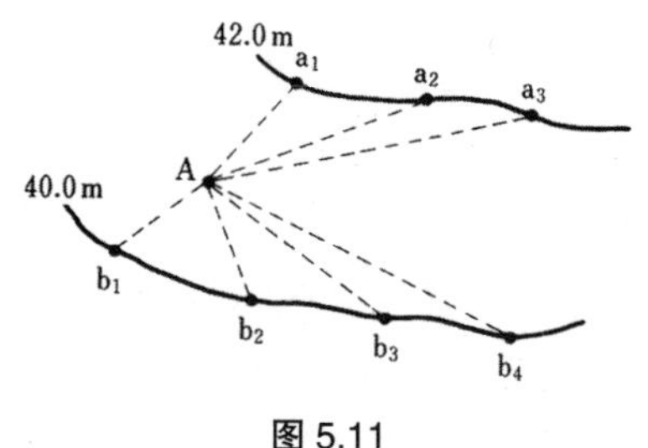

图 5.11

图 5.11 是从 A 点用平板仪绘制的 40m，42m 的等高线。

间接法　主要用于比例尺较小，直接法较难使用时。

间接法是根据坐标，利用横断面测量结果的方法。主要是利用地性线上的坐标，以下说明利用坐标的方法。

① 如**图 5.12**（a）坐标点法所示，将需要测量的区域用正方形或长方形划分，并用水准仪测量各相交点的高程（方格法）。**图 5.12**（b）是将测量区域用长方形划分后，用水准仪测定的记录。

② 等高线的绘制方法（1m 间隔，**图 5.12**（b））：用大致的比例决定通过各边之间的等高线。

（注）考虑等高线的性质，确认互相的位置进行绘制。

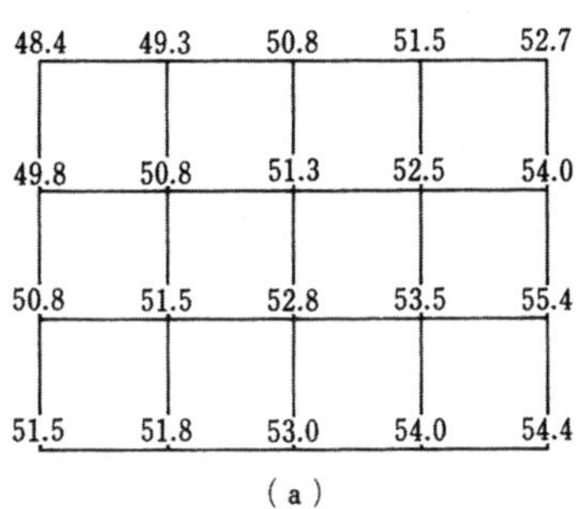

（a）

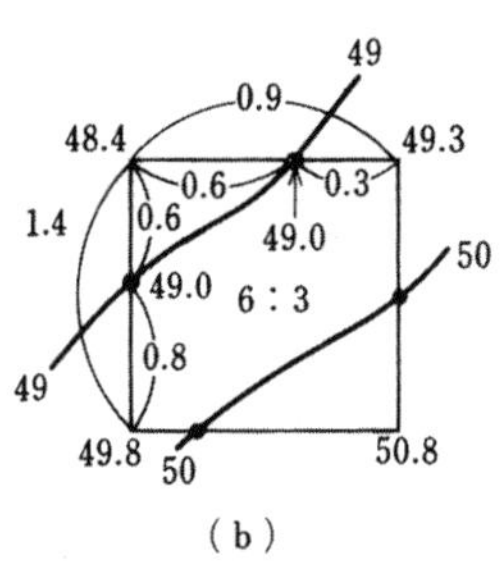

（b）

图 5.12

图 5.13 是在**图 5.12** 测定结果的基础上，绘制的 1m 间隔的等高线。

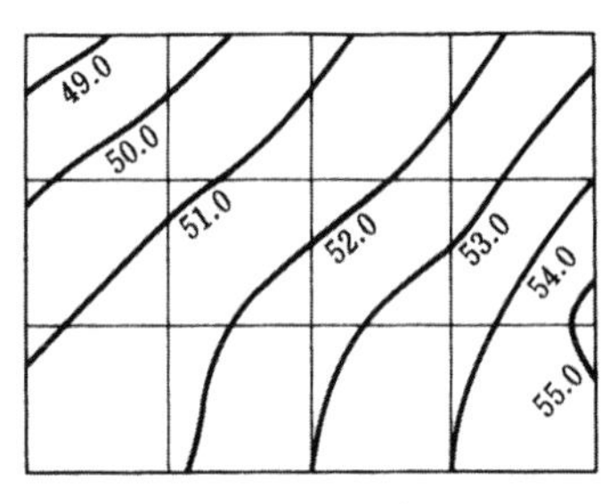

图 5.13

4

求积仪的出动

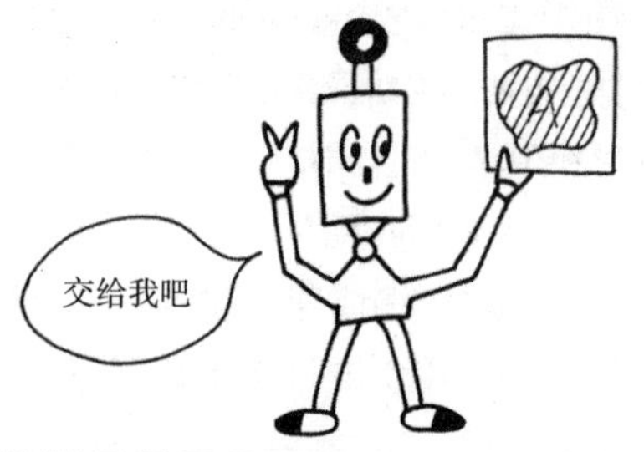

剖面图的绘制

剖面图的绘制按照以下顺序进行（图 5.14）：

① 如图 5.14（a）所示，在任意剖面画一条 A–A 线，与等高线的交点用 1、2、3……表示。

② 如图 5.14（b）所示，画一条与 A–A 线平行的基准线 A′–A′，在纵轴上标出交点 1、2、3……的刻度，画上横线（标高线）。

③ 自交点 1、2、3…… 在图（a）上向下画垂直线，求得与图（b）同样标高的交点，标记为 1′、2′、3′……

④ 将 1′、2′、3′……用流畅的曲线连接。

在图（b）中，为了更容易辨别坡度的变化，纵轴的比例尺经常会比横轴的大。

B–B 剖面图也如此绘制。

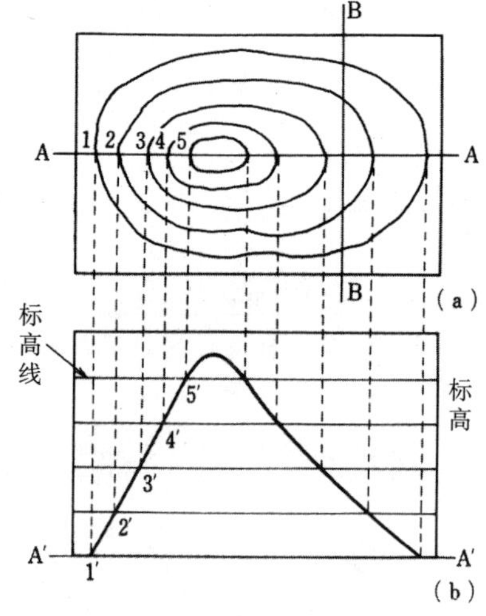

图 5.14 垂直剖面图的绘制方法

等坡线的求法

等坡线是指地表上有一定坡度的线，常被用于铁路、道路等的路线选择。

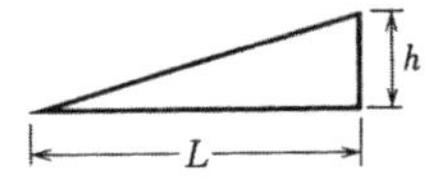

如果坡度用 $i\%$ 表示

$$\frac{h}{L}=\frac{i}{100} \qquad \therefore\ L=\frac{100h}{i}$$

式中，h：等高线间隔

L：水平距离

i：坡度

坡度为 i（%），比例尺为 $1/m$，高差为 h 的两点的图上距离为：

$$l=L\frac{1}{m}=\frac{100h}{i\cdot m} \qquad (5.1)$$

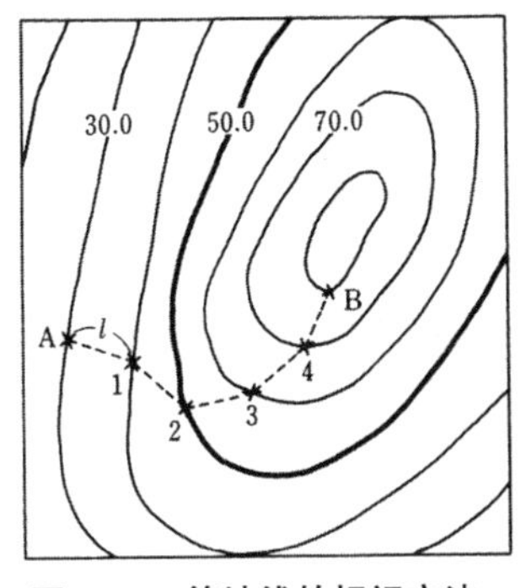

图 5.15　等坡线的标记方法

等坡线的标记方法（图 5.15）

①公式（5.1）求得的 l 作为圆规脚距。

②从起始点 A 开始，依次从上一条等高线相交画出 A–1、1–2、2–3……

③将 A–1、1–2、2–3……–B 连接起来即为等坡线。

图 5.16 是利用等高线进行道路改良的实例。

利用等高线进行面积、体积计算的示例请参照第 4 章“11 方格法”（p.120）。

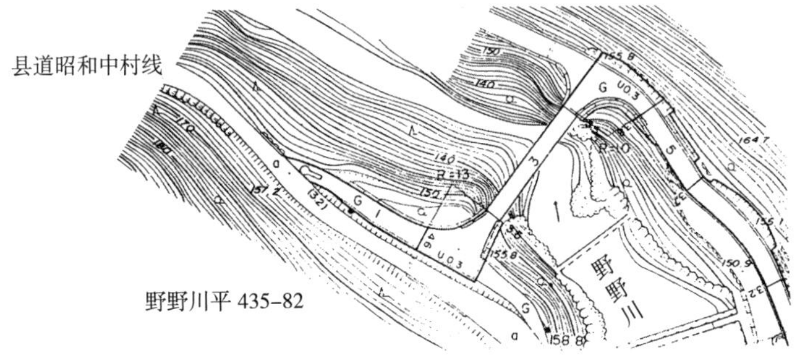

图 5.16　利用等高线改良道路实例

5

谁都能看懂的统一图式

地 图 地图分为直接测量而得的地形图和间接即通过编辑而成的编辑图。

地图的种类有国土基本图、国土调查地图、公共测量地图、数据地图、编辑图等。

国土基本图 作为所有测量的基础，由国土交通部国土地理院通过基本地形测量而得。

代表性的地图种类和大小如**表 5.2** 所示。

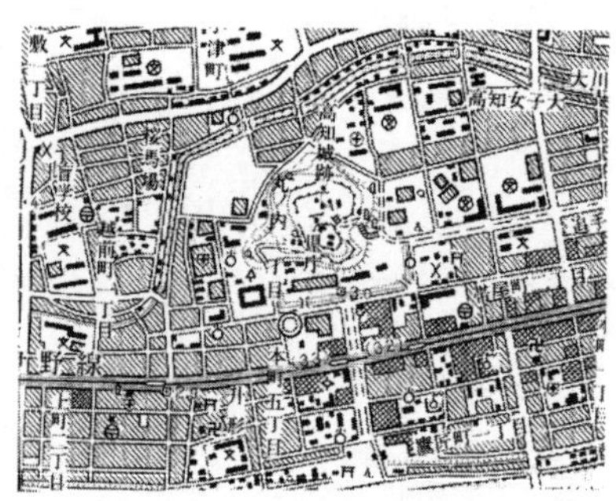

图 5.17 1/25000 地形图
（出处：国土地理院）

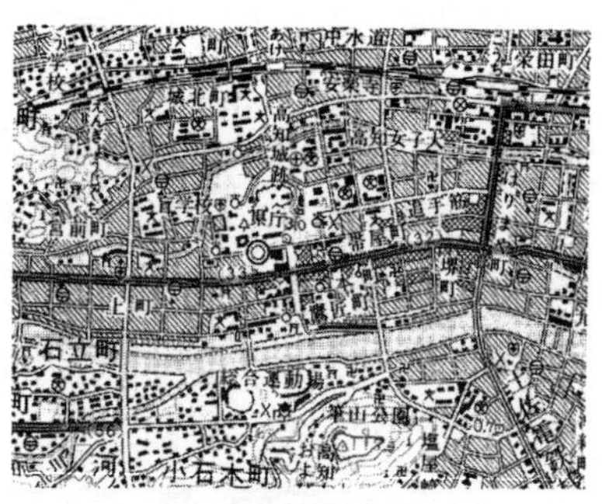

图 5.18 1/50000 地形图
（出处：国土地理院）

地图的种类和大小 表 5.2

种类	名称	比例尺	种类	名称	比例尺
地形图	国土基本图	1/2500	编辑图	地势图	1/200000
		1/5000		省图	1/200000
		1/10000		地方图	1/500000
		1/25000		日本全图	1/2 000000
		1/50000			

图式　绘制地图时，表示地物的形状、大小、线条粗细等的符号。**表 5.3** 是国土基本图的 1/25000 地形图的主要地图图式的摘要。

地物的表示符号（出处：国土地理院）　**表 5.3**

图例	名称	图例	名称
	四车道以上道路		双车道道路
	单车道道路		非机动车道
	人行道		宽 25m 以上道路
	街道		收费道路，收费站
	隔离带等		国道等
	庭园路		施工道路
	JR 线路（双轨以上）		JR 线（单线）
	JR 线路以外（双轨以上）		JR 线以外（单线）
	地铁及地下铁路		轻轨
	特殊铁路		索道等
	车站（JR 线）		车站（JR 线以外）
	车站（地铁及地下铁路）		侧线
	施工中或终止运行的铁路（JR 线）		施工中或者终止运行的铁路（JR 线以外）
	路桥		铁路桥
	隧道（道路）		隧道（铁道）
	渡船（渡轮）		渡船（其他客轮）
	独立建筑物（小）		独立建筑物（大）
	中高层建筑物		类似建筑物的构筑物
	总括建筑物（小）		总括建筑物（大）
	中高层建筑物街		树木环绕的住宅区
	墓地		
	市政府		乡镇政府
	国家地方政府机关		法院
	税务局		森林管理局
	气象台		消防局
	保健中心		警察局
	派出所		邮局
	中小学校		高中
大	大学		专科学校
	高等专科学校		医院
	神社		寺院
	博物馆		图书馆
	风车		养老院

舒适愉快的空中之旅

摄影测量 摄影测量是指在照片上进行测量，并进行地形图的绘制以及地形的判读、测定、调查等作业。

（a）航空照片

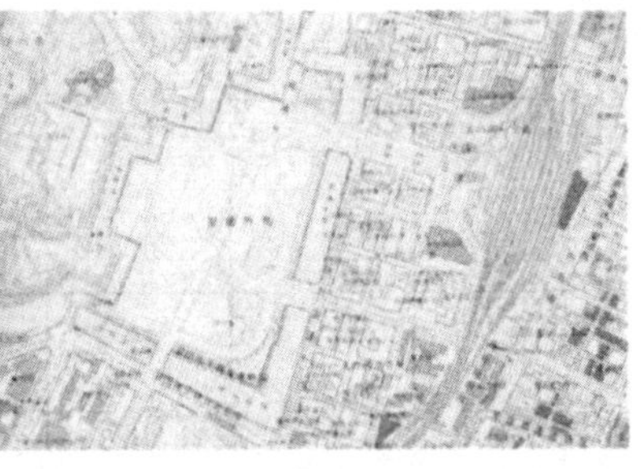

（b）航空照片图

图 5.19 航空照片（出处：国土地理院）

摄影测量的种类

■ **航空摄影测量**

使用从空中拍摄的照片进行的测量。

① **垂直摄影测量**：垂直是指相机光轴倾斜在 5° 以内拍摄的照片，倾斜 0° 的称为垂直照片。

② **倾斜摄影测量**：使用倾斜相机光轴拍摄而得的照片。

■ **地上摄影测量** 使用地上拍摄的照片进行的测量。

照片的拍摄 航空照片是从空中拍摄的，相邻两照片之间重叠 60% 对目标摄影区域进行拍摄。摄影时，飞机需保持一定的高度、速度，特别要注意拍摄时的倾斜。

航空摄影测量的顺序

长期以来以手工作业进行的地图编集以及制图工作开始借助电脑支持的系统进行图像处理、地图自动编辑，从而获得更高的精度和更高的效率。

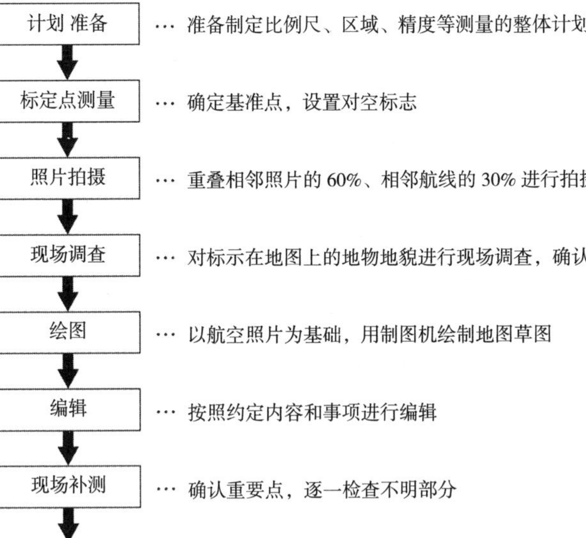

用于摄影测量的主要器材

①摄影用
- 飞机，相机（广角镜头、普通镜头）
- 高度差记录仪（测定摄影时的高度差）
- 对空标志

②绘图用
- 偏位修正机（照片冲印机）
- 制图机（实体测量是摄影测量中最重要的作业，需要精密的实体制图机）

7 航空旅行前请办理登机手续

特殊 3 点 在摄影测量中，照片上的特殊 3 点（像主点、像底点、等角点）是测定的重要因素（**图 5.20**）

① 像主点……被拍摄照片的中心点（m）。

② 像底点……通过镜头中心的铅垂线与像面的交点（n）。

③ 等角点……将主光轴与穿过物镜中心铅垂线的夹角二等分的线与像面的交点（j）。

对应 m、n、j 的地上的点为 M、N、J。

如果是垂直摄影，如**图 5.21** 所示，像底点 n、等角点 j 和像主点 m 一致。

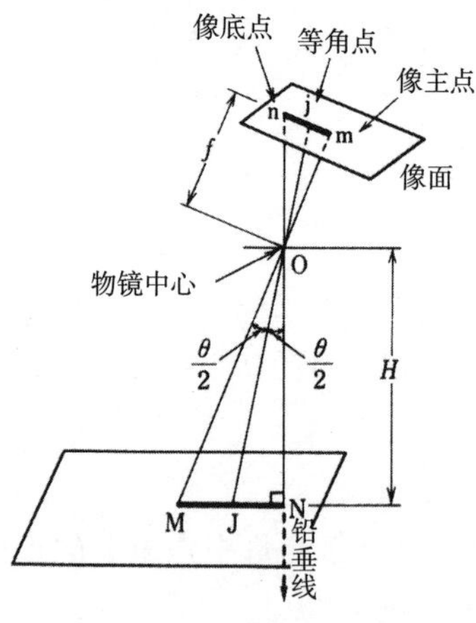

图 5.20 特殊 3 点

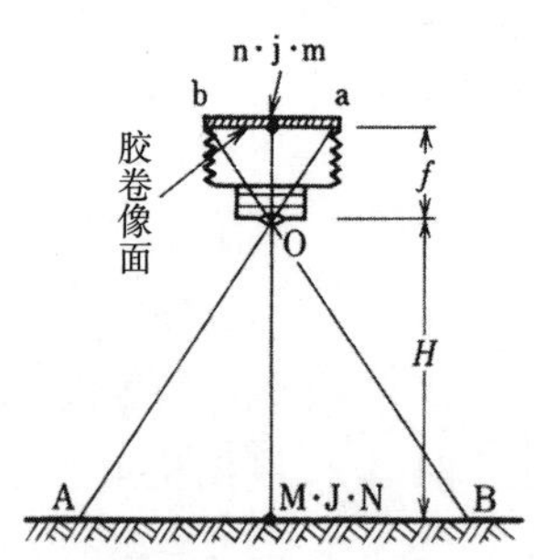

图 5.21 垂直摄影

照片的比例尺（垂直摄影）

照片的比例尺　在没有起伏的情况下，照片像面上哪里都是一样的。照片像面就是正确的地图（相似形）。

照片比例尺$M\left(=\frac{1}{m}\right)$

$$\left.\begin{aligned}&\frac{1}{m}=\frac{ab}{AB}=\frac{f}{H}\\&H=f\cdot m\end{aligned}\right\}\qquad(5.2)$$

H：摄影高度（m）

f：相机的摄影焦距（m）

H_0：距离基准面的高度（m）

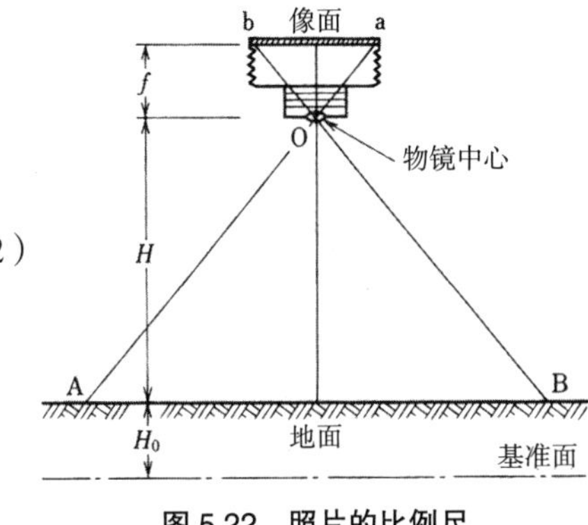

图 5.22　照片的比例尺

〔例 5.1〕关于比例尺的例题

从摄影高度 3000m 的飞机上，用焦距 f=150mm 的相机拍摄时，长 40m 的桥梁在照片上的长度是多少？

〔解〕由公式（5.2）得出

$$\frac{1}{m}=\frac{ab}{AB}=\frac{f}{H}=\frac{l}{L}$$

$$\therefore\quad l=L\frac{f}{H}=40\times\frac{0.15}{3000}$$

$$=0.002m$$

$$=2mm$$

此时，比例尺 M

$$M=\frac{f}{H}=\frac{0.15}{3000}=\frac{1}{20000}$$

地面有起伏时

地面高时（H 小）→比例尺大→地物被放大

地面低时（H 大）→比例尺小→地物被缩小

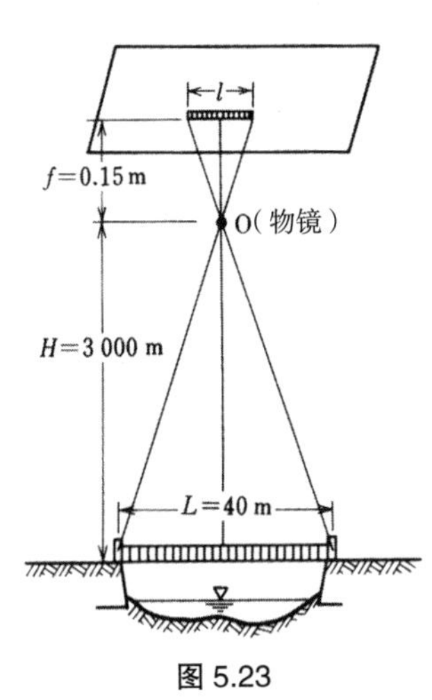

图 5.23

照片的偏移

由相机的倾斜导致的偏移

修正铅垂照片，消除偏移。

由土地高低差导致的偏移

变形到什么程度→计算变形量。

根据变形量推算地物的→高差。

烟囱 A 的正投影位置→ A′

烟囱 A′ 在照片上的位置→ a′

↓因为有高差

$$\left.\begin{array}{l} A \rightarrow a \\ A' \rightarrow a' \end{array}\right\}\text{变换为}$$

↓

$aa' = \Delta d$

由高差造成的变形。

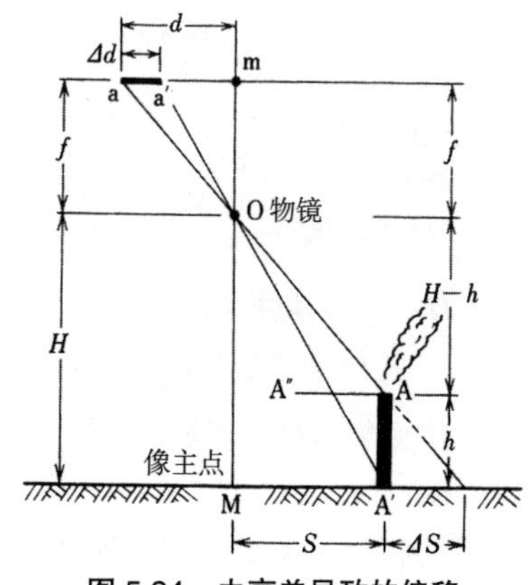

图 5.24 由高差导致的偏移

变形量 Δd 根据图 5.24 求出

$$\frac{\Delta d}{f}=\frac{AA''}{H-h}$$

$$\frac{d-\Delta d}{f}=\frac{AA''}{h} \Rightarrow \Delta d=\frac{h\cdot d}{H} \tag{5.3}$$

〔例 5.2〕如图 5.24 所示，f=15cm，M=1/10000 拍摄的照片，从主点 m 到烟囱的顶端为 8cm，当烟囱的偏移为 4mm 时，求烟囱的高度及从现地基像主点 M 到烟囱的距离。

〔解〕根据公式 5.2 得出摄影高度为

$$H=\frac{f}{M}=0.15\times10000=1500\text{m}$$

式中，d=8cm，Δd=0.4cm，H=1500m，代入公式 5.3，烟囱的高度为

$$h=\frac{\Delta d}{d}H=\frac{0.4}{8}\times1500=75\text{m}$$

此外，因为从像主点到烟囱的距离 S 是照片上距离 $d-\Delta d$ 的比例尺倍数，所以

$$S=(d-\Delta d)\cdot m=(8-0.4)\times10000=76000\text{cm}$$
$$=760\text{m}$$

视差差与高差

作为立体观察，应同时考虑摄影间隔为 B 的一对照片（图 5.25）

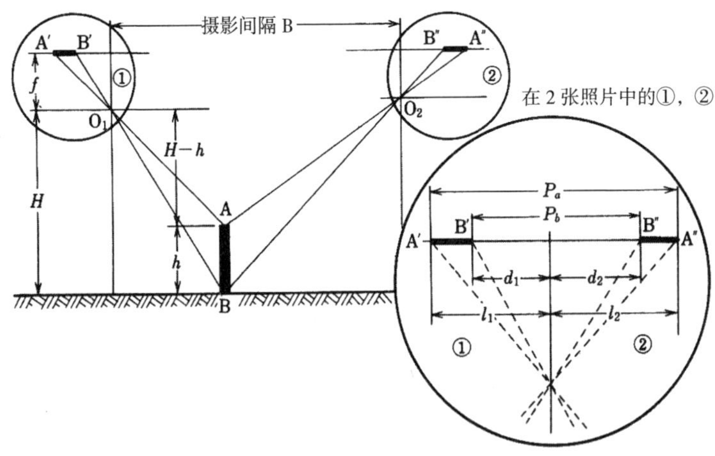

图 5.25　视差差与高差

视差（横视差） 由于相机位置而产生的照片像点的位置差异。在图 5.25 中就是（l_1+l_2）或者（d_1+d_2）。高度相同的地点的视差也相等。

视差差　视差（横视差）的差

视差差 $dP=(l_1+l_2)-(d_1+d_2)=P_a-P_b$　（5.4）

用高度表示：

$$dP=\frac{fB}{H-h}-\frac{fB}{H}=\frac{fB}{H}\left(\frac{h}{H-h}\right)$$

b 是照片上像主点的间隔，$b=\frac{B}{H}f$，所以

$$dP=b\left(\frac{h}{H-h}\right) \tag{5.5}$$

利用视差差求高差时，可由公式 5.5 得出：

$$h=\frac{HdP}{b+dP}$$

和 b 相比，dP 足够小时，可以忽略分母的 dP，表示为：

$$h=\frac{HdP}{b} \tag{5.6}$$

8

试着立体地看

照片的立体观察 立体观察是指使用两张相邻并具有足够重叠度的航空照片进行观察。

立体观察的方法有以下 2 种：

立体观察 { 通过反光立体镜进行立体观察 / 通过肉眼进行立体观察

反光立体镜观察方法（图 5.26）

①求重叠的两张照片的像主点 P_1、P_2。

②将 P_1、P_2 对应的点反射至 P_1' 、P_2' （P_1P_2'、P_2P_1' 称作像主点连线）。

③使两张照片的像主点连线固定于一条直线上。此时 P_1 P_1' 的间隔约为 25cm。

④在固定的照片上放上反光立体镜进行观察，观测到相应的像点融合为一体而获得立体感觉。如果图像还没有完全连为一体，需再微调照片的间距。

【反光立体镜与视差杆】

图 5.27（1）是反光立体镜，通过平面反射镜以及棱镜将视线折射，再通过物镜实现放大反射像的立体观察。

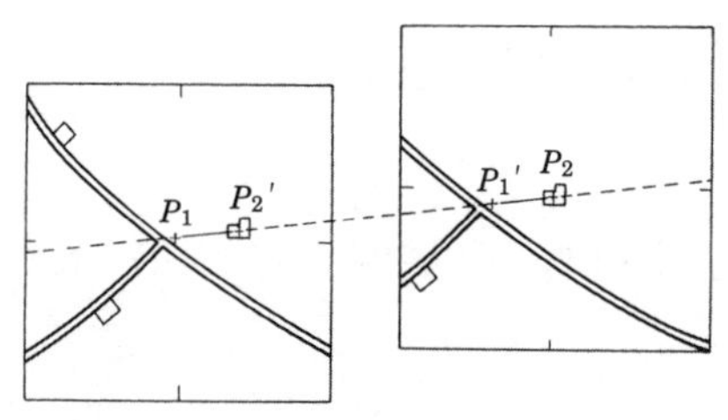

图 5.26

（1）反光立体镜

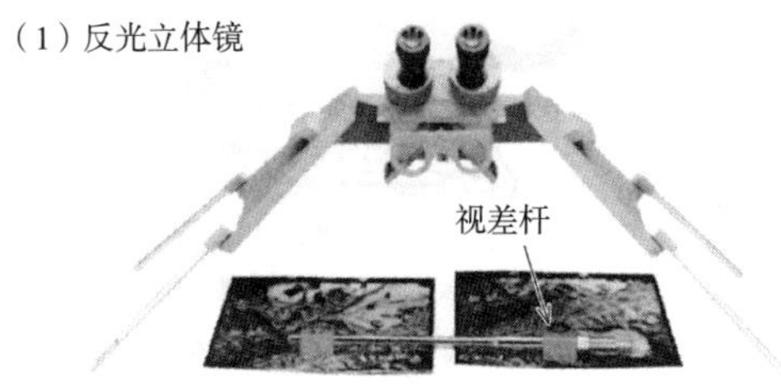

（2）照片的标定

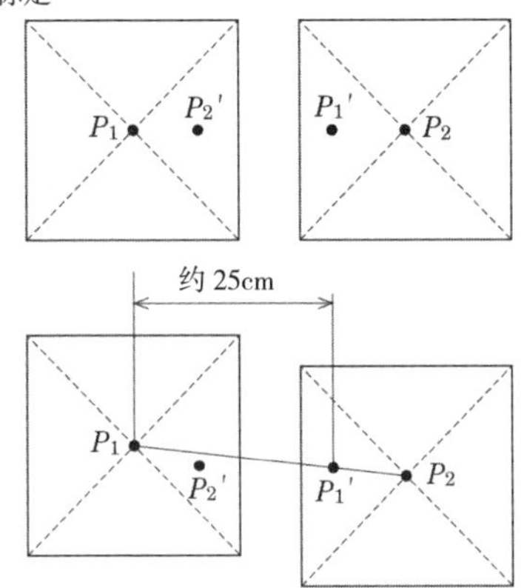

（3）立体观察原理

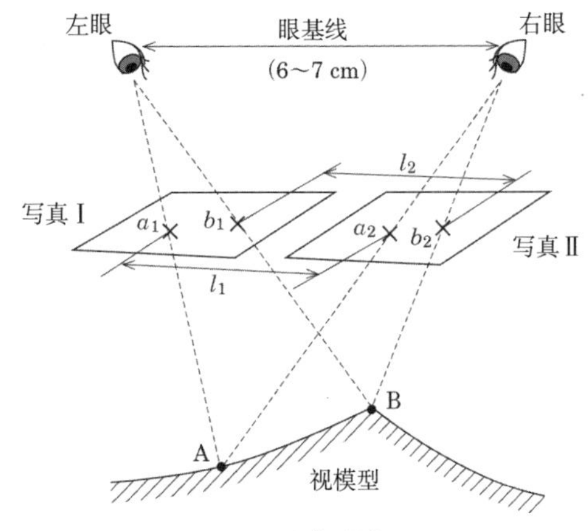

图 5.27　立体观察

A、B 两点间的 A 的视差 l_1 和 B 的视差 l_2 的差叫做视差差。两点的标高差（相对高差）与视差差成比例，视差杆可以用来求视差差。

9

航空照片的判读 航空照片的判读是指判定航空照片中所显示的各种要素的工作。

判读的好坏直接影响到航空照片的利用价值、绘制作业精度，是一项很重要的工作。

■ 判读的要素

(1) 摄影条件 摄影时间，天气，高度，相机的种类，使用的胶卷等。

(2) 三要素

①形态……在理解比例尺大小的基础上，通过大小和形状对照片上的平面形态进行判断。

②阴影……将太阳形成的阴影作为判读的线索。

③色调……将照片的黑白浓淡（色调）作为判读的要素。

以上被称作判读三要素，有必要充分理解。

(3) 通过立体观察看到的立体像

(4) 其他 当地的特色，地图，其他照片等。

■ 最新的照片图（利用电脑）

通过自动显示和标图系统（ADAPS），绘制简明易懂的彩色照片图。

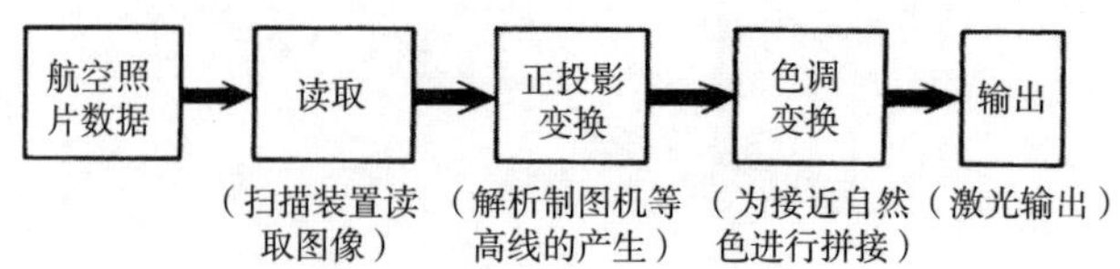

航空照片的利用

照片图的优点

①如实反映地物……谁都能简单地判读。

②信息量大……可以全方位利用。

利用方法

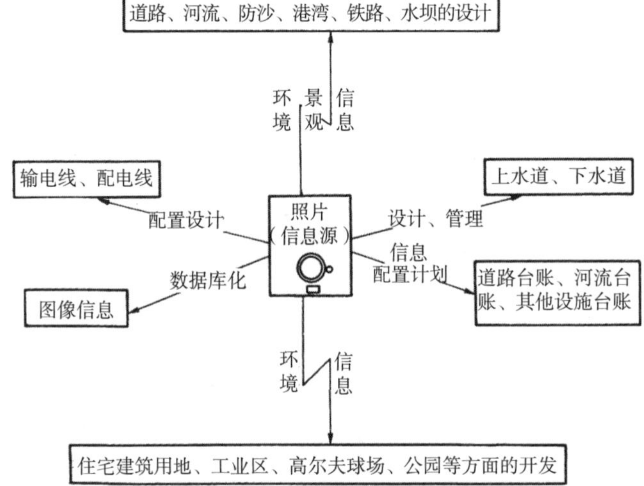

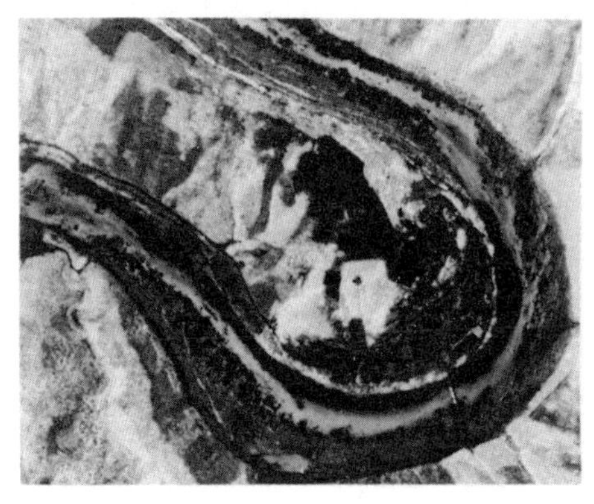

图 5.28　四万十川上游的航空照片

第 5 章小结

（1）地形测量概要

地形测量……为了绘制地形图而进行的测量

地形图……将平面区域分割的土地用一定的比例尺和符号描绘在图纸上的正射投影图。

地形图 { 大区域……摄影测量
小区域……平板仪测量 }

地形图表现了地面的高差，对工程的规划和设计起到重要作用。

（2）地形图绘制的概略

航空拍摄……从空中拍摄，相邻摄影区域重叠约 60%。

图化草图……立体观测航空照片，用制图机绘制草图。

现场调查……对标示在地图上的地物地貌进行现场调查，确认。

绘制原图……遵循约定事项进行编辑、标注，绘制成图。

印　　刷……印制成出版发行图。

（出处：国土地理院）

第6章

线 路 测 量

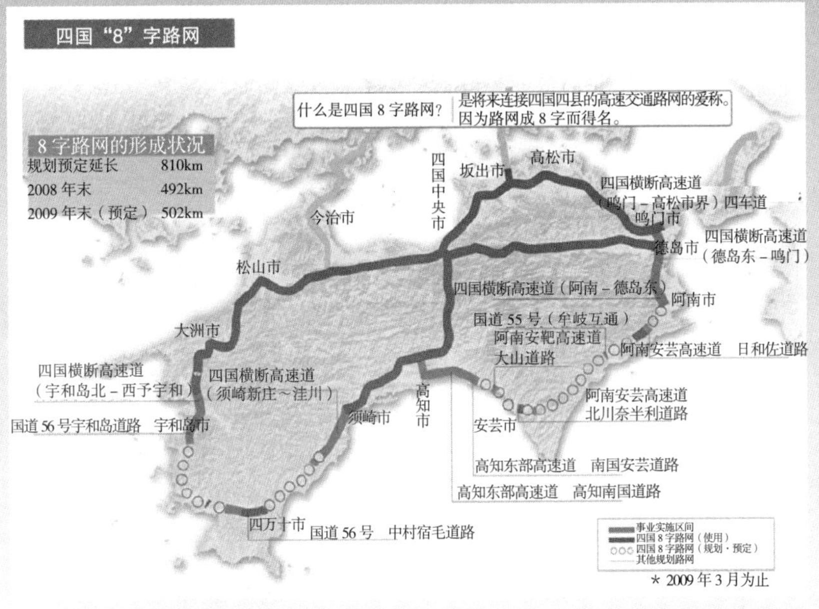

连接四国四个县的“8”字路网计划虽然离建成还远，但是在运输、产业、防灾、旅游等方面，当地对路网寄予厚望。

1

欲速则不达

等坡线 为了建造连接**图 6.1** 上 A、B 两点的道路，最经济的方法是利用等坡线求出道路的通过位置。**图 6.2** 是不利用等坡线，直接用直线连接两点的道路纵断面图。虽然是最短距离的道路，但因为不是平缓地形，土方工作量非常大。

图 6.1　用直线连接的道路位置

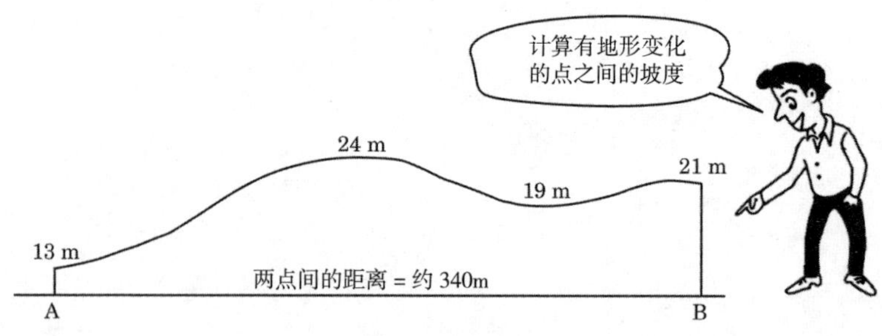

图 6.2　纵断面图

根据 p.135 中求等坡线的方法，以 5% 的坡度为基准从起始点至终点依次求出各交点，就能得到如**图 6.3** 所示的平缓地形。可设道路的起点为 BP，终点为 EP。

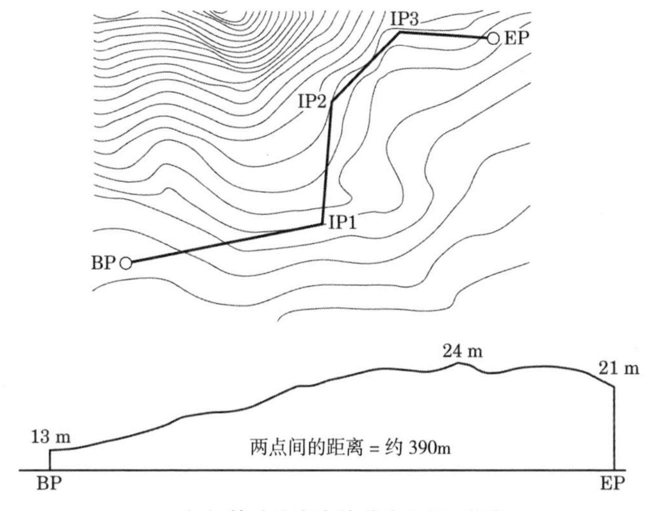

图 6.3　根据等坡线求出的道路位置和纵断面图

IP 点的图上设置

IP 点被称为交点，设置在道路方向发生变化的位置。在图上设置的 BP、IP、EP 被称为主要点，是决定道路的形状（线形）的重要测量点。在实际的 IP 点设置上，除了等坡线之外，还涉及**表 6.1** 所示的各项目，结合现场情况在图上设置道路的中心位置（纸上定线）。

探讨项目　　　　表 6.1

地表地质调查	其他调查
地质调查 土地利用调查	路网、各种指定区域的调查 历史、文物的调查
自然环境调查	
动植物调查 噪声、振动等造成的影响调查	

比较研究多种计划方案，决定道路位置！

6-1 道路的中心位置

测线的方向角与距离

连接主要点的测线方向角（主接线方向角）和距离，可以通过地形图计算主要点的坐标值。如图 6.5，图 6.6 所示，交角的值可以根据两测线的方向角的差求得。

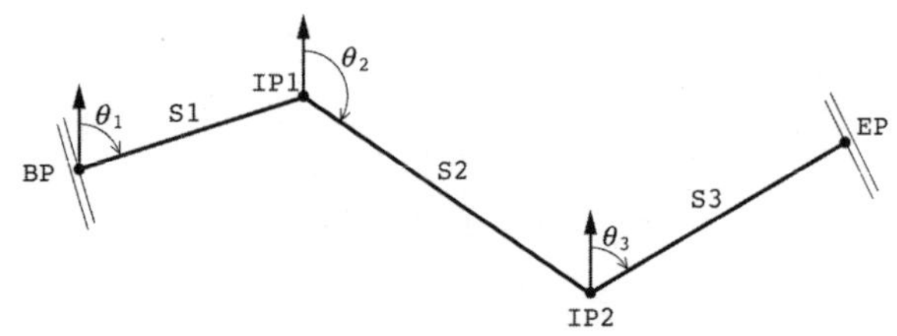

图 6.4　主接线方向角与距离

测线 IP1–IP2 向右方行进时

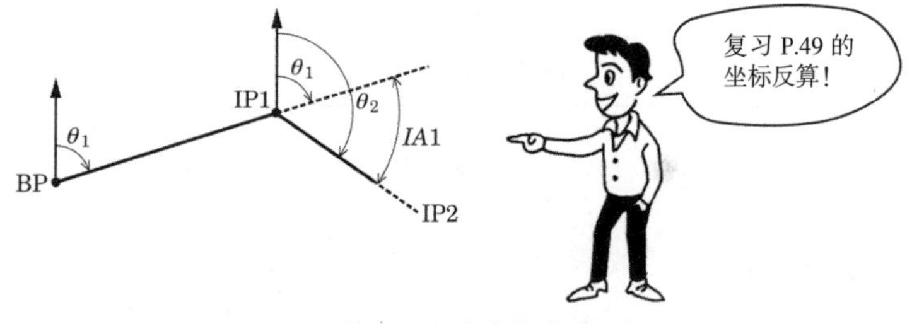

图 6.5　向右方行进时

$$IA1=\theta_2-\theta_1 \tag{6.1}$$

重要 Point　方位角与方向角

方位角

以通过原点的子午线为基准，从指北方向线开始按顺时针转至测线的角度。

方向角

在测点上，从某条作为基准的线开始按顺时针转至测线的角度。

测线 IP2–EP 向左方行进时

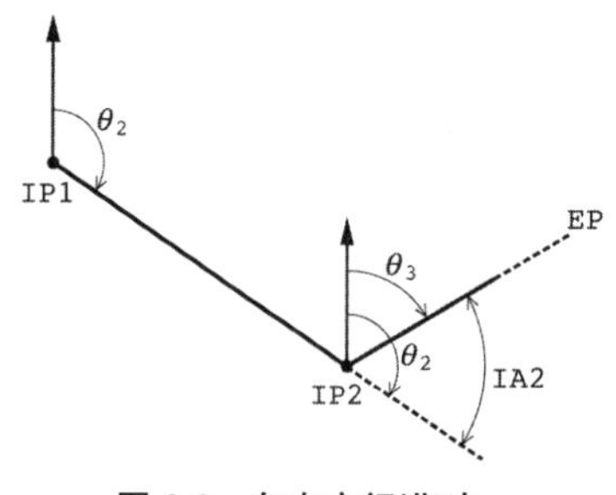

图 6.6　向左方行进时

θ_1：测线 BP–IP1 的方向角
θ_2：测线 IP1–IP2 的方向角
θ_3：测线 IP2–EP 的方向角

$IA1$：IP1 点的交角
$IA2$：IP2 点的交角

x_1，y_1：BP 的坐标
x_2，y_2：IP1 的坐标
x_3，y_3：IP2 的坐标
x_4，y_4：EP 的坐标

$$IA2=\theta_2-\theta_3 \tag{6.2}$$

根据主要点的坐标求方向角、交角以及距离的结果如**表 6.2** 所示。道路位置的路线计算是以这些值为基础的，因为如果四舍五入的话，多少都会产生误差，所以应尽量多保留值的位数，最好使用函数计算器的记忆功能或表计算软件。

计算结果　　　　**表 6.2**

主要点	X	Y	距离	方向角	交角	
BP	0.000	0.000	–	–	–	–
			65.540	72° 45′ 31″		
IP1	19.426	62.595			$IA1$	50° 49′ 36″
			95.347	123° 35′ 7″		
IP2	−33.318	142.025			$IA2$	63° 53′ 43″
			82.550	59° 41′ 24″		
EP	8.343	213.291	–	–	–	–

在使用表软件时，用弧度单位处理角度会很方便！

2 游乐园里有很多种曲线

平面曲线的种类

为保证行车安全与顺畅，会在 IP 点上设置曲线。在曲线中有如图 6.7 所示的 BC 到 EC 和 KE1 到 KE2 间的圆曲线以及 KA 到 KE 间的缓和曲线。缓和曲线与汽车在按一定速度和方向盘角度行驶时描绘的曲线形状相同，能够流畅地连接直线和圆曲线。

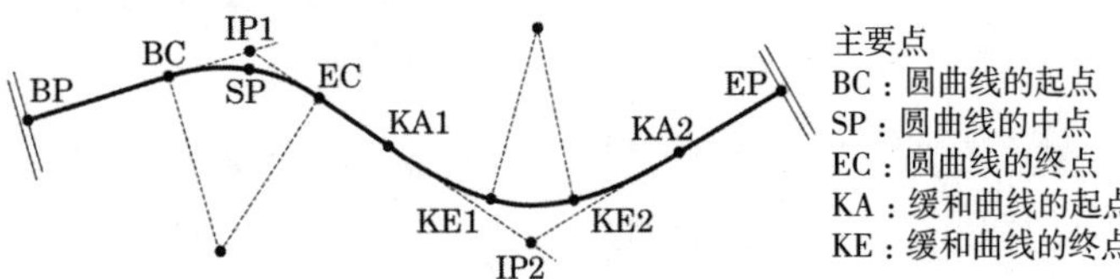

图 6.7　圆曲线和缓和曲线

圆曲线和缓和曲线根据不同的组合方式被分成几类，以下是一例。

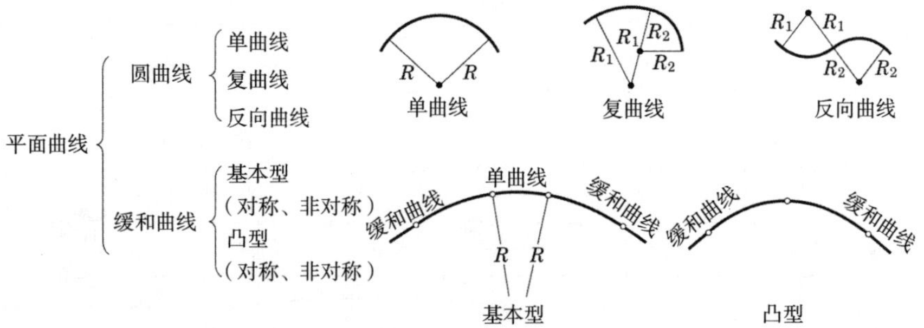

竖曲线　在道路行进方向坡度发生变化的点上设置和平面曲线相同的曲线。**图 6.8** 中的 BC 到 EC 间的竖曲线是采用了抛物线和圆曲线。

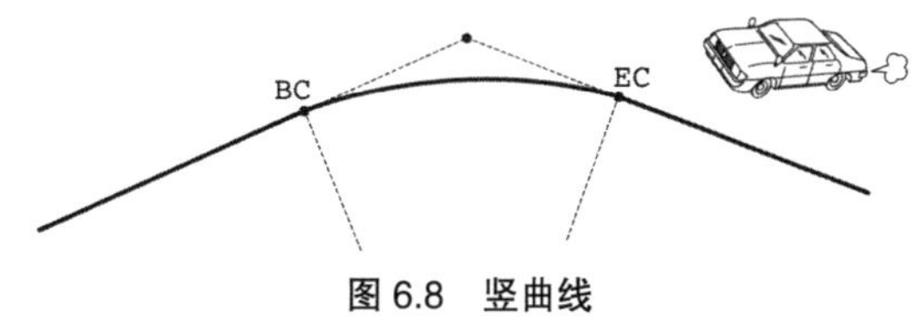

图 6.8　竖曲线

道路结构法规　作为道路构造基准的道路结构法规，在设置平面曲线和竖曲线时，首先要决定设计速度。**表 6.3** 所示的道路构造法规规定了基于设计速度的曲线半径和坡度。

道路结构法规　　**表 6.3**

道路结构法规几何结构基准值		设计速度							
项目		20	30	40	50	60	80	100	120
最小曲线半径（m）	标准值	15	30	60	100	150	280	460	710
	特例值			50	80	120	230	380	570
	期待值	30	65	100	150	200	400	700	1000
最小曲线长（m）	标准值	280/θ	350/θ	500/θ	600/θ	700/θ	1000/θ	1200/θ	1400/θ
	特例值	40	50	70	80	100	140	170	200
最小缓和曲线长（m）		20	25	35	40	50	70	85	100
缓和曲线的省略半径（m）				500	700	1000	2000	3000	4000
单坡度、扩幅的摩擦率		1/50	1/75	1/100	1/115	1/125	1/150	1/175	1/200
视距（m）		20	30	40	55	75	110	160	210
最大纵向坡度（%）	标准值	9	8	7	6	5	4	3	2
	特例值 1，2，3 种	12	11	10	9	8	7	6	5
	特例值 4 种	11	10	9	8	7	6	5	4
最小竖曲线长（m）		20	25	35	40	50	70	85	100
最小竖曲线半径（m）	凸型	100	250	450	800	1400	3000	6500	11000
	凹型	100	250	450	700	1000	2000	3000	4000
纵向坡度特例值的限制长度（m）	i+1%			400	500	500	600	700	800
	i+2%			300	400	400	500	500	500
	i+3%			200	300	300	400	400	400
最大合成坡度（%）	标准值	11.5	11.5	11.5	11.5	10.5	10.5	10.0	10.0
	特例值	12.5	12.5						
完成单坡度的最小曲线半径（m）	标准坡度 2.0%	200	500	800	1300	2000	3500	5000	7500
	标准坡度 1.5%	150	350	600	1000	1500	2500	4000	5500

设计速度为 30km/h 的基准值时，使用表中灰色部分的数据。

3 轻松驾驭曲线

单曲线用语

设置单曲线必需的距离、角度的用语和符号。

距离相关用语

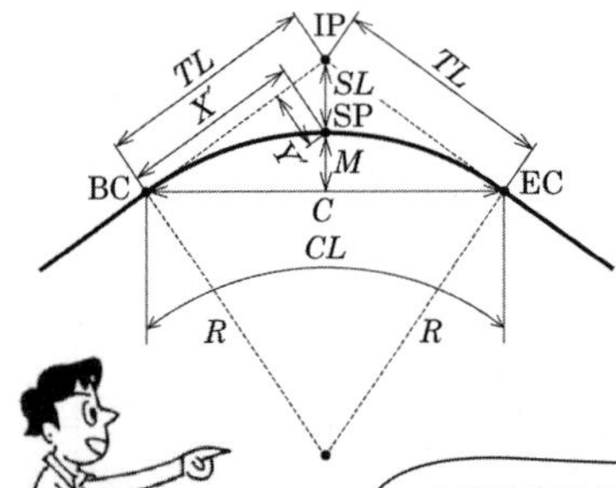

用语	符号	用语	符号
曲线半径	R	以BC（EC）为原点的曲线区间的测点坐标	X'
切线长	TL		
曲线长	CL		
外线长	SL		Y'
中央纵距	M		
弦长	C		

曲线间的测点位置，首先以 X' 轴为坐标表示，再转换为测量坐标系的值！

图 6.9 距离的用语与符号

角度相关用语

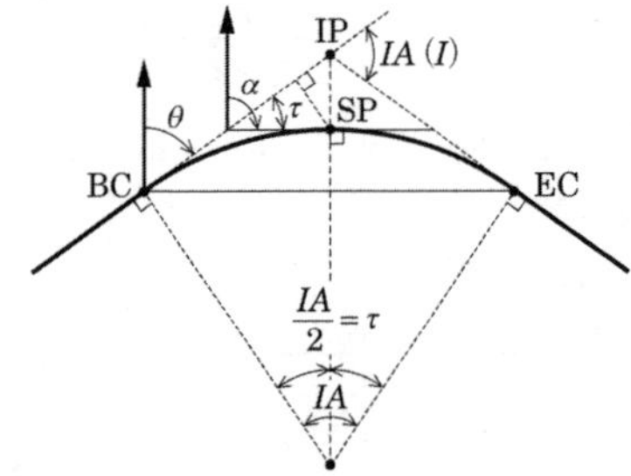

用语	符号
交角	IA
切线角	τ
主切线方向角	θ
切线方向角	α

曲线上测点的切线与圆曲线中心形成的角为直角！

图 6.10 角度的用语与符号

单曲线公式

单曲线的半径值在曲线的任何位置都是一定的。坐标计算需要的各个值通过交角 IA 和曲线半径 R,用以下公式计算:

$$TL=R\cdot\tan\frac{IA}{2} \tag{6.3}$$

$$CL=R\cdot LA\,[\text{rad}]=\frac{\pi\cdot R\cdot IA}{180^\circ} \tag{6.4}$$

$$SL=R\cdot\left(\frac{1}{\cos\frac{IA}{2}}-1\right)=R\cdot\left(\sec\frac{IA}{2}-1\right) \tag{6.5}$$

式中,$\frac{1}{\cos\alpha}=\sec\alpha$

$$M=R\cdot\left(1-\cos\frac{IA}{2}\right) \tag{6.6}$$

$$C=2\cdot R\cdot\sin\frac{IA}{2} \tag{6.7}$$

$$\tau=\frac{CL}{R}[\text{rad}]=\frac{CL}{R}\cdot\frac{180^\circ}{\pi} \tag{6.8}$$

$$X'=R\cdot\sin\tau \tag{6.9}$$

$$Y'=R\cdot(1-\sin\tau) \tag{6.10}$$

计算下!

表 6.4 是根据交角与曲线半径值求得的曲线各值的结果。切线角和切线方向角可以根据曲线中点值进行计算。

计算条件	
	$LA=50°\ 49'\ 36''$
	$R=50.000$m
	$\theta=72°\ 45'\ 31''$

计算例　　表 6.4

TL	23.756m	τ	25°　24′　48″
CL	44.355m	α	98°　10′　19″
SL	5.357m	X'	21.457m
M	4.838m	Y'	4.838m
C	42.915m		

缓和曲线用语

以基本型的对称缓和曲线为例，表示距离和角度的用语和符号如**图 6.11** 所示。这里的用语不是缓和曲线的全部用语，主要是坐标计算必要用语。

距离相关用语

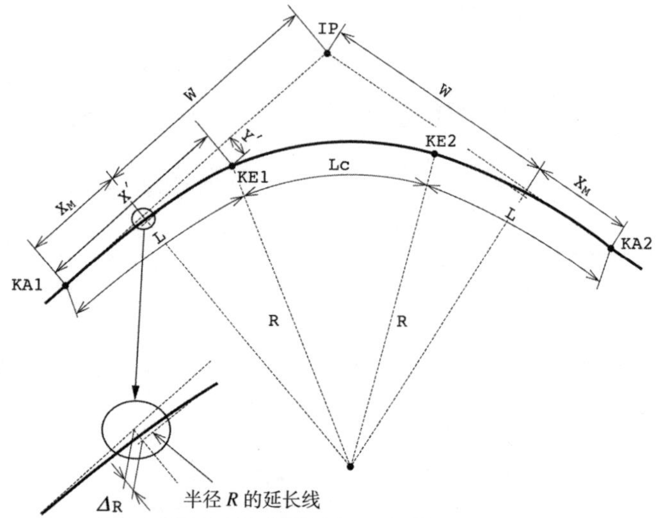

<table>
<tr><th>用语</th><th>符号</th><th>用语</th><th>符号</th></tr>
<tr><td>缓和曲线参数</td><td>A</td><td rowspan="2">从交点到曲线中心点的主切线上的距离</td><td rowspan="2">W</td></tr>
<tr><td>缓和曲线长</td><td>L</td></tr>
<tr><td>KE 的曲线半径</td><td>R</td><td rowspan="2">以 KA 为原点的曲线区间的测点坐标</td><td>X'</td></tr>
<tr><td>移程</td><td>ΔR</td><td>Y'</td></tr>
<tr><td>曲线长</td><td>L_C</td><td>以 KA 为原点，到曲线中心点的主切线上的距离</td><td>X_M</td></tr>
</table>

图 6.11　距离的用语与符号

角度相关用语

角度的相关用语与单曲线相同。基本型的缓和曲线是缓和曲线 – 单曲线 – 缓和曲线的组合。由图 6.12 可知单曲线的主切线就是 KE 的切线，两条切线形成的角度就是单曲线的交角。

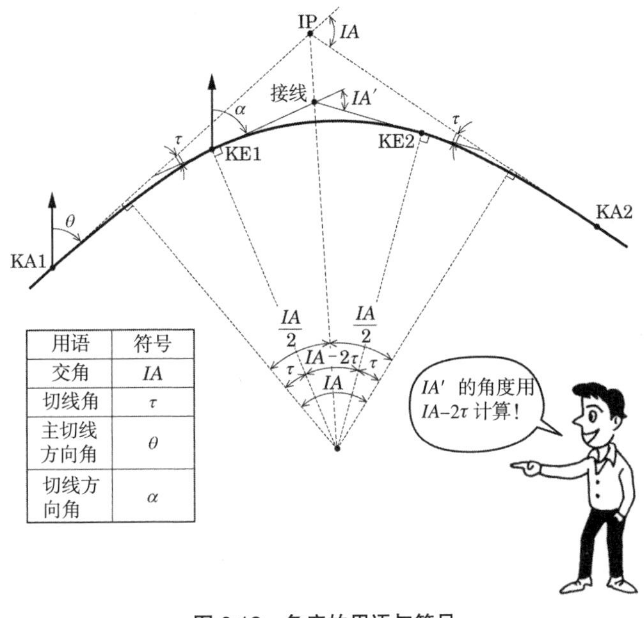

图 6.12　角度的用语与符号

缓和曲线公式

缓和曲线的半径随曲线长的变化而变化。在直线和圆曲线之间设置缓和曲线时，半径值从无限大（直线）变到圆曲线的半径。式 6.9 是缓和曲线的基本公式，由表示曲线大小的参数 A、曲线长 L、半径 R 组成。此外，坐标计算需要的各值，由该测点的半径值和全线长，通过以下公式计算得出。

$$\boxed{A^2=R \cdot L} \tag{6.11}$$

$$\tau=\frac{L}{2R}〔\mathrm{rad}〕=\frac{L}{2R}\cdot\frac{180°}{\pi} \tag{6.12}$$

$$X' = L \cdot \left(1 - \frac{L^2}{40R^2} + \frac{L^4}{3456R^4} - \frac{L^6}{599040R^6}\right) \quad (6.13)$$

$$Y' = \frac{L^2}{6R} \cdot \left(1 - \frac{L^2}{56R^2} + \frac{L^4}{7040R^4} - \frac{L^6}{1612800R^6}\right) \quad (6.14)$$

$$X_M = X - R \cdot \sin\tau \quad (6.15)$$

$$\Delta R = Y + R \cdot \cos\tau - R \quad (6.16)$$

$$W = (R + \Delta R) \cdot \tan\frac{IA}{2} \quad (6.17)$$

$$L_C = \frac{\pi \cdot R \cdot \alpha}{180°} \quad (6.18)$$

表 6.5 所示是由交角、曲线半径、缓和曲线参数求得的曲线各值的结果。切线角和切线方向角是由缓和曲线终点值计算得出的。

计算条件

$IA = 63°\ 53'\ 43''$
$R = 50.000$ m　$A = 40.000$ m
$\theta = 123°\ 35'\ 7''$

计算例　　**表 6.5**

L	32.000 m	τ	18° 20′ 4″
X'	31.674 m	α	105° 15′ 3″
Y'	3.388 m		
X_M	15.946 m		
ΔR	0.850 m		
W	31.710 m		
L_C	23.759 m		

单位缓和表　利用式 6.9 中 A=1 时的单位缓和，可以从单位缓和表中求出曲线各值。将基本式两边除以 A^2 得到的式 6.18 与单位缓和作比较，可得出式 6.19。

单位缓和
$$1=r \cdot l \tag{6.19}$$

因为 $A^2=R \cdot L$，所以 $1=\dfrac{R \cdot L}{A^2}=\dfrac{R}{A} \cdot \dfrac{L}{A}$　（6.20）

$r=\dfrac{R}{A}$，$l=\dfrac{L}{A}$ 为单位缓和。

缓和曲线长 L=32m，缓和参数 A=40m，因此 l=0.8。

表中的 τ 采用了记载值，和距离相关的值分别采用了 A 的倍数值。

单位缓和表　　表 6.6

0.800000～0.825000

l	τ (° ′ ″)	σ (° ′ ″)	r	Δr	x_M	x	y
0.800000	18 20 05	06 06 22	1.250000	0.021255	0.398639	0.791847	0.084711
1000	2 45	55	1561	80	491	949	315
0.801000	18 22 50	06 07 17	1.248439	0.021335	0.399130	0.792796	0.085026
1000	2 45	55	1556	80	491	949	316
0.802000	18 25 35	06 08 12	1.246883	0.021415	0.399621	0.793745	0.085342
1000	2 46	55	1553	79	492	948	316
0.803000	18 28 21	06 09 07	1.245330	0.021494	0.400113	0.794693	0.085658
1000	2 45	55	1549	80	491	949	318
0.804000	18 31 06	06 10 02	1.243781	0.021574	0.400604	0.795642	0.085976
1000	2 46	56	1545	81	492	948	318
0.805000	18 33 52	06 10 58	1.242236	0.021655	0.401096	0.796590	0.086294
1000	2 47	55	1541	80	491	948	318
0.806000	18 36 39	06 11 53	1.240695	0.021735	0.401587	0.797538	0.086612
1000	2 46	55	1538	81	491	947	320
0.807000	18 39 25	06 12 48	1.239157	0.021816	0.402078	0.798485	0.086932
1000	2 46	56	1533	80	491	947	320
0.808000	18 42 11	06 13 44	1.237624	0.021896	0.402569	0.799432	0.087252
1000	2 47	55	1530	81	491	948	321
0.809000	18 44 58	06 14 39	1.236094	0.021977	0.403060	0.800380	0.087573
1000	2 47	55	1526	81	492	946	322
0.810000	18 47 45	06 15 34	1.234568	0.022058	0.403552	0.801326	0.087895

看这里（指 0.800000 行）

（出处　缓和曲线袖珍本：日本道路协会（2001））

比较一下计算结果！

4 材料是距离和方向角

中桩的种类

在道路工程中设置的中桩，除了从起点开始每隔 20m 设置的里程桩（No. ○）之外，还有作为辅助测点以 10m 为间隔设置的加桩（No. ○ +10）以及表示曲线的主要点的加桩。中桩的设置方法有很多，比较常见的是从基准点开始的放射法和 RTK-GPS 测量。图 6.13 是根据中桩的坐标计算求得的里程桩和加桩的位置。

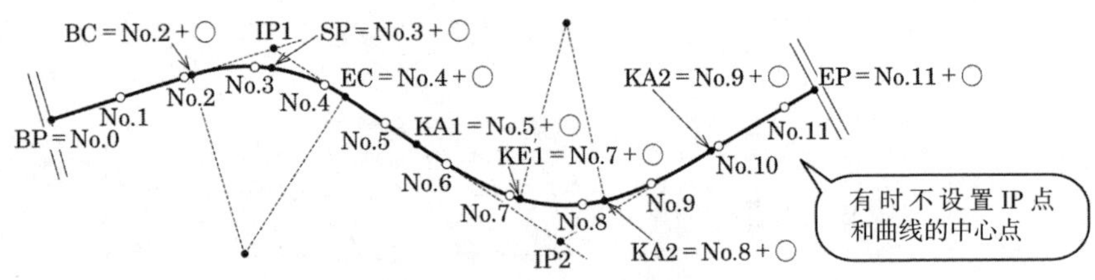

图 6.13 里程桩和加桩

如图 6.14 所示，用里程桩等表示的测点间的距离用单距离和追加距离表示。两点间的距离称为单距离，追加距离是指从起点到测点的距离。

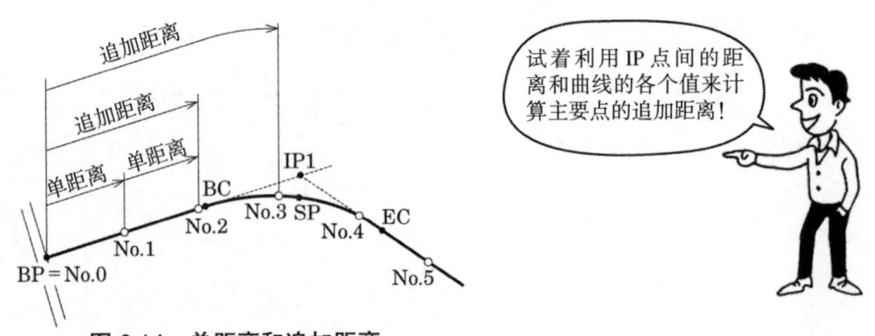

图 6.14 单距离和追加距离

曲线的主要点坐标

以图 6.4 的道路为例，根据表 6.2、表 6.4、表 6.5 的计算结果求出曲线的主要点坐标。

BC1 的坐标

$$\left.\begin{aligned} X&=TL\cdot\cos(\theta_1+180°)+\text{IP1 的 }X\text{ 坐标}\\ Y&=TL\cdot\sin(\theta_1+180°)+\text{IP1 的 }Y\text{ 坐标}\end{aligned}\right\}\quad(6.21)$$

EC1 的坐标

$$\left.\begin{aligned} X&=TL\cdot\cos\theta_2+\text{IP1 的 }X\text{ 坐标}\\ Y&=TL\cdot\sin\theta_2+\text{IP1 的 }Y\text{ 坐标}\end{aligned}\right\}\quad(6.22)$$

SP 的坐标表

$$\left.\begin{aligned} X&=SL\cdot\cos\left(\theta_1+\frac{IA1+180°}{2}\right)+\text{IP1}\\ Y&=SL\cdot\sin\left(\theta_1+\frac{IA1+180°}{2}\right)+\text{IP1}\end{aligned}\right\}\quad(6.23)$$

主要点的坐标　表 6.7

主要点	X	Y
BC	12.385	39.906
SP	14.124	61.834
EC	6.285	82.385
KA1	−6.956	102.325
KE1	−21.654	130.586
KA2	−22.327	154.112
KE2	−9.267	183.167

KA1 的坐标

$$\left.\begin{aligned} X&=(XM+W)\cdot\cos(\theta_2+180°)+\text{IP2 的 }X\text{ 坐标}\\ Y&=(XM+W)\cdot\sin(\theta_2+180°)+\text{IP2 的 }Y\text{ 坐标}\end{aligned}\right\}\quad(6.24)$$

KA2 的坐标

$$\left.\begin{aligned} X&=(XM+W)\cdot\cos\theta_3+\text{IP2 的 }X\text{ 坐标}\\ Y&=(XM+W)\cdot\sin\theta_3+\text{IP2 的 }Y\text{ 坐标}\end{aligned}\right\}\quad(6.25)$$

KE1 的坐标

$$\left.\begin{aligned} X&=X'\cdot\cos\theta_2+Y'\cdot\cos(\theta_2-90°)+\text{KA1 的 }X\text{ 坐标}\\ Y&=X'\cdot\sin\theta_2+Y'\cdot\sin(\theta_2-90°)+\text{KA1 的 }Y\text{ 坐标}\end{aligned}\right\}\quad(6.26)$$

KE2 的坐标

$$\left.\begin{aligned} X&=X'\cdot\cos(\theta_3+180°)+Y'\cdot\cos(\theta_3+270°)+\text{KA2 的 }X\text{ 坐标}\\ Y&=X'\cdot\sin(\theta_3+180°)+Y'\cdot\sin(\theta_3+270°)+\text{KA2 的 }Y\text{ 坐标}\end{aligned}\right\}\quad(6.27)$$

中桩坐标 从 BC1 的追加距离开始，No.1 和 No.2 是直线区间的测点。纬距 X' 和经距 Y' 根据起始于BP的直线长和切线的方向角求得。

表 6.8

主要点	测点	单距离	追加距离	起始于 BP 的直线长	切线方向角	X'	Y'	X	Y
BC1	No.0	0.000	0.000	0.000	72° 45′ 31″	0.000	0.000	0.000	0.000
	No.1	20.000	20.000	20.000		5.928	19.101	5.928	19.101
SP1	No.2	20.000	40.000	40.000		11.856	38.203	11.856	38.203
EC1	No.2+1.784	1.784	41.784	41.784		12.385	39.906	12.385	39.906

BP–BC1 间的距离 $=S1-TL$

从 EC1 的追加距离开始，No.3 和 No.4 是单曲线区间的测点。纬距 ΔX 和经距 ΔY 根据主切线上的距离 X' 及直角方向的距离 Y' 和 BC1 的切线方向角求得。

表 6.9

主要点	测点	单距离	追加距离	起始于 BP1 的曲线长	切线方向角	X'	Y'	X	Y
BP	No.2+1.784	0.000	41.784	0.000	72° 45′ 31″	0.000	0.000	12.385	39.906
	No.3	18.216	60.000	18.216	93° 37′ 57″	17.816	3.282	14.532	57.894
	No.3+3.962	3.961	63.961	22.177	98° 10′ 19″	21.457	4.838	14.124	61.834
BC1	No.4	16.093	80.000	38.216	116° 33′ 3″	34.602	13.907	9.359	77.075
	No.4+6.139	6.139	86.139	44.355	123° 35′ 7″	38.762	18.417	6.285	82.385

从 BC 到 P 点的纬距和经距

$\Delta X=X' \cdot \cos\theta_1+Y' \cdot \cos(\theta_1+90°)$

$\Delta Y=X' \cdot \sin\theta_1+Y' \cdot \sin(\theta_1+90°)$

P 点的切线方向角

$\alpha=\theta_1+\tau$

从 KA1 的追加距离开始，No.5 是直线区间的测点。

表 6.10

主要点	测点	单距离	追加距离	起始于 EC1 的曲线长	切线方向角	X'	Y'	X	Y
EC1	No.4+6.139	0.000	86.139	0.000	123° 35′ 7″	0.000	0.000	6.285	82.385
	No.5	13.861	100.000	13.861		−7.668	11.547	−1.383	93.933
KA1	No.5+10.074	10.074	110.074	23.935		−13.240	19.940	−6.956	102.325

EC1–KA1 间的距离 $=S2-TL-(X_M+W)$

从 KE1 的追加距离开始，No.6 和 No.7 是缓和曲线区间的测点。纬距和经距根据主切线上的距离 X' 及直角方向的距离 Y' 和 KA1 的切线方向角求得。

表 6.11

主要点	测点	单距离	追加距离	起始于KA1的曲线长	切线方向角	X'	Y'	X	Y
KA1	No.5+10.074	0.000	110.074	0.000	123° 35′ 7″	0.000	0.000	−6.956	102.325
	No.6	9.926	120.000	9.926	121° 49′ 17″	9.925	0.102	−12.361	110.649
	No.7	20.000	140.000	29.926	107° 33′ 1″	29.692	2.776	−21.068	128.596
KE1	No.7+2.074	2.074	142.074	32.000	105° 15′ 3″	31.674	3.388	−21.654	130.586

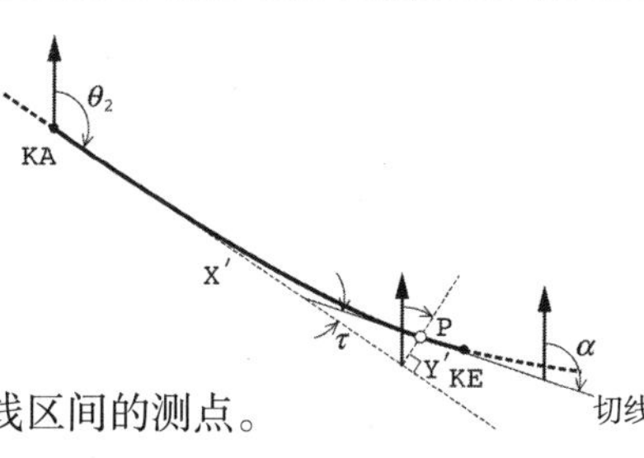

从 KA 到 P 点的纬距和经距

$\Delta X=X'\cdot\cos\theta_2+Y'\cdot\cos(\theta_2-90°)$

$\Delta Y=X'\cdot\sin\theta_2+Y'\cdot\sin(\theta_2-90°)$

P 点的切线方向角

$\alpha=\theta_2-\tau$

从 KE2 的追加距离开始，No.8 是直线区间的测点。

表 6.12

主要点	测点	单距离	追加距离	起始于 BP2 的直线长	切线方向角	X'	Y'	X	Y
KE1=BC2	No.7+2.074	0.000	142.074	0.000	105° 15′ 3″	0.000	0.000	−21.654	130.586
	No.8	17.926	160.000	17.926	84° 42′ 33″	17.544	3.179	−23.202	148.348
EC2=KE2	No.8+5.883	5.833	165.833	23.759	78° 1′ 29″	22.875	5.540	−22.327	154.112

从 KA2 的追加距离开始，No.9 是缓和曲线区间的测点。因为 X' 和 Y' 是从缓和曲线的起始点开始的距离，所以根据 KA2 的切线方向角求出纬距和经距。

表 6.13

主要点	测点	单距离	追加距离	起始于KA2的曲线长	切线方向角	X'	Y'	X	Y
KE2	No.8+5.833	0.000	165.833	32.000	78° 1′ 29″	31.674	3.388	−22.327	154.112
	No.9	14.167	180.000	17.833	65° 23′ 3″	17.815	0.590	−17.749	167.488
KA2	No.9+17.833	17.833	197.833	0.000	59° 41′ 24″	0.000	0.000	−9.267	183.167

从 EP 的追加距离开始，No.10 和 No.11 是直线区间的测点。

表 6.14

主要点	测点	单距离	追加距离	起始于 KA2 的直线长	切线方向角	X'	Y'	X	Y
KA2	No.9+17.833	0.000	197.833	0.000	59° 41′ 24″	0.000	0.000	−9.267	183.167
	No.10	2.167	200.000	2.167		1.094	1.871	−8.174	185.037
	No.11	20.000	220.000	22.167		11.187	19.137	1.920	202.304
EP	No.11+12.727	12.727	232.727	34.894		17.610	30.124	8.343	213.291

KA2−EP 间的距离 $=S3-(X_M+W)$

5

人生有山也有谷

竖曲线

设置竖曲线所需的用语和符号如图6.15所示。

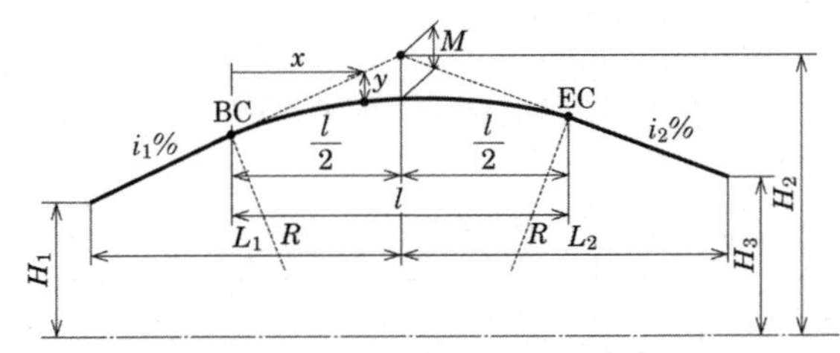

用语	符号	用语	符号
竖曲线长	l	BC 的纵向坡度	i_1
竖曲线半径	R	EC 的纵向坡度	i_2
从变化点到竖曲线中点的距离	M	变化点间的距离	L
从 BC（EC）到所求纵距为 y 的点的距离	x	道路的规划高程	H

图 6.15 竖曲线的用语与符号

竖曲线公式

在这里，将抛物线近似为圆曲线，由下列公式求出竖曲线的各个值。

$$i_1=\frac{H_2-H_1}{L_1}\times 100 \tag{6.28}$$

$$i_2=\frac{H_3-H_2}{L_2}\times 100 \tag{6.29}$$

$$l=\frac{R}{100}\times | i_1-i_2 | \tag{6.30}$$

$$M=\frac{|i_1-i_2|}{800}\times l \quad (6.31)$$

$$y=\frac{|i_1-i_2|}{200l}\times x^2 \quad (6.32)$$

纵断面设计

表 6.15 所示为纵断面设计的一个计算例。竖曲线间的规划高度根据由直线坡度求得的纵坡高程和纵距计算得出。

计算条件

H_1=12.610m	L_1=280.000m
H_2=25.210m	L_2=107.615m
H_3=21.230m	R=400.000m

计算例　　表 6.15

i_1	4.50%	设计速度设为 30km/h，因此 R 的最小值是 250m。这里设 R=400m。
i_2	−3.70%	
l	32.800m ⇩ 60.000m	考虑到安全性和舒适性，将算出的 l 值放大 1.5 ~ 2 倍，这里设 L=60m。
M	0.615m	
R'	732.000m	从 l=60m 倒算出 R。

测点	单距离	追加距离	地面高程	设计高程	坡度	纵坡高程	y
No.0	0.000	0.000	12.61	12.610	4.5		
~							
No.12		240.000	23.47	23.410			
竖曲线起点	10.000	250.000	23.24	23.860		23.860	0.000
No.13	10.000	260.000	23.06	24.242		24.310	−0.068
No.14	20.000	280.000	24.29	24.595		25.210	−0.615
竖曲线中点	0.000	280.000	24.29	24.595	−3.7	25.210	−0.615
No.15	20.000	300.000	22.91	24.402		24.470	−0.068
竖曲线终点	10.000	310.000	23.01	24.100		24.100	0.000
No.16	10.000	320.000	23.58	23.731			
S							
No.19+7.615		387.615	21.23	21.230			

测点的地面高程根据地形图或者直接测量获得。

6

设置道路设计的标准

横断面方向 中桩坐标和纵断面设计确定之后，进行横断面设计。在横断面图中要将道路宽幅和边坡的形状绘制进去，并计算表示施工范围的用地宽幅等。施工中的土石方工程量可以通过横断面图中拾取的每个测点的挖填土面积算出。具体方法参考 p.116 之后的横断面测量和土方量计算。这一节对横断面方向角进行说明。

横断面方向角是在由中桩坐标计算求得的切线方向角上加上 90°（右侧的话），或加上 270°（左侧的话）所得的值。使用 TS 进行横断面测量或是设置边坡尺时，可以很方便地根据横断面方向的坐标求出方向。

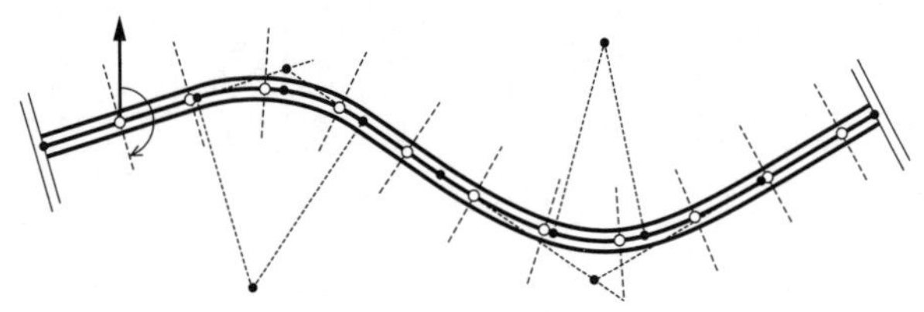

图 6.16　横断面方向

边坡尺 边坡尺是制作人工斜面时用的尺规，如图 6.17 所示，是用木桩和栅板制成的。事先从横断面计算出边坡尺的大致设置位置，以便于施工。挖方路基边点（路垫）及填方路基（路堤）边点（水平板和斜板的交点）的位置和斜长 *SL*，可以根据水平板的标高 *EL* 的坡度算出。

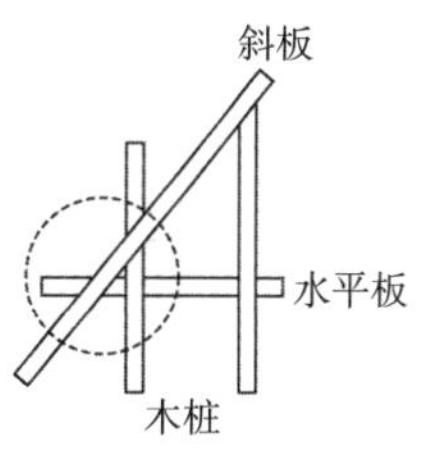

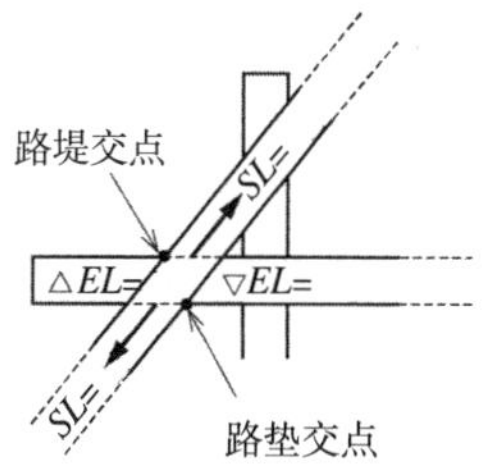

图 6.17　边坡尺

挖方路基的边坡尺计算

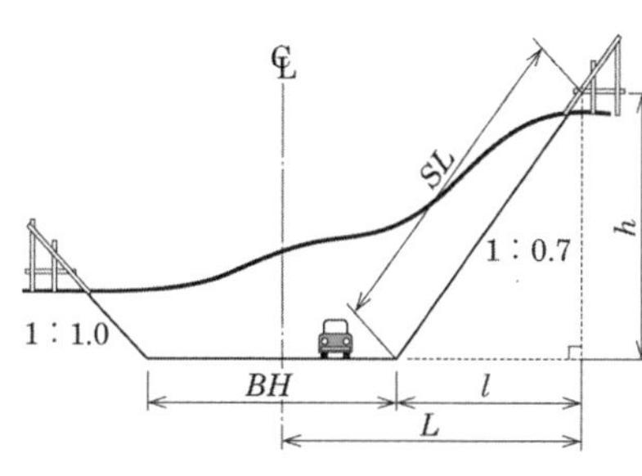

右侧边坡尺的挖方计算

【条件】

道路中心的设计高　：$FH=10.000$m
道路宽幅　：$BH=5.000$m
水平板的下端标高　：$EL=15.000$m
坡度　：1:0.7

图中三角形的高　：$h=15.000-10.000=5.000$m
图中三角形的底边长：$l=5.000\times0.7=3.500$m

从中桩到边坡顶点的水平距离：

$$L=\frac{BH}{2}+l=6.000\text{m}$$

从边坡顶点到路基交点的斜长：

$$\sqrt{3.500^2+5.000^2}=6.103\text{m}$$

填方路基的边坡尺计算

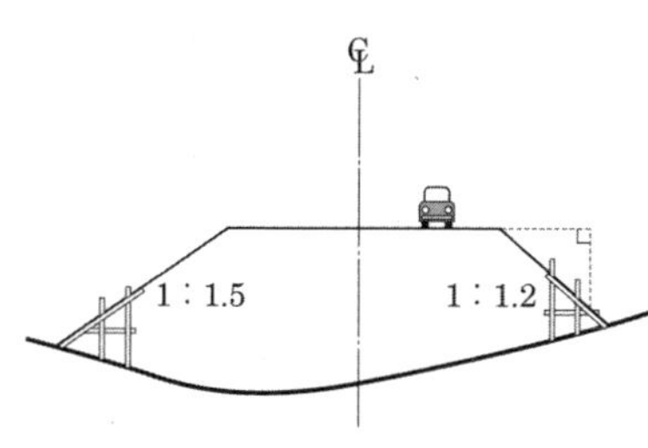

右侧边坡尺的填方计算

【条件】

道路中心的设计高程　：$FH=10.000$ m
道路宽幅　：$BH=5.000$ m
水平板的上端标高　：$EL=7.500$ m
坡度　：1:1.2

图中三角形的高　：$h=10.000-7.500=2.500$ m
图中三角形的底边长：$l=2.500\times1.2=3.000$ m
从中桩到边坡顶点的水平距离：

$$L=\frac{BH}{2}+l=5.500\text{ m}$$

从边坡顶点到路基交点的斜长：

$$\sqrt{3.000^2+2.500^2}=3.905\text{ m}$$

第 6 章小结

（1）三角比的补充

在线路测量中经常使用切线进行计算，以下是除三角比的基本公式以外有助于提高计算效率的公式。

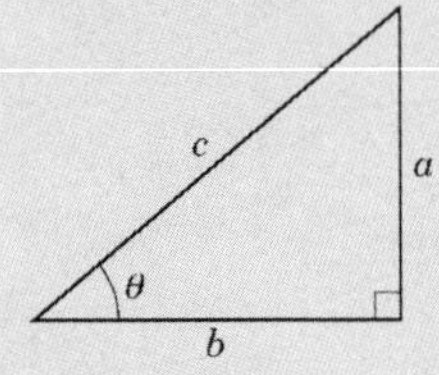

p.10 的基本公式的追加	基本公式的逆数关系
余割 $\operatorname{cosec}\theta=\frac{c}{a}$	$\sin\theta=\frac{1}{\operatorname{cosec}\theta}$
正割 $\sec\theta=\frac{c}{b}$	$\cos\theta=\frac{1}{\sec\theta}$
余切 $\cot\theta=\frac{b}{a}$	$\tan\theta=\frac{1}{\cot\theta}$

（2）三角比的诱导公式

$(-\theta)$：$\sin(-\theta)=-\sin\theta$　　$\cos(-\theta)=\cos\theta$　　$\tan(-\theta)=-\tan\theta$

（3）90° 的倍数和与差的三角函数

$(90°+\theta)$：$\sin(90°+\theta)=\cos\theta$　　$\cos(90°+\theta)=-\sin\theta$　　$\tan(90°+\theta)=-\cot\theta$

$(90°-\theta)$：$\sin(90°-\theta)=\cos\theta$　　$\cos(90°-\theta)=\sin\theta$　　$\tan(90°-\theta)=\cot\theta$

$(180°+\theta)$：$\sin(180°+\theta)=-\sin\theta$　　$\cos(180°+\theta)=-\cos\theta$　　$\tan(180°+\theta)=\mathrm{tas}\theta$

$(180°-\theta)$：$\sin(180°-\theta)=\sin\theta$　　$\cos(180°-\theta)=-\cos\theta$　　$\tan(180°-\theta)=-\mathrm{tas}\theta$

$(270°+\theta)$：$\sin(270°+\theta)=-\cos\theta$　　$\cos(270°+\theta)=\sin\theta$　　$\tan(270°+\theta)=-\cot\theta$

$(270°-\theta)$：$\sin(270°-\theta)=-\cos\theta$　　$\cos(270°-\theta)=-\sin\theta$　　$\tan(270°-\theta)=\cot\theta$

第7章

测量技术的应用

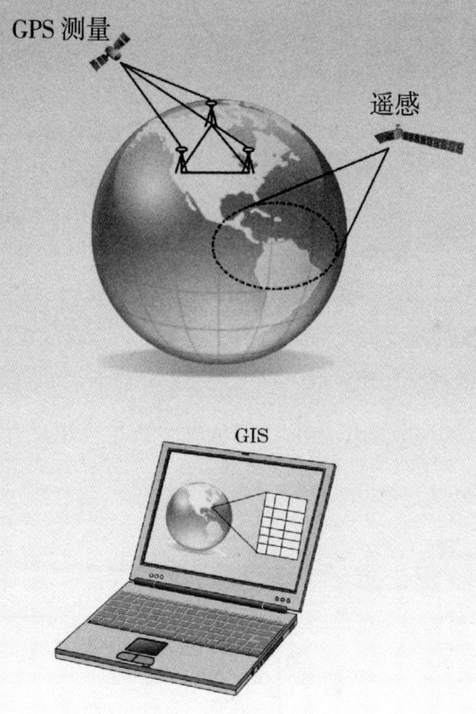

将通过 GPS 和遥感观测到的地球测量结果，编制成 GIS 地图信息。
采用宇宙技术的侧位、探测系统和地理信息系统，告诉人们地球的现状。

1 对手是地球

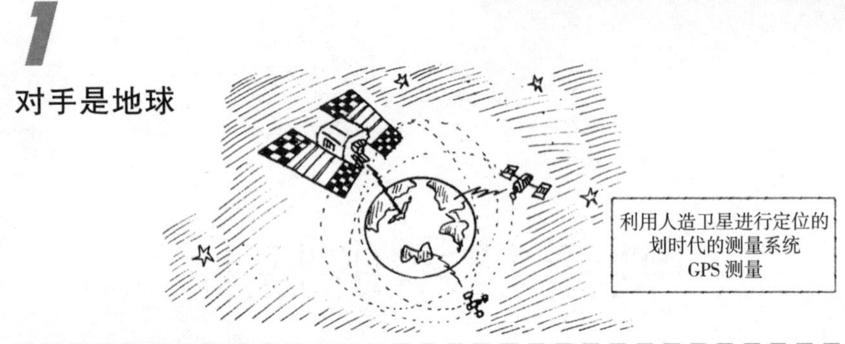

GPS 测量的基准

GPS（Global Positioning System）测量的位置，由三维直角坐标系的坐标（X，Y，Z）以及椭圆体上的经纬度等来表示。

GPS 测量的坐标系与椭圆体

WGS84 坐标系：以地球重心为原点的三维直角坐标。

WGS84 椭圆体：在作为经纬度基准的椭圆体上，通过换算三维直角坐标值得到经纬度。

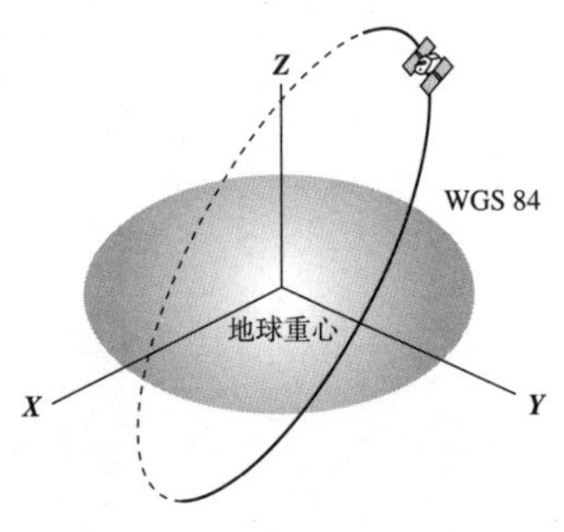

图 7.1　三维直角坐标系

现在日本采用的 ITRF94 坐标系和 GRS80 椭圆体等同于 GPS 的坐标系、椭圆体，从 GPS 中取得的数据没有必要换算成“日本测地系 2000”（世界测地系）。

通过观测得到的值就是图中的椭圆体高，为了求出标高，必须先求出大地水准面高程。

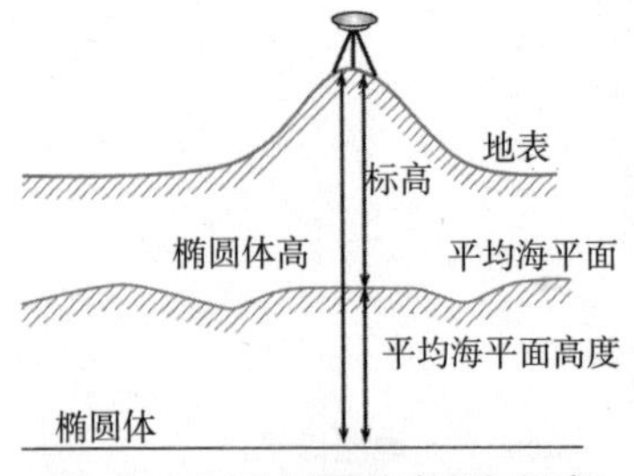

图 7.2　GPS 测量的高程与标高

大地水准面高程通过水准点处的 GPS 观测到的椭圆体高和水准点的标高求出。此外，还可以通过国土地理院的《日本的大地水准面 2000》求出。

卫星的配置与构成　为了观测地球全域，在六个轨道平面上分别配置了 4 颗卫星，共 24 颗卫星。卫星在 20000km 的高空沿着圆轨道，每 12 小时绕地球一周。

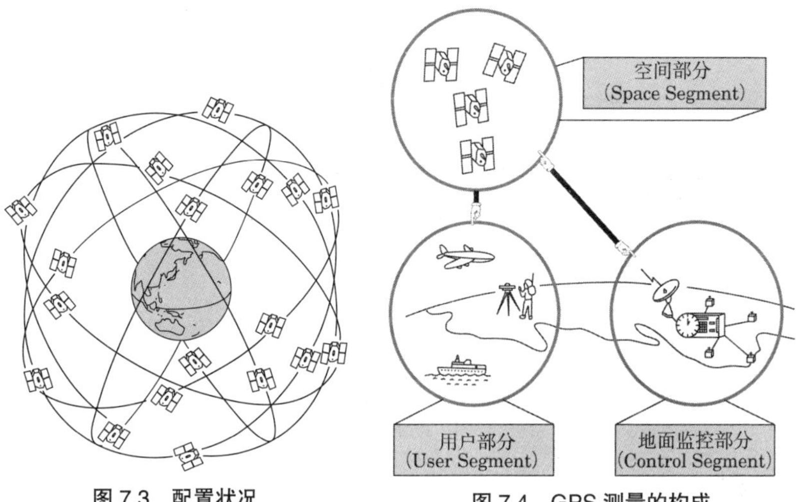

图 7.3　配置状况

图 7.4　GPS 测量的构成

GPS 测量的设备　GPS 测量使用的设备，包括从人造卫星到接收电波的天线（观测时天线上部的箭头应对准正北方向）以及处理、分析、记录数据的接收机。

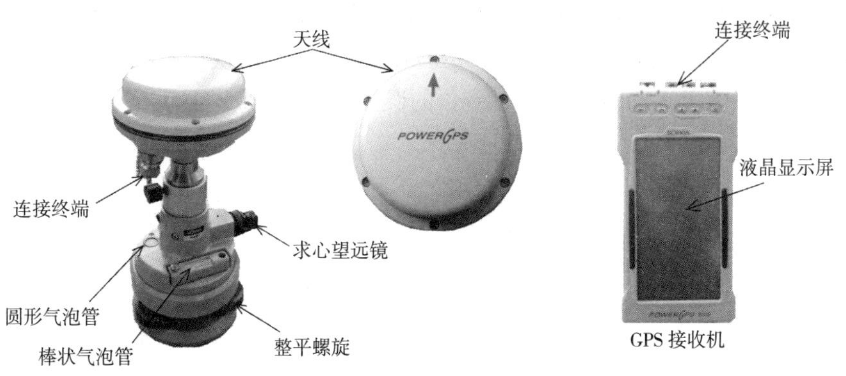

图 7.5　GPS 测量设备

2 人造卫星是已知点

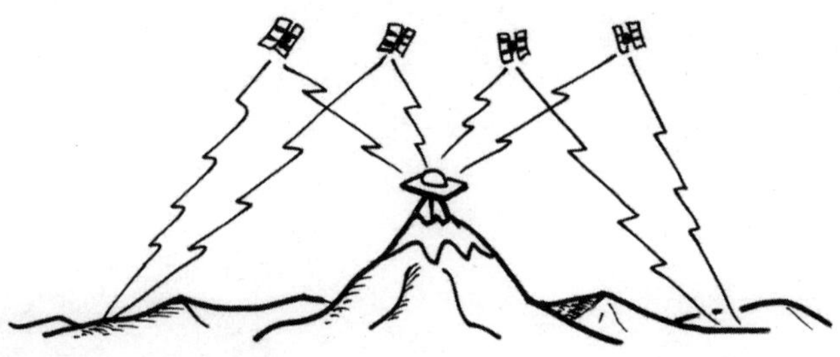

GPS 测量的分类

GPS 测量根据接收机的数量、观测方法以及观测结果是实时同步还是后处理，分为以下类型：

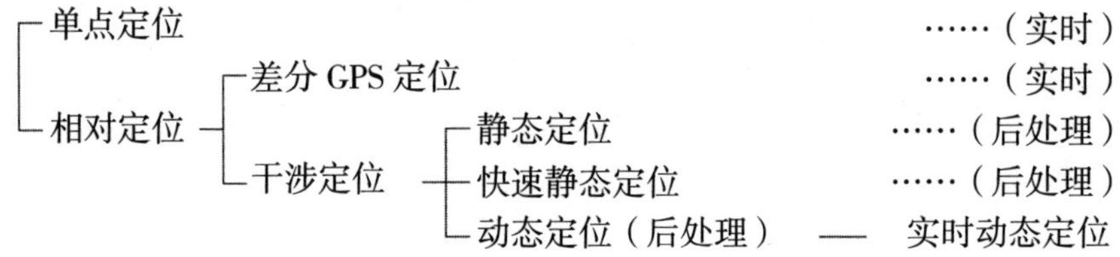

单点定位

随时可以观测汽车、轮船、飞机等的位置的方法，观测是由 4 个以上卫星和 1 台接收机组成的，以各卫星为中心的四个球面的交点就是接收机的位置所在，误差在 10 ~ 20m 之间。

相对定位

相对定位观测，测量时需要 4 个以上卫星和多台接收机。根据接收机的基线向量（距离和方向）的求法的不同，分为采用单点定位的差分 GPS 定位方式和计算卫星到接收机的电波到达的差（相位差）的干涉定位方式。差分 GPS 定位的误差大约为 1m，干涉定位的误差大约在 5 毫米至几十毫米之间。

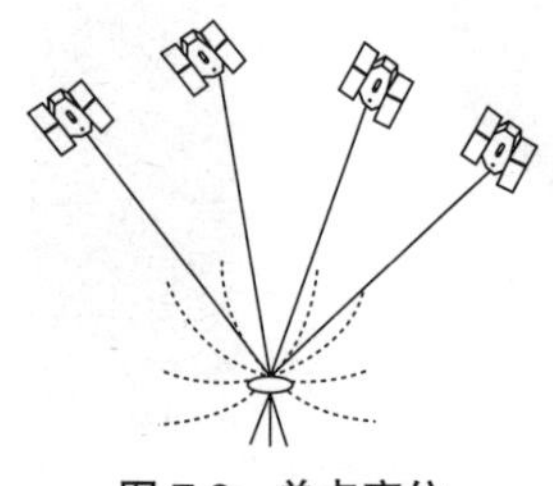

图 7.6　单点定位

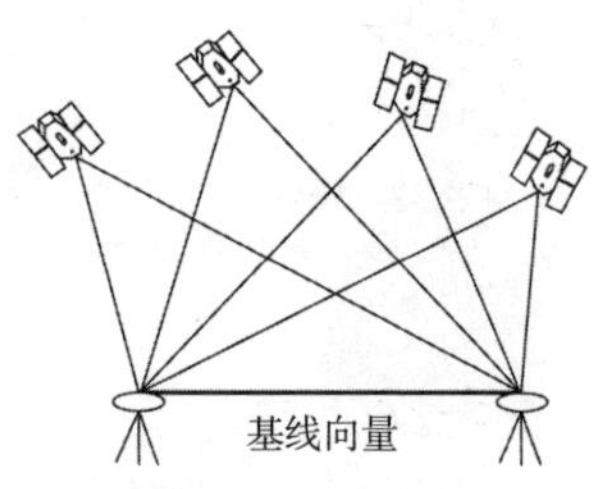

图 7.7　相对定位

测量采用相对定位

差分 GPS 定位（DGPS）

单点定位在测量未知点位置时，无法得到其内含的误差程度。根据已知测点的定位数据求出单点定位的误差，对其测量结果进行改正，且获得精确的定位结果的方式被称为 DGPS 定位方式。

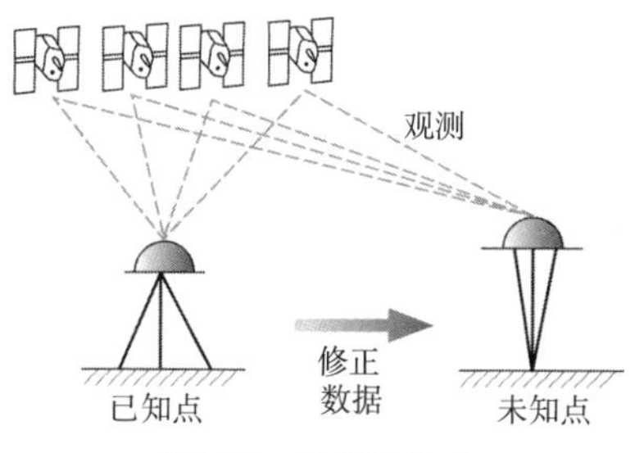

图 7.8　DGPS 方式

静态定位

1 ~ 4 级基准点定位测量时采用的定位方式，定位时需在测点设置接收机数小时，可以观测到高精确度的基线向量。

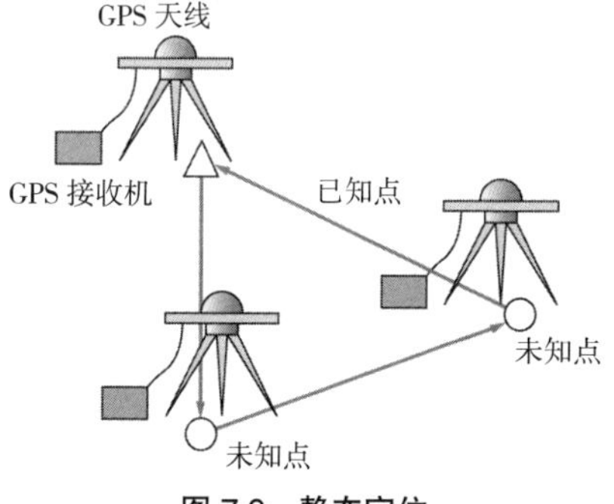

图 7.9　静态定位

动态定位

4 级基准点定位测量时采用的定位方式，接收机只需在测点设置数分钟，可以在短时间内观测多个测点。

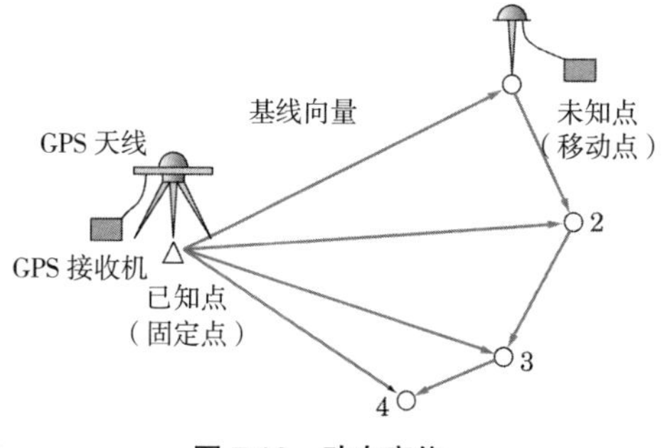

图 7.10　动态定位

3

好在这里！

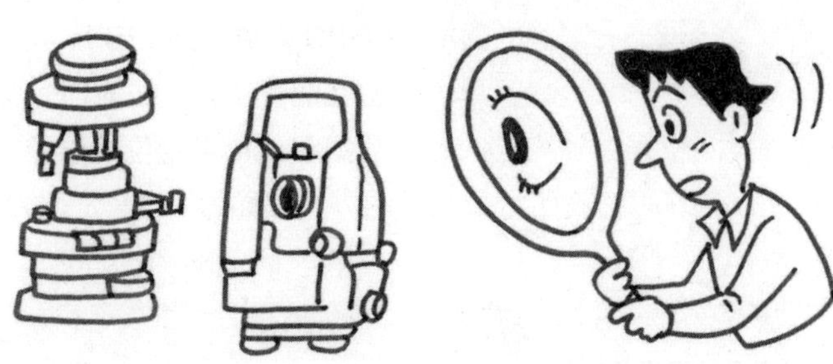

观测计划 为了提高观测效率，使用静态定位方式进行基准点测量时，有必要制定周密的观测计划。观测计划的观测区间顺序、最佳观测时间根据测点间的位置关系、天空视线图（网线状部分为障碍物）以及卫星的航法数据来确定。

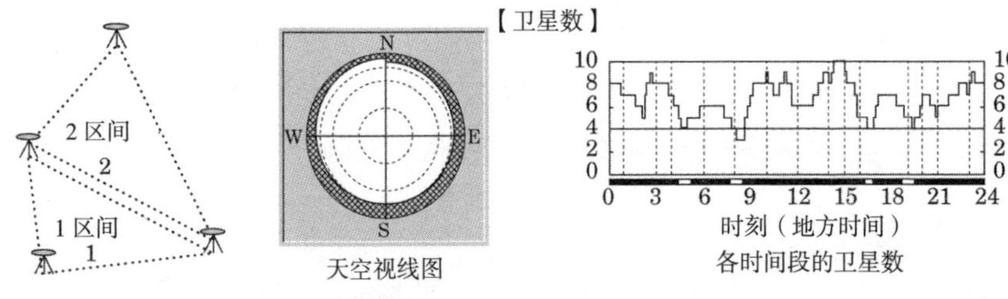

图 7.11　区域计划

在能收到电波的地方 与 TS 测量相比，GPS 测量的特征如下：

测点间不需要通视

和 TS 测量不同是，GPS 测量不需要良好的视线，但为了能够接收到稳定的卫星电波，空间部分不能有障碍物。这种通视被称为天空视界，其高度角需要 15° 以上（根据实际情况，有时需要 30° ）。当测点附近有建筑物以及铁塔等时，因为反射波以及电波阻碍，观测精度会有所降低。

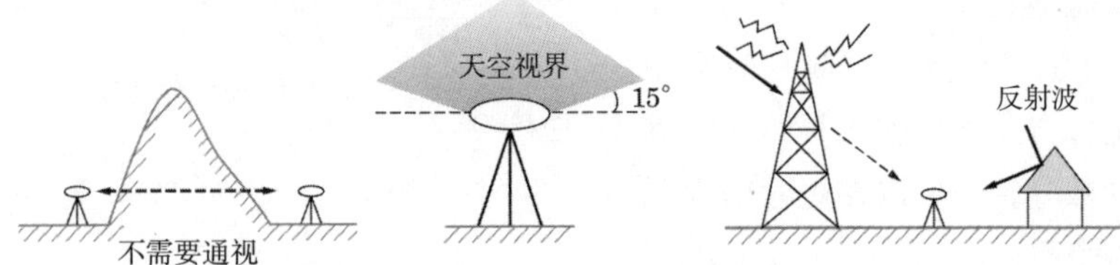

图 7.12　观测时的注意点

不易被天气左右，能 24 小时观测

即使下雨天也能容易地进行观测，但是打雷、大雪会使信号接收变差。另外，夜间也能进行观测，观测多个测点时需要同时接收 4 颗以上的卫星信号，所以有必要事先知道最佳观测时间。

观测时间　　表 7.1

观测方法	观测时间	必要卫星数量	摘要
静态定位	60 分钟以上	4 颗卫星	1 ~ 4 级基准点测量
快速静态定位	20 分钟以上	5 颗卫星	3 ~ 4 级基准点测量
动态定位	1 分钟以上	5 颗卫星	4 级基准点测量

能进行高精度的长距离测定

当测点间的距离为 10km 时，误差为 ±15mm，能进行高精度的距离测定。但是，在观测时间上，根据观测方法和卫星的状态，有时需要花费数小时。

需要测量天线底面高

天线底面高度是指从测点到天线底面高基准面的垂直高度。难以直接测量时，可以根据到天线相位中心位置的斜高求出。

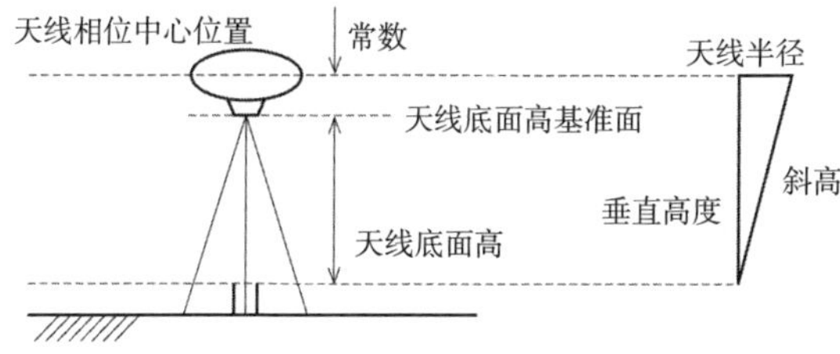

图 7.13　天线底面高

基线解算

观测到的数据不能直接使用，所以要将观测数据导入专用的程序，对基线向量进行解算。解析的结果分为固定解 * 和浮动解 *，得到的是浮动解时，不能用在基线解上，得到是的固定解时，还需要确认表示结果可信度的标准偏差、删除率、RMS、RATIO 等的值。

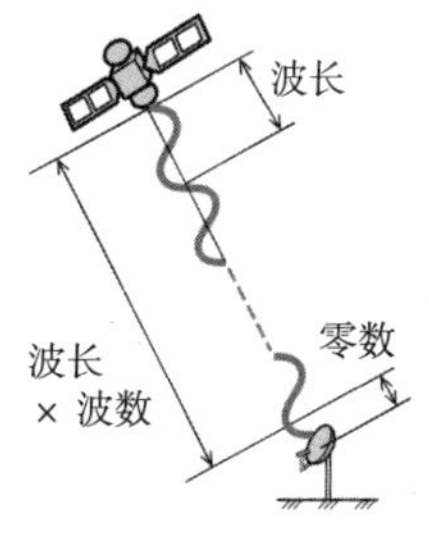

图 7.14　从卫星到信号接收机的距离

* 如图 7.14 所示，卫星到信号接收机的距离是波长 × 波数 + 零数。波数（整周参数）能求得

整数的叫做固定解，不能求得整数的叫做浮动解。

GPS 测量观测记录

解算软件　：SOKKIA CO., LTD.　GSP2 ver.2.00
使用的启动信息　：广播
使用的椭圆形　：GRS80
使用的周波数　：L1
基线解算模式　：一基线解析

区间名　：077A
解算使用数据　开始：2006年03月18日　05時29分　UTC　温度：15 ℃
　　　　　　　结束：2006年03月18日　06時26分　UTC　气压：1013 hPa
最低高度角　：15 度　湿度：50 %

观测点 1 ： 001 001	观测点 2 ： K01 K01
接收机名(No.)：SOKKIA R310-1 (1484)	接收机名(No.)：SOKKIA R310-1 (1483)
天线名 (No.)：AT-123 ( )	天线名 (No.)：AT-123 ( )
PCV 修正 (Ver.)：有 (06/04/01)	PCV 修正 (Ver.)：有 (06/04/01)
天线底面高 = 2.176 m	天线底面高 = 2.176 m

①

起点 ： 输入值		起点	
纬度 =	33° 30′ 16.61140″	纬度 =	33° 30′ 15.41853″
经度 =	133° 53′ 37.52751″	经度 =	133° 53′ 40.69038″
椭圆体高 =	54.579 m	椭圆体高 =	53.422 m
坐标值 X =	−3691137.293 m	坐标值 X =	−3691209.518 m
Y =	3836495.667 m	Y =	3836452.990 m
Z =	3500791.176 m	Z =	3500759.881 m

解算结果
解的种类 ： FIX　　方差比 ： 13.700 ②

观测点	观测点	DX	DR	DZ	斜距离
1	2	−72.225 m	−42.677 m	−31.284 m	89.535 m
标准偏差		2.130e-03	1.648e-03	1.370e-03	8.725e-04 ③

观测点	观测点	方位角	高度角	测地线长	椭圆体比高
1	2	114° 14′ 11.75″	−0° 44′ 27.45″	89.527 m	−1.157 m
2	1	294° 14′ 13.50″	0° 44′ 24.55″		

分散、共分散行列

	DX	DY	DZ
DX	4.5359576e-06		
DY	−2.9097719e-06	2.7173693e-06	
DZ	−2.2589732e-06	1.4230557e-06	1.8781946e-06

使用的数据数 ： 447　删除的数据数 ： 8　删除率： 1 % ④
使用的数据间隔 ： 30秒

RMS = 0.0062 ⑤

①观测点的经纬度、椭圆体高、正交坐标值
②方差比（RATIO）：决定整周未知数参数的可靠性
③标准偏差：观测值的偏差情况
④删除率：解算中没有使用的不良数据的比例
⑤ RMS：解算中使用的数据的位相观测精度

图 7.15　观测记录簿

点检计算　利用解算得到的各区间的基线向量，用以下方法进行观测值的检验。

①将不同的区间进行组合，求出最小边数的多角形的环闭合差。

②不同的区间进行组合，求出同一基线的向量差。

图 7.16　环闭合差

图 7.17　同一基线向量的差

点检计算的容许范围　　表 7.2

区分	容许范围		备注
基线向量的环闭合差	水平（$\Delta N \Delta E$）	20 mm $\sqrt{N}$	N：边数 ΔN：水平面南北方向的闭合差 ΔE：水平面东西方向的闭合差 ΔU：高度方向的闭合差
	高度（ΔU）	30 mm $\sqrt{N}$	
重复基线向量的较差	水平（$\Delta N \Delta E$）	20 mm	
	高度（ΔU）	30 mm	

三维网平差计算　平差计算是确定观测点的水平位置和标高的计算。根据计算中使用的已知点的数量，有以下 2 种计算方法。

①**假定网平均计算**：计算中使用的已知点为 1 点，能够确认网整体的观测值的精度及已知点有无异常。

②**实用网平均计算**：计算中使用的已知点为 2 点以上，能够求得最终的测量结果，但是由于高度需要根据椭圆体的椭圆体高求得，所以为了决定标高，要使用将内陆标高的零位作为东京湾平均海面的大地水准面，大地水准面的高度需要根据大地水准面模型 2000 等确定。

4 从地球的自转到自己的位置

电子基准点

现在日本设有 1224 个电子基准点，用于调查地壳变动以及作为各种测量的电子基准点，在高 5m 的塔上部内藏信号接收机，24 小时接收来自 GPS 卫星的电波。除此之外，作为四等三角点的离心点还设置了 GPS 固定点，用于土地测量。

图 7.18 电子基准点

图 7.19 GPS 固定点

RTK-GPS 测量

实时动态定位（RTK）能凭数秒的观测得到测点的三维坐标，被应用于各种测量。

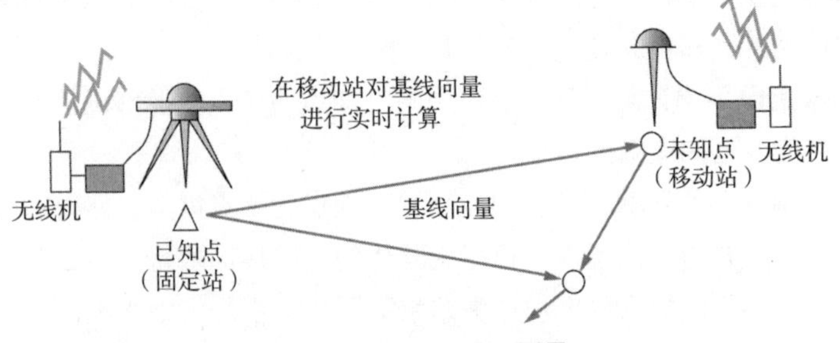

图 7.20 RTK-GPS 测量

在纵断面（横断面）测量上的应用

TS 测量，需要先测量设置的纵向（横向）的测点，之后再进行地形变化点的观测，有时会因为地形的原因而看不到基准点，就需要在方向桩上重新安装机器。

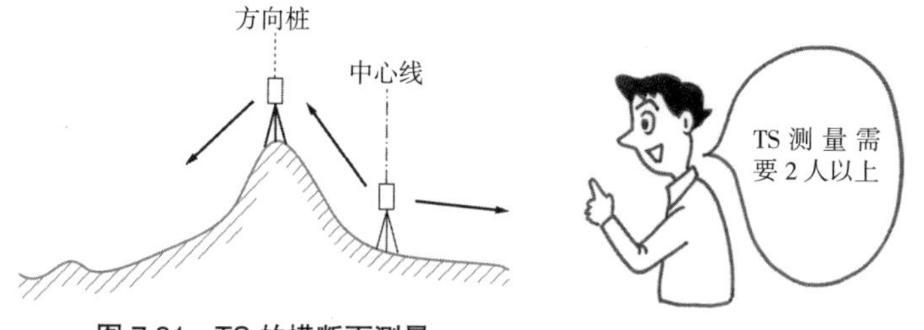

图 7.21　TS 的横断面测量

RTK 测量，只要事先输入测点的坐标，之后转动 GPS 天线找到方向线并进行观测就可以。不需要测点间的视野通畅，所以不需要方向桩。

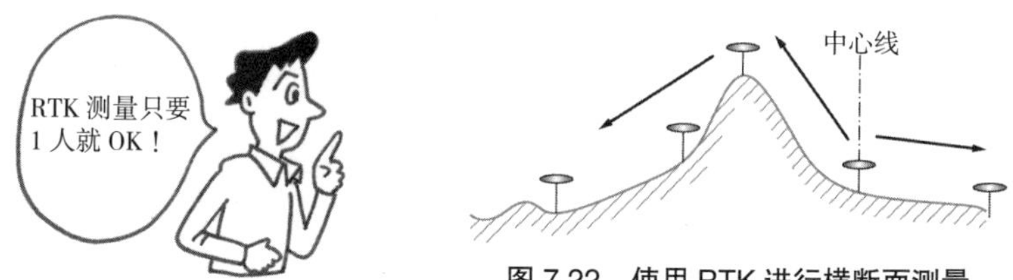

图 7.22　使用 RTK 进行横断面测量

在无人施工时使用

在灾害修复工程的现场，有时只能进行建筑机械远程控制施工。这种情况下，在建筑机械上安装 GPS 天线，通过 RTK 测量，就能实时进行挖掘土方位置、整地的高度等工程管理。

图 7.23　通过 RTK 进行施工管理

5 进化不止

网络型 RTK-GPS 测量

从 2004 年开始可以用于公共测量 3 级、4 级基准点的测量方法，有 VRS 方式和 FKP 方式。从基准点到移动点为远距离时，RTK 方法的观测精度会有所降低，而网络型的观测数据来自 3 个以上的电子基准点，与基准点到移动点的距离无关，可以得到高精度的数据。

· VRS 方式：也被称作虚拟基准点方式，根据从 3 个以上的电子基准点得到的观测数据，在测量区域内设置虚拟的基准点，以虚拟点为基准进行 RTK 测量。

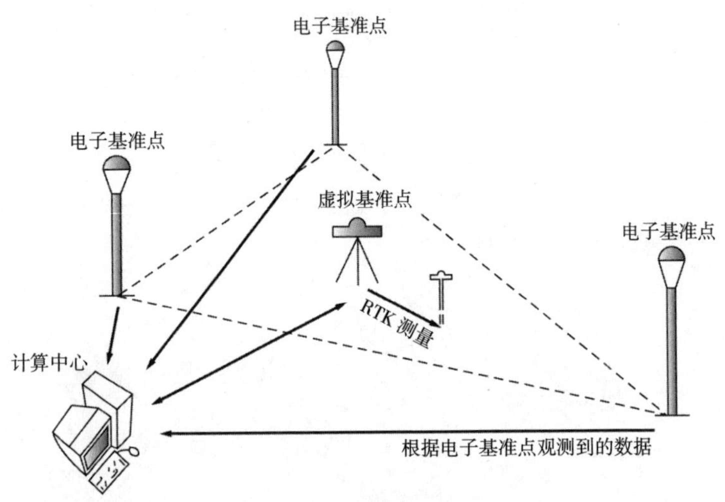

图 7.24　VRS 方式

PCV 校正使不同机种间的测量成为可能

从 2005 年开始，PCV 校正 * 被用于静态、快速静态定位测量，使得在同一区块内使用不同的天线测量成为可能。而且除了可以将电子基准点和 GPS 固定点作为已知点使用外，还可以使用多个厂家的天线，从而提高了测量效率。

* PCV 校正：校正天线电气的中心位置以及由电波信号接收高度角造成的信号接收位置偏移。

GNSS

GNSS（Global Navigation Satellite System）是各国管理运用的卫星定位系统的总称，被称作全球卫星导航系统。

用 GNSS 进行定位的优点是可以共用各国的卫星，即使上空视野不佳也能进行观测，观测的时间段也大幅度扩大。

“随时，随地，高精度”进一步扩展了 GNSS 的定位可能性。

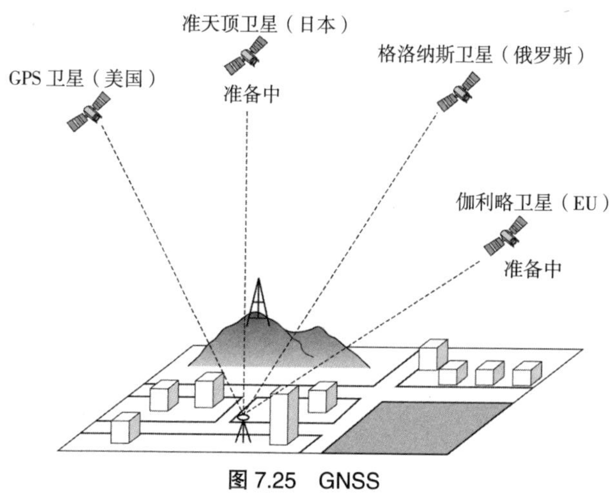

图 7.25 GNSS

6 给地球照 X 光

远程探测 如图 7.26 所示，遥感探测（Remote Sensing）是非接触的、远距离的探测技术，用搭载在人造卫星以及航空飞机上的传感器，接收从对象物反射或放射的电磁波信息。如图 7.27 所示，遥感擅长测量地球范围内的自然现象。

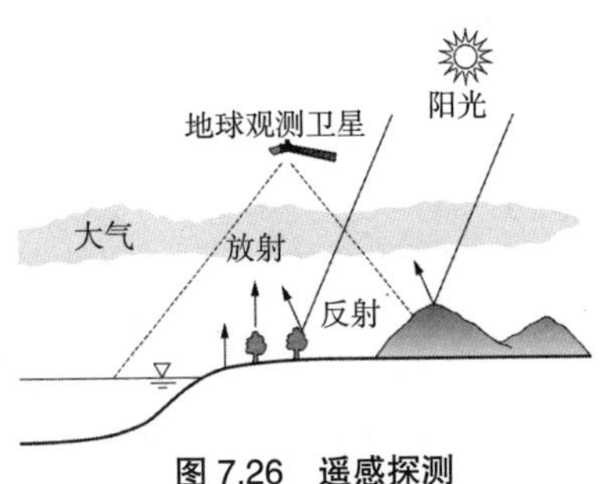

图 7.26 遥感探测

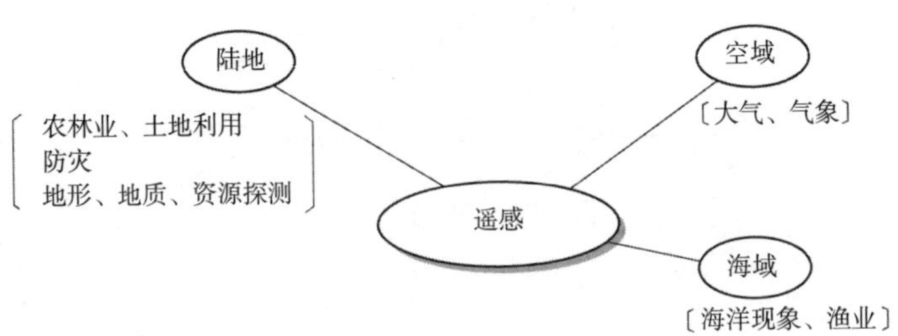

图 7.27 遥感的利用领域

遥感的特征

广域性、瞬时性

遥感探测不仅在范围上是摄影测量的几十倍以上，数据的获取间隔也可以从每天到几十天，间隔期变短。

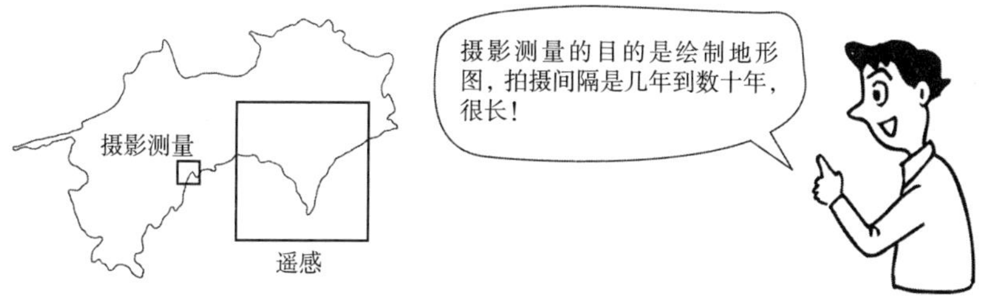

反复性

获取数据的间隔短，能重复计测同一对象，捕捉到由于时间产生的变化（地形、植被等）。

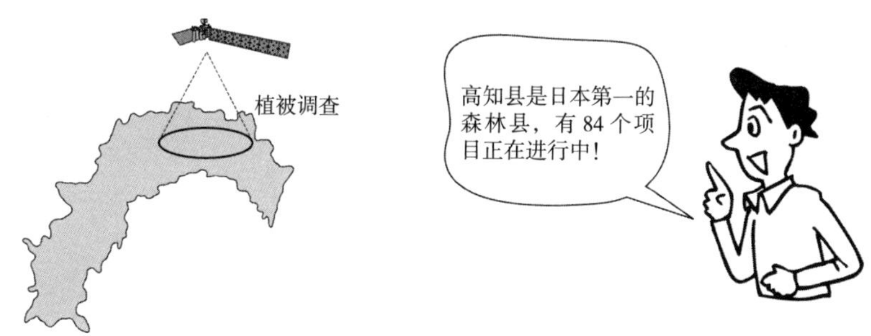

非接触性

对于不能直接接触的探测对象物，能安全地进行气象观测和灾难调查等。

系统 如图 7.28 所示，遥感系统从数据的收集到利用主要分为以下几部分：

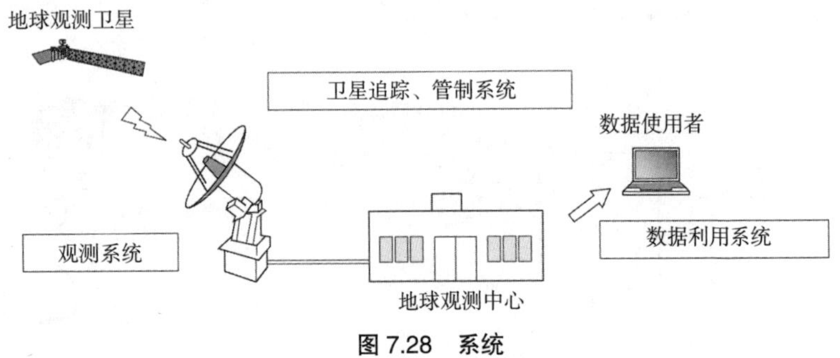

图 7.28　系统

载体 承载遥感传感器的人造卫星等被称为载体，图 7.29 是各载体的实例。

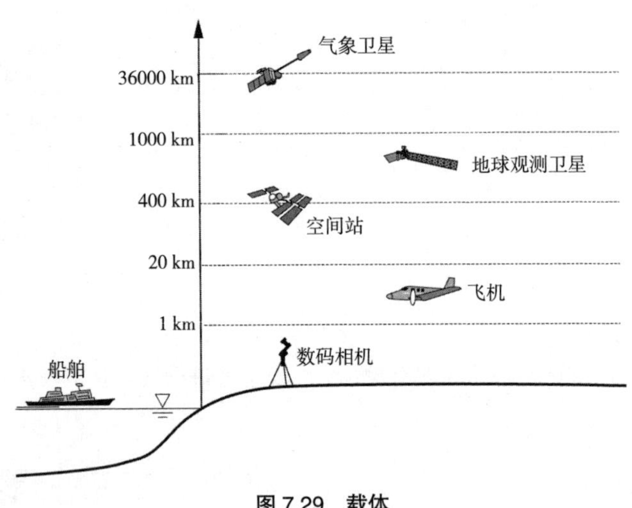

图 7.29　载体

人造卫星的种类

图 7.30 所示的日本的地球观测卫星（ALOS），位于高度约 690km 的极轨道，约每 99 分钟环绕地球一圈，实时对地球进行观测。因为利用的是地球的自转，每次观测位置都会有一定的移动，所以能够观测到地球全域，46 天之后才能对同一场所进行观测。日本的地球观测卫星（ALOS）搭载了三种传感器，用于地图的制作、地域观测、灾害状况的把握以及资源探测。

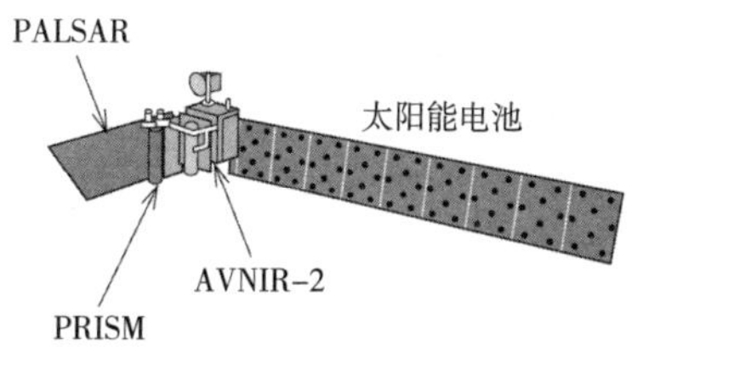

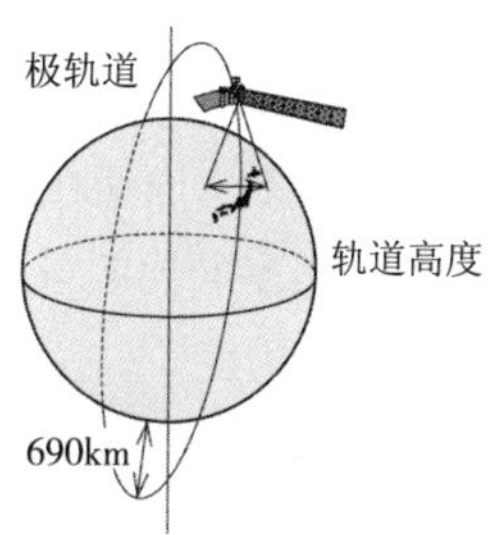

图 7.30　日本地球观测卫星（ALOS）
（出处：宇宙航空研究开发机构）

图 7.31 的 MTSAT 多功能卫星，位于高度约 36000km 的静止轨道上，与地球的自转同步，相对于地球是静止不动的（故名为地球同步卫星），能够观测地球的同一位置。MTSAT 主要用于气象观测、航空管制等方面。

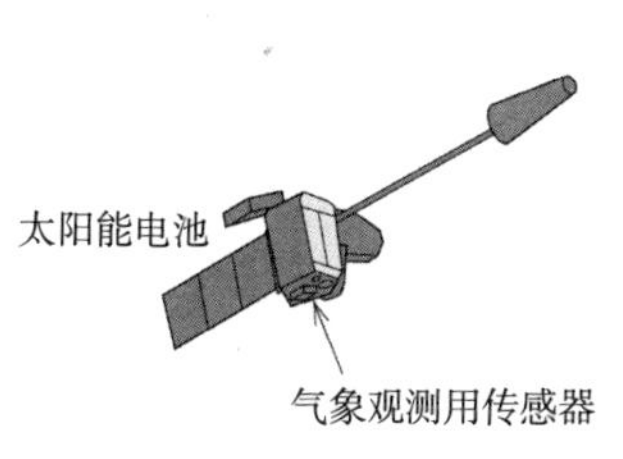

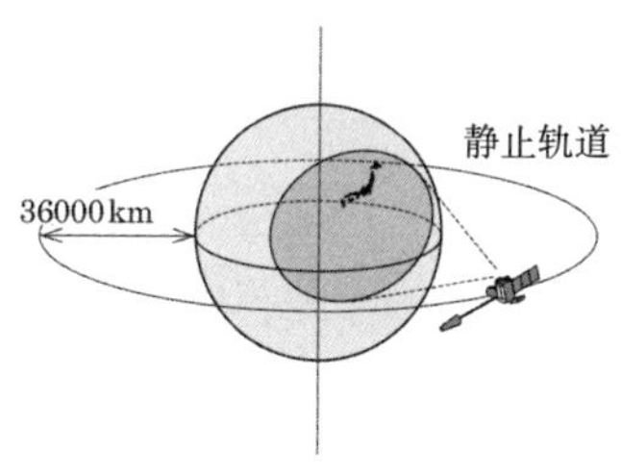

图 7.31　MTSAT 多功能卫星
（出处：气象厅）

面色是健康的晴雨表

从颜色判断

人类能够根据色彩和形状判断物体的状态，是因为人眼可以通过可见光线（太阳光）判别。例如树叶反射的可视光线的种类和强度的比例可表现出色彩的差异，人类根据树叶的颜色差异来判断树木的健康程度。

图 7.32　色彩差异的认知

遥感是对物体的电磁波的辐射、反射特性的测量，可以探测到人眼看不到的物体的状态。

电磁波的种类与波长

地球观测卫星搭载的传感器，除了可见光线，还可以探测紫外线、红外线、微波等。图 7.33 对电磁波的波长进行了分类，根据调查目的的不同确定需要探测的波长范围。

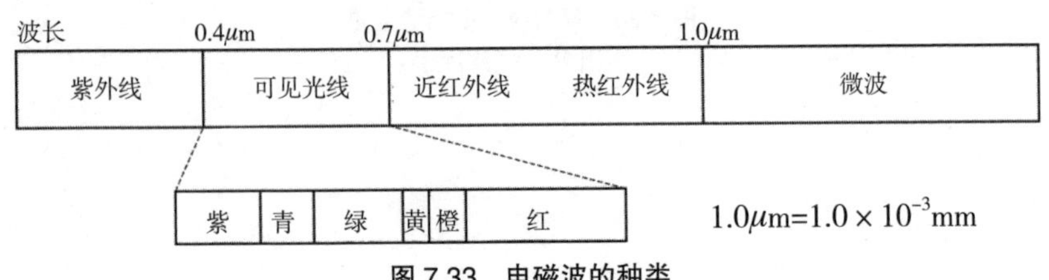

图 7.33　电磁波的种类

分光反射特性　如图 7.34 所示，不同的物体所反射、吸收、放射的波长都有自己的特征，即分光反射特性。传感器就是利用这个特征，确定探测的波长范围。比如在调查植被时，可以将探测的波长范围设在分光反射特性的 0.9μm 左右红外线范围。遥感可根据得到的卫星图像将植被和土壤等进行分类。

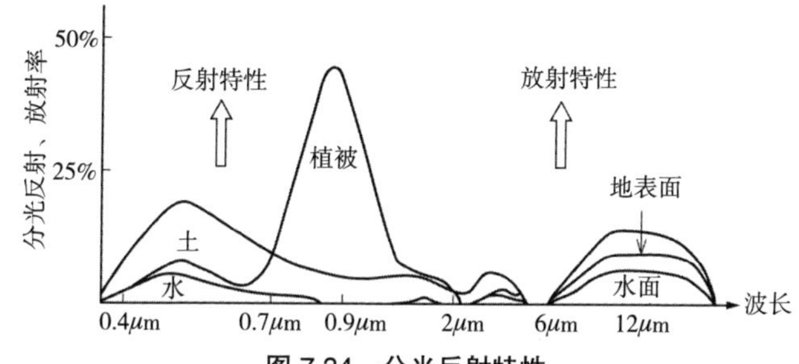

图 7.34　分光反射特性

波长范围的特性　　表 7.3

波长范围	特征
青	· 浅海海域的地形及沿岸的观测 · 针叶林与阔叶林的区别 · 植被与土壤的区别
绿	· 地表构造物的区别 · 水域与陆地的区别 · 水域与植被不易区别
红	· 植被调查 · 水域与陆地的区别
近红外线	· 植被调查 · 红外线会被水吸收，因此水面显暗
热红外线	· 地热及水温分布 · 石灰岩及黏土的分布

分光就是对电磁波进行波长范围分类

8 灵活运用特征

传感器的种类 传感器是探测电磁波的仪器，根据需要探测的波长范围选择光学传感器还是电波传感器，测量方法分为受动式和能动式。受动式是对电磁波进行间接的探测，能动式是卫星直接对地面上放射的电磁波的反射进行探测。

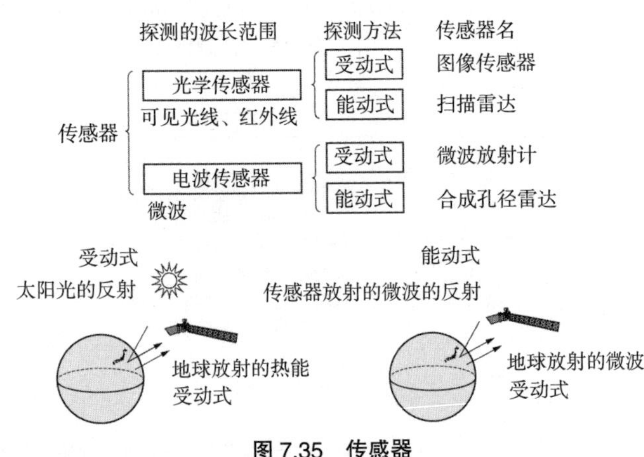

图 7.35　传感器

传感器的特征

■ **光学传感器**

光学传感器适用于从电磁波的反射、放射率探测物体的形状。利用可见光线以及近红外线的波长范围时，云下以及没有光线的夜晚无法测量。利用热红外线时，不受这些因素的影响。

■ **电波传感器**

与光学传感器相比，电波传感器的地面分辨率更高，适用于地形调查，也不受天气以及昼夜的影响。

像素与地面分辨率　传感器采集到的图像的大小被称为“景”，一般的光学传感器的一个景可以探测记录多个波段，得到各波段的图像数据。

图像数据是像素的集合，探测到的电磁波的强弱可以转换成 0 ~ 255（8bit）的像素（DN 值）。一个像素的大小被称为地面分辨率。地面分辨率是区分地面上的物体大小的最小值，分辨率越高地表面的状态就看得越清楚。

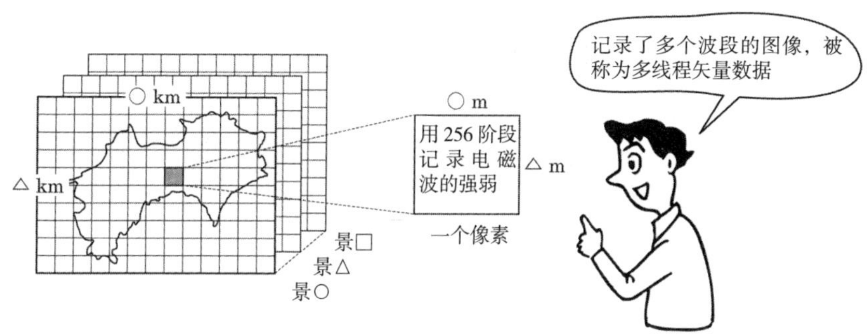

图 7.36　卫星图像的特征

放射量校正与几何校正　放射量校正是为了消除传感器的仪器误差以及大气影响，确保分光反射特性的正确性。传感器采集的图像，受到人造卫星的位置、姿势以及地球的自转和地形的影响，图像会出现变形。采用几何校正消除这些变形量，能够使卫星图像与地图重合，提高数据的利用率。

重要 Point　卫星图像

利用遥感技术，装载在人造卫星上的传感器采集并认知地面上的物体放射的电磁能。

使用传感器上装载的特殊摄像机——反束光导管摄像机（RBV）拍摄，通过多线程矢量（可见光域到近红外线域）扫描仪向地面站发送图像。

图像的转换 通过图像变换，可以更加正确地判别物体。图像变换分为浓度转换、色彩合成、特征抽取等。

浓度转换使用于强调判别物体的 DN 值的范围以及调整图像的明暗。

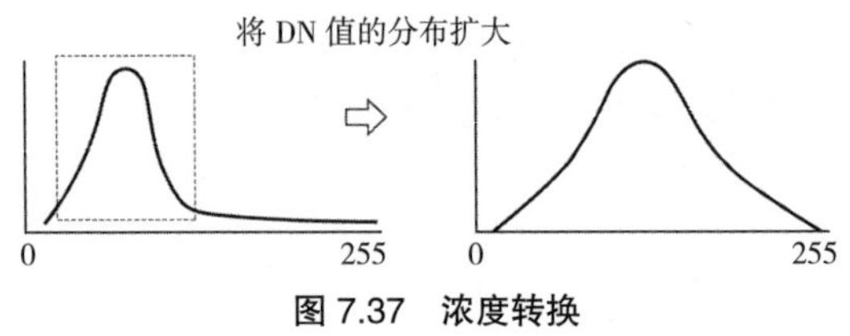

图 7.37 浓度转换

图像的分类 根据图像对地表的状态（土地覆盖）进行分类。根据分类调查的有无，分为监督分类和非监督分类。监督分类是根据已提取的分类调查位置的图像像素的 DN 值（训练区样本），求出相似的像素的方法。使用遥感可以在短时间内对大范围进行分类，但是因为季节的变化造成地表的变化以及一个像素内有多个分类项目时，无法进行正确分类。

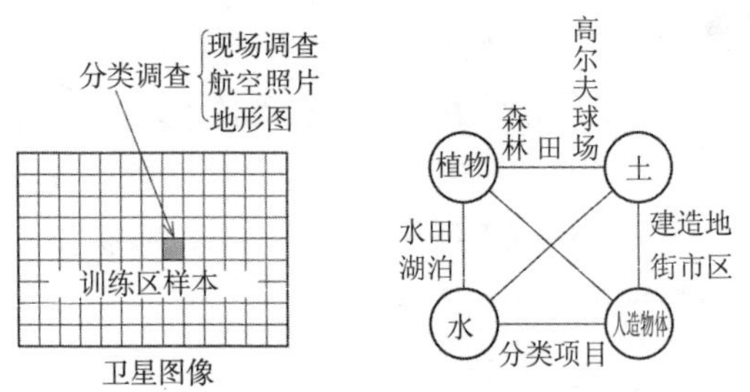

图 7.38 图像分类
（出处：来自宇宙的眼 遥感数据解析）

遥感的利用例

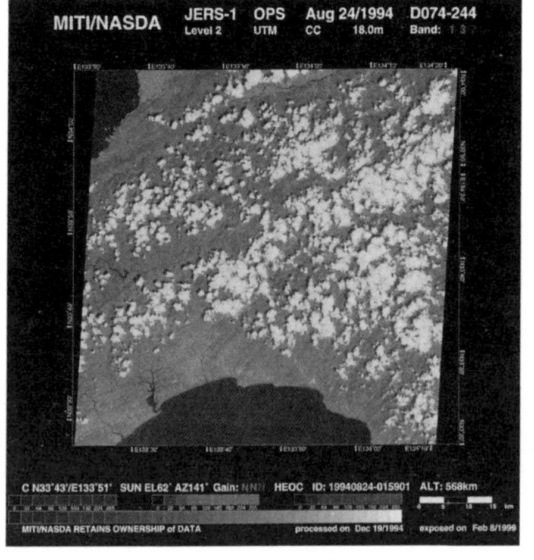

图 7.39　地球资源卫星 1 号（JERS-1/OPS）高知县图像
（出处：宇宙航空开发研究机构）

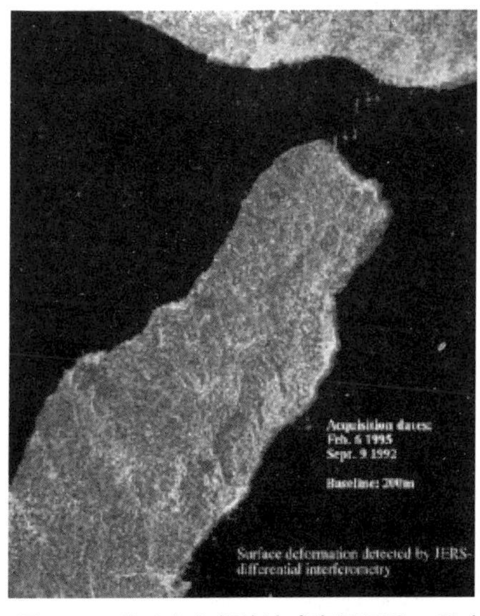

图 7.40　淡路岛北部的地球资源卫星 1 号（JERS-1/OPS）合成孔径雷达解析图像
（出处：宇宙航空开发研究机构）

9

数码抽屉

地图上的信息 地理信息系统（Geographic Information System）能够实现“要是有这样的地图该多好”的愿望，作为地图制作的工具被广泛使用。采用数据库方式对地图制作需要的信息进行管理、更新，通过对各种信息图层的统合分析，制作符合不同目的的地图。

我们身边的GIS实例——汽车导航系统，就是地图信息与GPS单独测位得到的车辆位置信息叠加的结果。而到目的地的最短路径就是对目的地、自身位置以及道路信息等多个属性信息分析得出的。

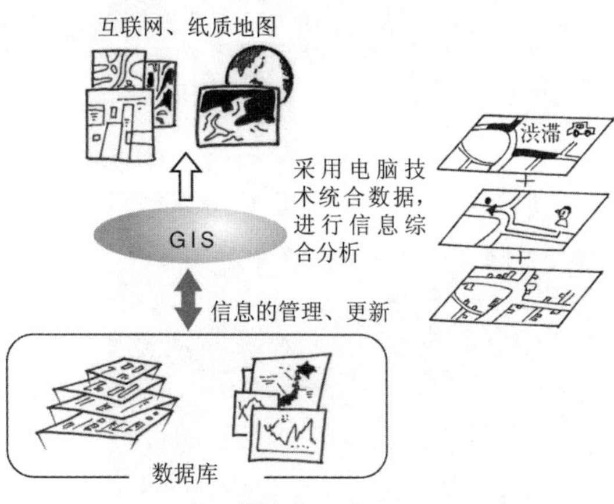

图 7.41　GIS

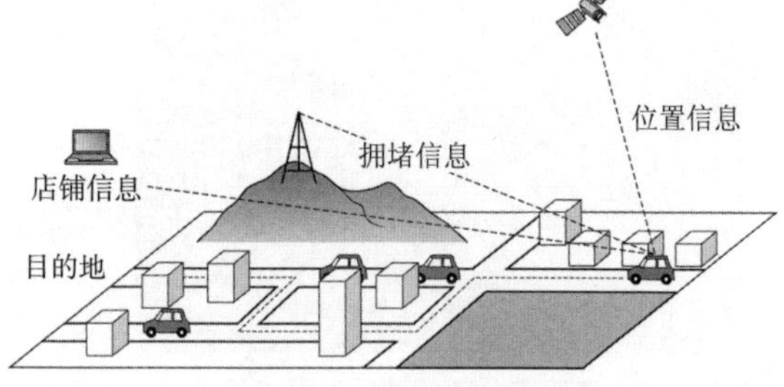

图 7.42　汽车导航系统

模式化

如图 7.43 所示，计算机根据不同的主题（目的）采用二维的方式再现（模式化）现实世界。地理空间信息种类有很多，根据地理信息标准制作的数据的利用率比较高。

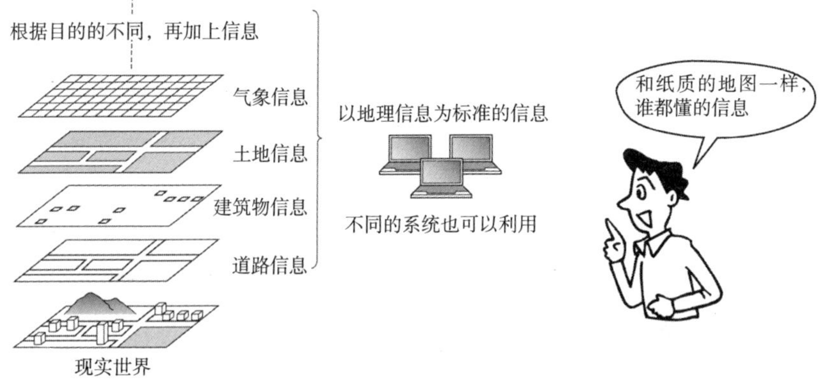

图 7.43　模式化

GIS 的利用范围

GIS 的利用范围如图 7.44 所示。

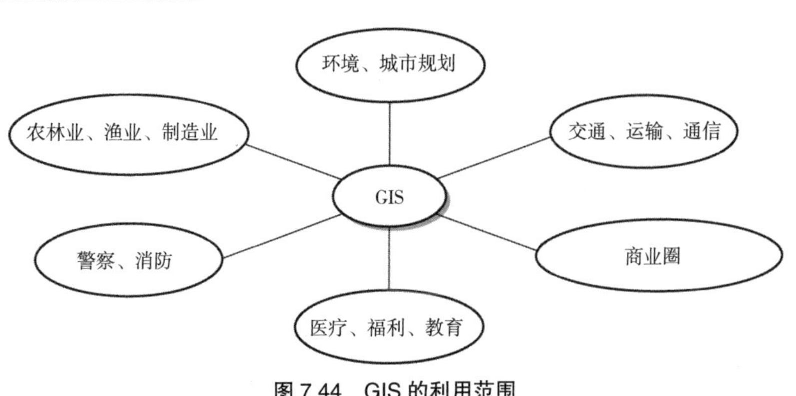

图 7.44　GIS 的利用范围

10 用数字表示世界

地图信息 如图 7.45 所示，基础地图（Base Map）是最基本的地图，根据表示方法的不同分为矢量地图和栅格地图。

矢量地图是将图形的形状划分为点、线、面，并分别用坐标值和长度的组合表达。适用于分析空间的位置信息以及图形相关的属性信息。

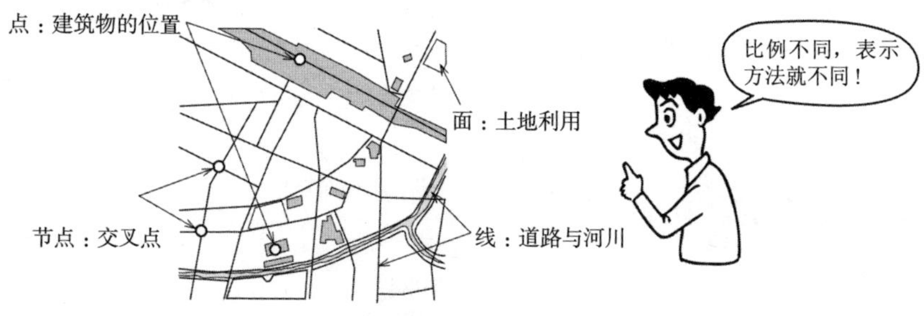

图 7.45　矢量地图

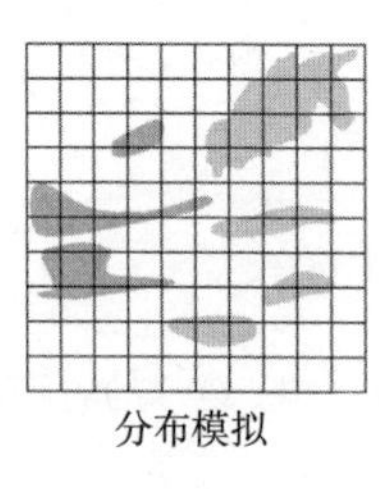

图 7.46　栅格地图

栅格地图是把地表面划分成一系列栅格，并用数据表示每一栅格的形状。适用于模拟对象物体的背景图以及与面相关的属性信息。

用扫描仪扫描读取栅格信息，可以将纸质地图的信息转换成 GIS。栅格信息也可以转换成矢量信息，用于选择符合目的要求的基础地图。

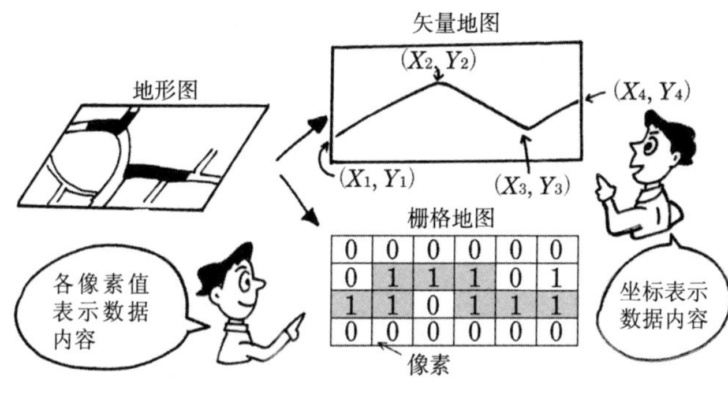

图 7.47　地图信息

属性信息　属性信息是模式化后的图形，含有数据、文字、图像等信息。建筑物的高度以及地形的标高也是属性信息的一种。图形和属性信息可以用编码（ID）进行关联，并用属性一览表进行区分。

建筑物的属性一览表

ID	地址	结构	…
P-1	○町 1 丁目	钢架	
P-2	○町 2 丁目	钢筋	
P-3	○町 3 丁目	木结构	

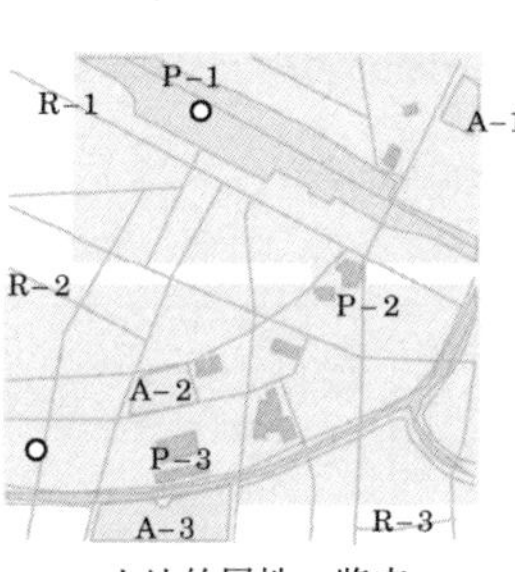

道路的属性一览表

ID	区分	车道数	…
R-1	国道	3	
R-2	县道	2	
R-3	市道	1	

土地的属性一览表

ID	区分	面积	…
A-1	稻田	○m^2	
A-2	菜地	△m^2	
A-3	果树园	□m^2	

图 7.48　属性信息

11

信息是单钩钓鱼

地理信息数据交换中心

地理信息数据交换中心是利用网络进行地理信息检索以及内容确认的系统。按照地理信息标准将大量的地理信息进行元数据标准化，可以大大提高检索的效率。

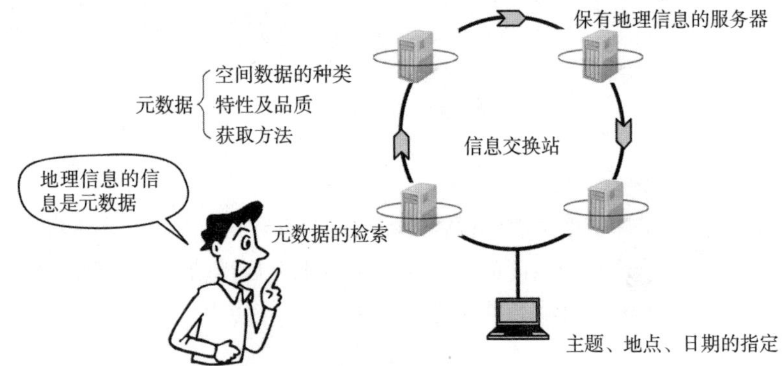

图 7.49　地理信息技术交换站

下图是日本国土地理院的地理信息交换站的检索画面。

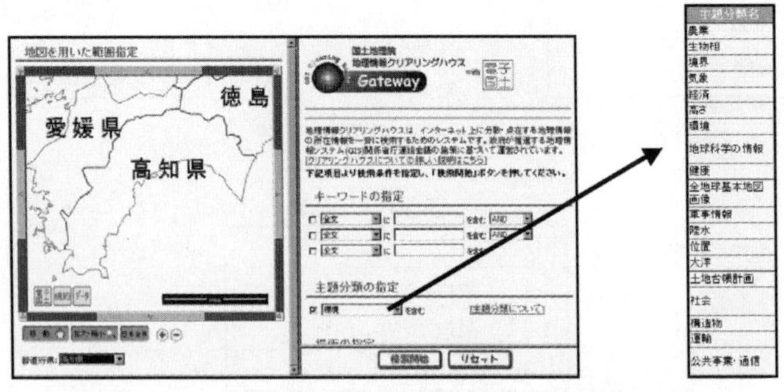

图 7.50　日本国土地理院地理信息交换站的检索画面

国土数值信息　日本国土交通省国土规划局的网页可以查询到国土数值信息。如图 7.51 所示，日本国土数值信息是图中所列项目的地理信息的数据化。

指定地域	三大都市圈规划区域，都市地域，农业地域，森林地域，等
沿岸域	渔港，潮汐·海洋设施，沿岸海域网格，等
自然	标高·倾斜度三维网格，土地分类网格，气候数据网格，等
土地相关	地价公示，都道府县地价调查，土地利用三维网格，等
国土骨骼	行政区域，海岸线，湖沼，河川，铁路，机场，港湾，等
设施	公共设施，发电厂，文化遗产，等
产业统计	商业统计网格，工业统计网格，农业调查网格，等
水文	流域·非集水域网格，等

图 7.51　日本国土数值信息的项目（出处：国土规划局 HP）

人口普查的信息　总务省统计局的网页可以查询到每五年一次的人口普查的结果，可以得到各种各样的统计信息（图 7.52）。

图 7.52　统计信息（出处：总务省统计局 HP）

自然环境信息　环境省的生物多样性中心的网页可以查询到动植物以及与自然环境相关的各种信息。

12 信息的组合是无限的

地理测定 在模式化后的空间上，位置、距离、面积、剖面图等都可以进行测定（图 7.53）。

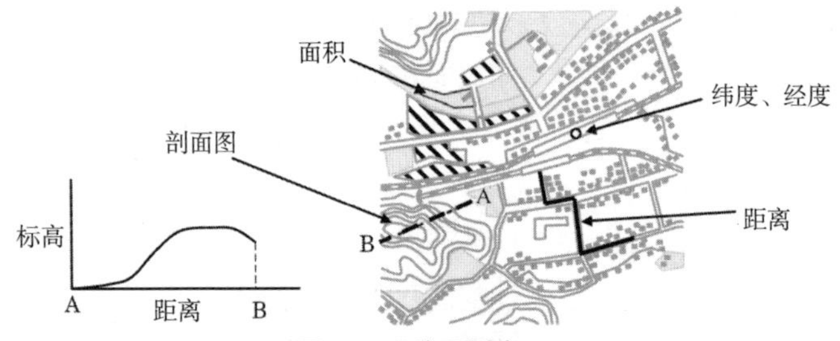

图 7.53　地理测定

缓冲区 缓冲区是从点、线、面出发建立一定距离范围的功能，用来分析对对象物的影响范围。

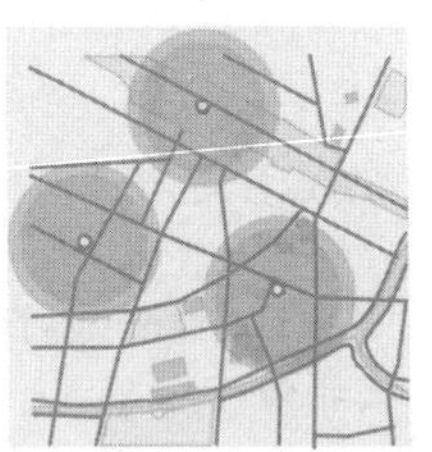

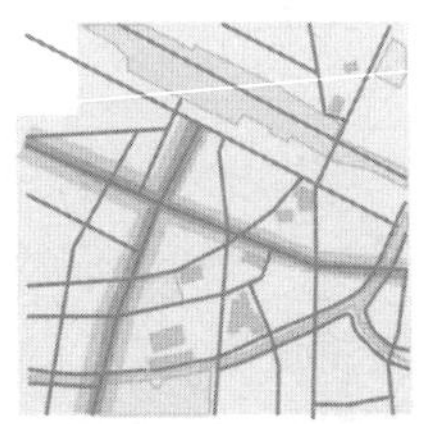

图 7.54　缓冲区

叠加层 叠加层是将多种地理信息进行叠加，从叠加的部分可以得到新的信息。

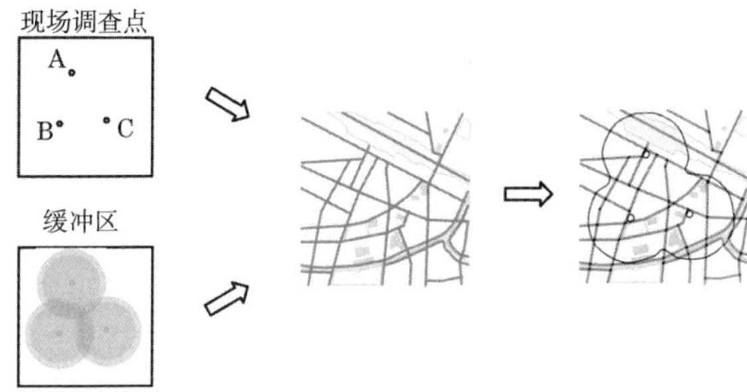

图 7.55　叠加层

此外，在地理空间信息的分析中还使用沃罗诺伊图以及网络解析等。

GIS 的未来 三维 GIS 是采用计算机图形学（CG）将现实世界进行三维模式化。既可以提高二维空间信息中不易使用的信息的利用率，又可以作为新的地图制作工具。

图 7.56　三维 GIS

13 灾害对策没问题

利用例 为了做好到 2030 年预计发生概率为 60% 的南海大地震的预防工作，日本的各自治体采用 GIS 进行了灾害预测图、避难路径的防灾规划以及强防灾性的城市规划。

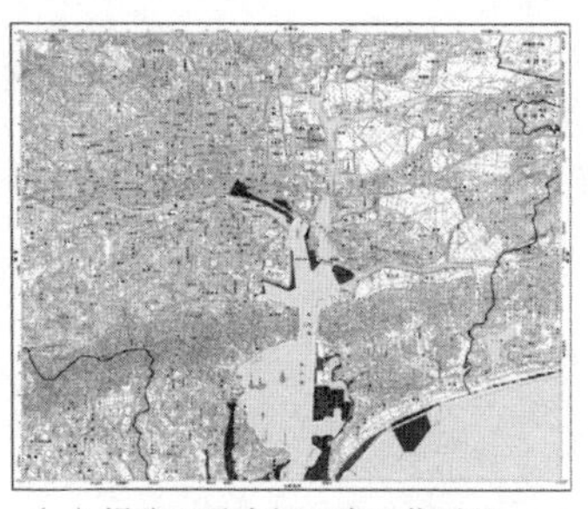

（a）堤防以及水闸正常工作时的泛滥预测图（出处：高知县厅 HP）

（b）堤防以及水闸无法正常工作时的泛滥预测图（出处：高知县厅 HP）

图 7.57 城市规划利用的示例

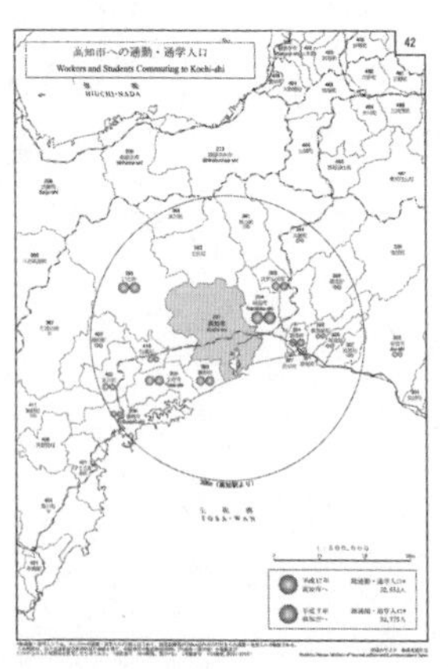

图 7.58 高知县的上班、上学人口（出处：总务省统计局 HP）

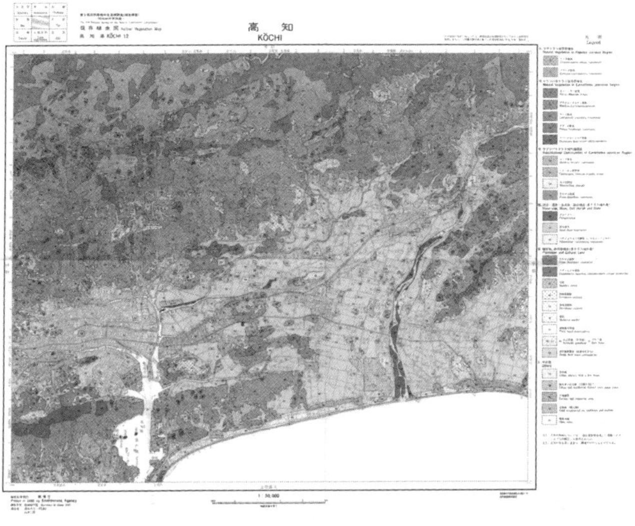

图 7.59　高知县植被地图
（出处：环境省自然环境局生物多样性中心）

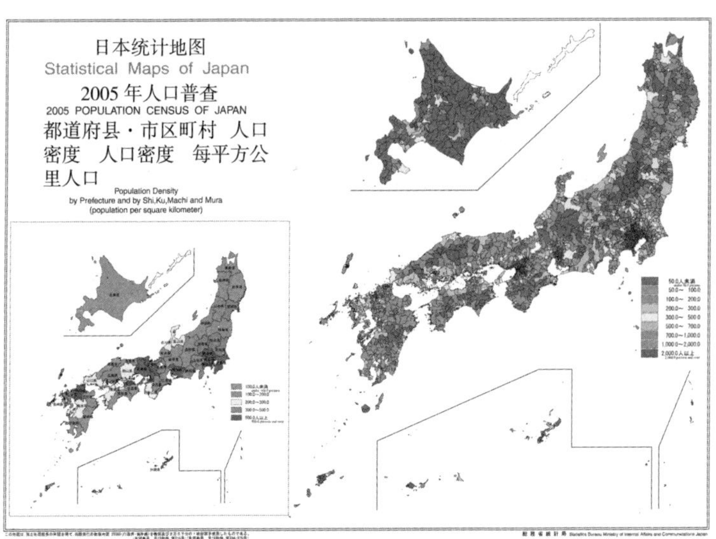

图 7.60　都道府县 市町村人口密度（出处：总务省统计局 HP）

14

来自宇宙的信息

从遥远的宇宙……

"VLBI 测量"是宇宙技术活用的成果。这种利用宇宙技术的测量技术解决了远距离的位置测定的难题，提高了精确度。

VLBI 测量（Very Long Baseline Interferometer：甚长基线干涉测量仪）

—用宇宙的电波测量大地—

地表的两个点同时观测数十亿光年以外的射电星（类星体）放射的电波，通过计算到达时间的差 ΔT，高精度地确定两点间的相对位置关系。1981 年国土地理院着手开发。

射电星是测量的信息源

遥远的宇宙射电星放出的电波

↓

在地面上的两点同时观测

↓

测定电波到达的时间差 ΔT

↓

决定两点间的位置关系（距离）

图 7.61　VLBI 装置的接收天线

VLBI 测量的原理

求 AB 间的距离

$$S=\frac{C\cdot\Delta T}{\cos\theta}$$

式中，C: 电波的速度

ΔT : 到达时间差

（注）假定射入两点的电波平行

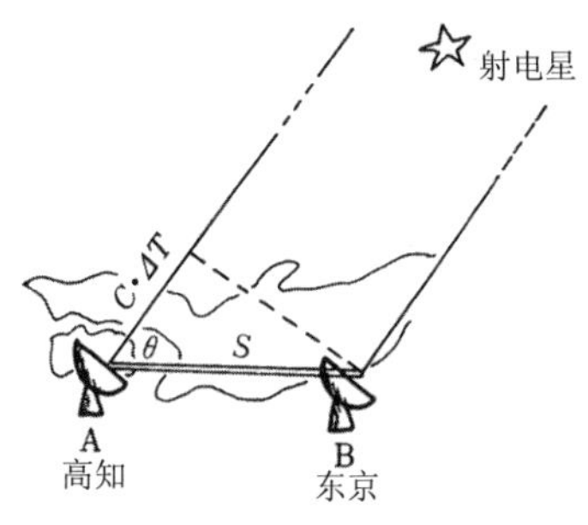

图 7.62

VLBI 测量的特征

非常遥远的两点间的距离测量成为可能。

①距离几千公里也可以进行高精度的距离测定。

②利用射电星发射的电波，不分昼夜都可以观测。

③不受天气的影响。

VLBI 测量的利用

①精密测地网的校正→高精度地确定正确位置，并用于修正、校正。

②对地球的温暖化造成的海面上升的监视→需要地球规模的高度的测定。

③决定 GPS 测量的基准（基线长）。

④板块运动的检定→获得地震预报的贵重的基础数据。

将来，和 GPS 测量一样，VLBI 测量将会为地震预报作出很大的贡献……！！

（例）1987 年与 1989 年实施的观测

（太平洋上的小笠原群岛、父岛）

↓

两年间向日本本岛移动了 7.4cm。

↓

3000 万年后将沉至九州之下。

（主要原因是日本将发生大规模地震）

菲律宾海板块将沉至日本列岛。

↓

位移的积蓄

↓

位移到极限时，板块将翘起。

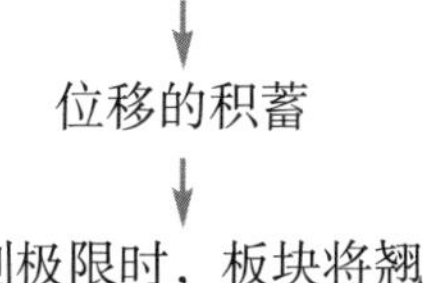

发生巨大地震！

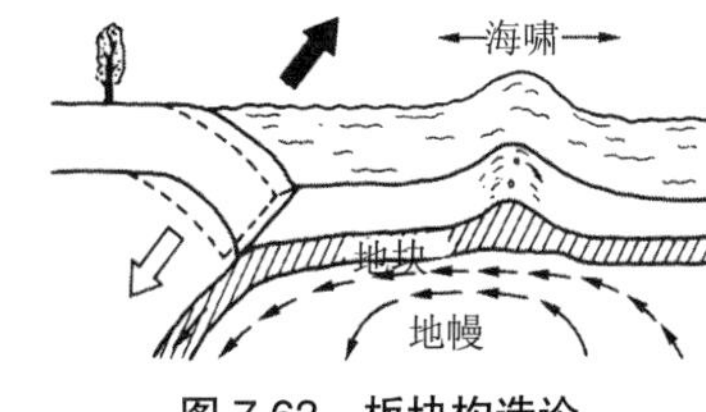

图 7.63　板块构造论

15 读取地形

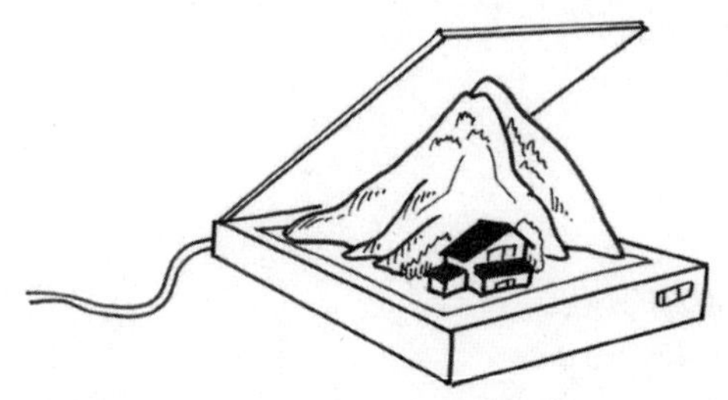

测面 激光扫描测量包括航空激光扫描测量和地面激光扫描测量。采用激光对对象物进行三维位置的测定，相对以往的对点的测量，激光扫描测量被称为面的测量。

航空激光扫描测量

用飞机上搭载的仪器向地面发射激光束，根据地面反射回来的激光束的时间差与飞机的位置、姿势信息求得地形的三维位置。与航空摄影测量相比，可以省略对空标示的设置以及基准点测量，可以快速获取地形数据。

图 7.64　航空激光扫描测量

地面激光扫描测量

与航空激光扫描测量相比，观测范围比较狭窄，但观测精度高，灵活性强。

根据激光束的往返时间与发射方向的距离及角度，求得地形的三维位置。200m的测量距离，每秒约数千点的观测能力，不管是非常陡峭的斜坡还是快要山崩的危险地带，都可以安全地获取地形数据。

图 7.65　地面激光扫描测量

利用例　以下是激光测量的利用例。

水库的蓄水量算定

隧道的剖面测量

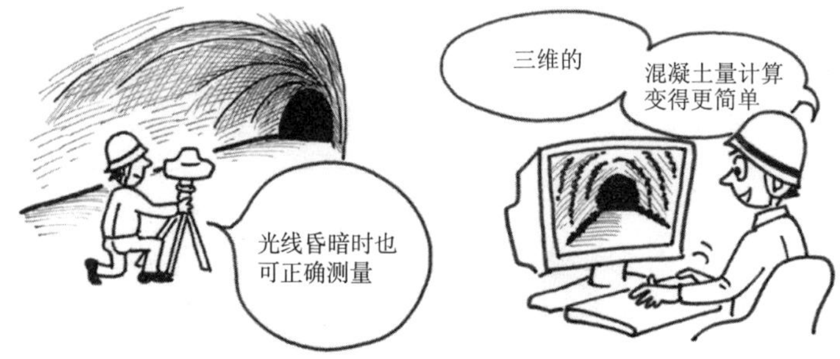

数字标高模式化

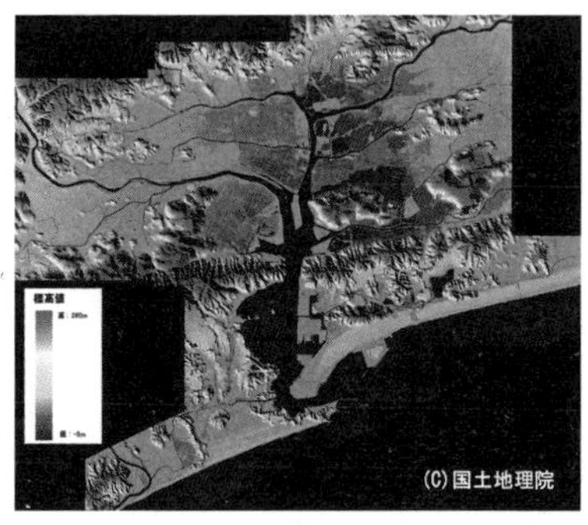

（日本国土地理院 HP 公布的航空激光测量得到的彩色阴影段彩图（高知））

第 7 章小结

【电子国土的实现】

今后的社会需要"任何时间、任何地点、任何人"都可以使用的地理信息，为了实现这个目标，将最新的测量技术应用于位置信息、空间信息、防灾信息的收集以及数据的加工。

（1）位置信息

国家基准点的整备：电子基准点、三角点、水准点的设置

位置信息基础的构筑：TS、GPS、VLBI 测量得到基准点信息

地壳变动的监视：GPS 连续观测实时地震、火山信息

（2）空间信息

空间信息基础的构造：卫星，航空照片，激光扫描测量更新、完备数字地图（GIS 基础）以及地形图

（3）防灾、减灾信息

危险度图的整备：数据空间信息预测泛滥受害情况

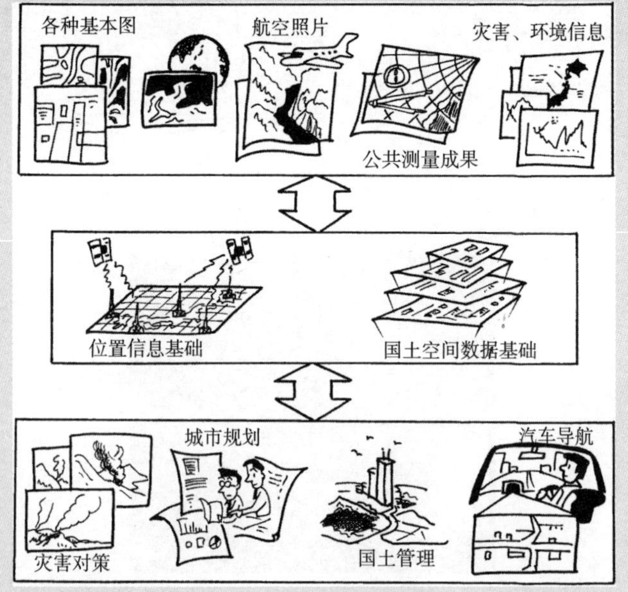

参考文献

1) 高田誠二：単位の進化，講談社
2) 農業土木歴史研究会編：大地への刻印，公共事業通信社
3) 高田誠二：計る・測る・量る，講談社
4) 多湖輝：頭の体操　第9集　びっくり地球大冒険，光文社
5) 大浜一之：建築・土木の雑学辞典，日本実業出版社
6) 岡部恒治：マンガ・数学小辞典　基本をおさえる，講談社
7) 小田部和司：図解土木講座　測量学，技報堂出版社
8) 高橋裕，他：グラフィック・くらしと土木　国づくりのあゆみ，オーム社
9) 山之内繁夫，五百蔵粂，他：測量1，測量2，実教出版
10) 森野安信，他：測量士補受験用　図解テキスト1・4，市ヶ谷出版
11) 村井俊治　企画・監修：サーベイ・ハイテク50選，日本測量協会
12) 国土交通省国土地理院発行パンフレット
13) 嘉藤種一：地形測量，山海堂
14) 佐田達典：GPS測量技術，オーム社
15) 長谷川昌弘：基礎測量学，電気書院
16) 測量と測量機レポート，株式会社ソキア
17) 社団法人 日本測量協会パンフレット
18) 高木方隆：国土を測る技術の基礎
19) 山口靖，他：はじめてのリモートセンシング，ジオテクノス株式会社
20) 岩男弘毅：リモートセンシング読本，日本測量協会
21) 厳網林：GISの原理と応用，日科技連
22) 町田聡：GIS地理情報システム入門＆マスター，山海堂

（主编简历）

粟津清藏

1944　日本大学工学部毕业

1958　工学博士

现在　日本大学名誉教授

（著者简历）

包国胜

1968　京都大学工业教员养成所毕业

现在　国际设计·美容学校校长

茶畑洋介

1977　东洋大学工学部硕士课程修了

现在　前高知县立高知东工业高等学校校长

平田健一

1973　东洋大学工学部毕业

现在　高知县立高知工业高等学校校长

小松博英

1998　东洋大学海洋学部毕业

现在　高知县立高知工业高等学校教师

著作权合同登记图字：01－2014－1670号

图书在版编目（CIP）数据

测量：原著第三版/（日）粟津清藏主编；刘灵芝译. —北京：中国建筑工业出版社，2016.10
国外高校土木工程专业图解教材系列（适合土木工程专业本科、高职学生使用）
ISBN 978-7-112-19582-4

Ⅰ.①测… Ⅱ.①粟…②刘… Ⅲ.①土木工程-建筑测量-高等学校-教材 Ⅳ.①TU198

中国版本图书馆CIP数据核字（2016）第179492号

责任编辑：白玉美 姚丹宁
责任校对：陈晶晶 关 健

国外高校土木工程专业图解教材系列
测量
（原著第三版）
（适合土木工程专业本科、高职学生使用）
[日] 粟津清藏 主编
包国胜 茶畑洋介 平田健一 小松博英 合著
刘灵芝 译
*
中国建筑工业出版社出版、发行（北京海淀三里河路9号）
各地新华书店、建筑书店经销
北京嘉泰利德公司制版
北京中科印刷有限公司印刷
*
开本：880×1230 毫米 1/32 印张：$6^7/_8$ 字数：196 千字
2017 年 8 月第一版 2017 年 8 月第一次印刷
定价：28.00元
ISBN 978-7-112-19582-4
（29068）